农药学实验原理与方法

任立云 主编

科学出版社

北京

内 容 简 介

    本书基于作者团队的探索与实践，以及农药学在实践教学领域的需求，详细介绍了农药剂型加工、农药生物测定、农药毒力作用机制、有害生物抗药性、农药环境毒理与生物源农药的创制方面的理论基础与实验操作方法。本书在农药生物测定中加入了利用细胞进行毒力测定的内容，在农药作用机制方面加入了作用机制的研究方法，在生物源农药的创制方面叙述了生物源农药的研制理论，并提出相应的研究方法，这些内容的加入使本书更具有时代性。

    本书可作为高校农药学专业本科生和研究生教材，也可供从事该领域工作的教学科研人员参阅。

图书在版编目(CIP)数据

农药学实验原理与方法/任立云主编. —北京：科学出版社，2018.11

ISBN 978-7-03-059393-1

Ⅰ. ①农⋯　Ⅱ. ①任⋯　Ⅲ. ①农药学－实验－高等学校－教材
Ⅳ. ①S48-33

中国版本图书馆 CIP 数据核字（2018）第 252545 号

责任编辑：郭勇斌　肖　雷 / 责任校对：邹慧卿
责任印制：张克忠 / 封面设计：无极书装

科 学 出 版 社 出版
北京东黄城根北街 16 号
邮政编码：100717
http://www.sciencep.com
文林印务有限公司 印刷
科学出版社发行　各地新华书店经销
*
2018 年 11 月第　一　版　开本：720×1000　1/16
2018 年 11 月第一次印刷　印张：19
字数：363 000
定价：69.00 元
（如有印装质量问题，我社负责调换）

本书编委会

主　　编　任立云（广西大学）

副 主 编　陈　艳（北京农学院）

　　　　　贤振华（广西大学）

　　　　　杨从军（青岛农业大学）

编　　委　（按姓氏拼音排序）

　　　　　廖咏梅（广西大学）

　　　　　刘志勇（石河子大学）

　　　　　王海河（中山大学）

　　　　　余向阳（江苏省农业科学院）

　　　　　曾东强（广西大学）

前　言

　　农药学实验是开展各项农药学研究的基础，是对农药学基础理论知识的验证，也是农药学理论知识发现的起点。规范的实验设计和正确的操作方法是取得可靠结果的重要保证。目前绝大多数高等院校都设置有培养农药学专业本科生及研究生的课程，课程讲授范围涵盖了农药剂型加工、农药毒力测定、田间药效、有害生物抗药性及农药毒理等方面，但是缺少一本比较全面的、兼具理论与实践的通用型参考书。为了满足教学与科研的需求，广西大学、青岛农业大学、北京农学院、石河子大学、中山大学和江苏省农业科学院等院校及科研单位的多位长期从事农药学研究工作的教师在已有教材的基础上，汇总近年来先进的研究理论与方法，编写了本书。

　　本书内容全面，涵盖所有关于农药应用方面的理论与实践知识，并加入现在应用较多的理论与实验方法。与其他的教材相比，本书有以下特点：

　　第一，去掉了一些陈旧的研究方法，加入了新的实验操作方法、新的农药剂型，使本书更符合当前农药的应用形势；

　　第二，增加了原理讲解部分，使学生在充分了解实验原理的基础上开展实验，更加理解实验内容。

　　本书采用实验原理与方法分开编写的方式。在原理篇，主要讲述农药剂型加工、农药室内毒力测定、农药田间药效实验、有害生物抗药性及农药对有益生物的毒性等相关的原理知识；在方法篇，主要讲述农药在上述几部分的实际操作，使学生在掌握理论知识的基础上，清楚实际操作的方法和步骤。

　　本书编写分工如下：贤振华编写农药剂型加工相关章节，任立云编写杀虫剂毒力测定及作用机制相关章节，陈艳编写杀菌剂毒力测定及作用机制相关章节，杨从军编写除草剂毒力测定及作用机制相关章节，王海河编写昆虫、病原菌和杂草细胞的培养及生物测定相关章节，余向阳编写环境毒理机制及测定相关章节，曾东强编写有害生物抗药性机制相关章节，廖咏梅和刘志勇编写生物源农药的开发利用相关章节。另外，江苏省农业科学院的丁悦、广西大学农学院的谭辉华、唐文伟、刘晓亮、李伟群等多位老师在本书编写过程中提供了诸多帮助，在此一并感谢。

　　由于作者水平有限，书中难免有疏漏与不妥之处，恳请各位专家批评指正！

编　者

2018 年 6 月

目　录

方　法　篇

实验室规则

学生实验室守则

1. 参加实验的同学在实验前应认真预习实验指导及相关材料，从而了解实验原理、内容和方法，了解实验中涉及的试剂与药品的毒性及相应的防护措施。

2. 实验开始前，仔细检查实验仪器、用具，齐备后方能开始实验。

3. 实验时必须仔细、认真地观察实验现象，详细记录实验结果，严格遵守操作规程和安全守则，如果出现意外应及时报告老师，以便迅速排除事故。

4. 实验期间遵守课堂纪律，不得随意走动和大声喧哗。

5. 在实验室不得吸烟，食物与饮料不得带入实验室，实验结束后应洗手再离开。

6. 未经允许不准随意将药品带出实验室外，经毒物污染的废物，一律倒入指定污物桶内，不能乱丢。

7. 防止有机溶剂靠近火源，以免引起火灾；使用电插头时，要注意检查所用仪器所需电源电压是否相符，切勿插错。

8. 实验时注意节约药品和材料，按照规定称量取用药品，用完后及时放回原位。

9. 实验期间需着工作服，减少皮肤裸露，如果药品有毒性、刺激性或腐蚀性，应佩戴相应的防护用具；禁止穿拖鞋、背心进入实验室，女生要将长发束起。

10. 实验完毕后应将用具洗净且放回原处，清洁桌面，值日人员将地面打扫干净，将水、电、门窗关好。

11. 实验完毕后及时整理实验数据，编写实验报告。

实验室安全与防护

1. 进入农药学实验室的人员，应熟悉所有的安全防护规则且严格遵守，以防实验人员在实验时受到意外伤害。

2. 实验室内的排水系统和实验室台面需耐火、耐腐蚀，电器设施需符合防火要求。在实验室内要配备灭火器，实验人员进入实验室首先要熟悉实验室的水阀门、电源总开关、灭火器及其他消防器材的位置。

3. 实验室内不得存放大量易燃品，如苯、汽油、乙醚、醇类、丙酮等，少量保存时须密闭瓶塞，放置冷暗处，远离热源。使用易燃品时，附近不得有明火、电炉和电源开关，更不可用明火或电炉直接加热。

4. 正确取用化学药品。开始实验前应了解所用药品的毒性、理化性质及其防护措施。取用易挥发、毒性化学药品时应在通风橱内进行，同时应佩戴相应的防护用具。若出现中毒症状，应将患者迅速转移到室外通风处。若使用强酸、强碱，注意避免脸部正对容器口，防止液体溅染或腐蚀性烟雾侵染。取用有机溶剂应避免与皮肤接触。

5. 做好实验室的防火、防爆工作。乙醚、乙醇、丙酮、苯等易燃有机溶剂，在取用后应迅速盖上盖子，防止蒸气挥发，引起燃爆。使用酒精灯前，应将酒精灯远离易燃溶剂，使用完毕后随手熄灭。了解灭火器的使用方法。室内如果混合有易燃气体，应保持室内通风良好，同时注意不要使用明火和电源。

6. 称量毒性药品时切勿撒在天平台上，撒在桌上或其他器皿中时，应及时洗掉，不可用手直接触碰；使用完的牛角勺等工具应及时用流水冲洗，操作人员要及时洗手。

7. 电力线路发生故障或着火应当立即关闭电源总开关，然后用灭火器喷射，不可用水浇。使用电热仪器时，必须注意导线的绝缘是否良好，一切电热器的外壳必须接有地线。不得用湿手触碰电源开关，不得用湿布擦刀形开关。线路、保险丝发生故障，不得擅自修理，应当由电工进行修理。

绪　　论

　　农药学实验是了解农药及其相关学科的重要手段。不论杀虫剂、杀菌剂、除草剂、杀鼠剂还是植物生长调节剂的研制及应用，都离不开实验研究。我国从 3000 年前就开始探索农药的开发与应用。在未来，农药仍然是人类战胜农作物病虫害的有力武器。很多农药公司都以开发高效、低毒的农药为目标，并十分重视它们对生态环境的影响，至今已开发了多种高效、低毒、选择性强的农药新品种。

　　在杀虫剂方面，由自然界的天然成分除虫菊酯、沙蚕毒素仿生合成的拟除虫菊酯类、沙蚕毒类杀虫剂，被认为是杀虫剂领域的突破。开发合成的几丁质合成抑制剂、保幼激素、蜕皮激素类昆虫生长调节剂，被认为是"第三代杀虫剂"，代表产品有噻嗪酮、灭幼脲、杀虫隆、伏虫隆、抑食肼、定虫隆、烯虫酯等。后面又出现了被称为"第四代杀虫剂"的昆虫行为调节剂，包括信息素、昆虫拒食剂等。

　　在杀菌剂方面，抑制麦角甾醇生物合成药剂得到开发，尤其在 20 世纪 80 年代有了长足的发展。目前杀菌剂产品主要有哌嗪类、咪唑类、吗啉类、三唑类、吡唑类和嘧啶类等，它们均为含氯杂环化合物，主要品种有嗪氨灵、丁塞特、十三吗啉、甲嘧醇、咪鲜胺、三唑酮及抑霉唑等。它们均能防治由子囊菌纲、担子菌纲、半知菌纲引起的作物病害，能被植物吸收并在体内传导，对植物体兼具保护和治疗的作用，药效比前期的杀菌剂提高了一个数量级。其中三唑类杀菌剂的开发尤为重要。同时，具有杀菌活性的农用抗生素的开发也十分引人注目，其具有高效、强选择性、易降解等特点，发展十分迅速，主要产品有多抗霉素、有效霉素等。

　　除草剂的发展是各大类农药中最为突出的，由于农业机械化和农业现代化的推动，使它的应用数量和销售数量雄踞各类农药之首，有效地解决了农业生产中长期存在的草害问题。这些除草剂具有活性高、选择性强、持效适中及易降解等特点。尤其是磺酰脲类和咪唑啉酮类除草剂的开发，可谓是除草剂领域的一大革命。它们通过阻碍支链氨基酸的合成来发挥作用，用量为 $2\sim50\ \mathrm{g/hm^2}$。较前期的有机除草剂，药效提高了两个数量级。它们对多种一年生或多年生杂草有效，对人、畜安全，芽前、芽后处理均可。此时期主要除草剂品种有氯磺隆、甲磺隆、阔叶净、禾草灵、吡氟乙草灵、丁硫咪唑酮、灭草喹、草甘膦等，同时在此阶段也出现了除草抗生素——双丙氨膦。

鉴于较早开发的部分农药的残毒问题，我国政府禁用了大批残留毒性高的药剂，同时农药剂型、施药技术也正在朝高效、低毒、低残留方向发展。1975 年，我国提出了"预防为主，综合防治"的植被保护工作总方针，以达到安全、合理、高效使用农药的目的。但是农民为了更好地控制有害生物，经常发生多施、滥施农药的情况，导致人、畜中毒，有害生物产生抗药性、污染环境及破坏生态平衡等现象还是时有发生。因此，不断探索最佳农药剂型、农药作用机制、最优的作用方式、对环境的影响等将有助于我们更加正确地认识农药，更加高效、合理地使用农药。鉴于以上原因，本书涵盖了以下 6 个方面。

1. 农药剂型加工

农药厂生产的原药一般不能直接使用，必须经过一定的工艺，按其性质和用途加工成合适的剂型后才能使用。在加工过程中，需要添加一定的助剂才能达到良好的施用效能，如方便施用、提高药效、提高分散性能、降低毒性等。为了使农药达到最佳效能，不同的农药原药，可能需要制成不同的剂型，哪种剂型最合适，需要从各方面去研究农药加工方面的知识，包括农药制剂中添加剂种类和性能、剂型的制作工艺、药效检验等。

2. 农药生物测定

生物测定是用实验的方法来寻找控制有害生物的最佳途径。生物测定的目的是筛选出对有害生物具有较高毒力或药效的药剂种类；研究药剂化学结构与生物活性之间的关系、农药的理化性质及加工剂型与毒效的关系；根据有害生物的生理状态及外界环境条件，确定农药施用水平和施药适期；为提高农药施用效果寻找增效剂，监测有害生物抗药性，监测对植物的药害程度和对恒温动物及有益生物的毒性提供依据。

3. 农药毒力作用机制

任何一种农药都有它的作用方式和作用靶标。如果没有在了解农药自身物理特性和化学特性的基础上，进一步了解农药的作用方式和作用靶标，在使用农药时就会比较盲目，没有做到知己知彼。杀虫剂的作用方式很多，可以通过口腔、气门、体壁进入虫体；作用靶标也很多，可以作用于神经系统的轴突、突触部分，也可以作用于三羧酸循环和电子传递链、肠道围食膜、几丁质的前体物质等。对农药作用机制的认识有助于更好地发挥药剂的优势，同时，了解药剂的作用方式和作用靶标，对于药剂的结构和活性关系会有更深入的理解。

4. 有害生物抗药性的产生及环境问题

随着农药的迅速发展和广泛应用，有害生物逐渐产生抗药性，农民为了保持原有的药效，经常增加药量、增加施药次数，以致农药在田间的持有量大增，产生一系列的环境污染、生态失衡、杀伤天敌等问题，而有害生物的危害会因抗药性的增强越来越严重，形成恶性循环。这就需要研究抗药性在田间产生的范围、程度，以及有害生物解毒机制，为合理制定施药方案、保护生态环境、延长优良药剂使用寿命提供依据。

5. 农药环境毒理

随着农药的施用越来越广泛，它在控制有害生物的危害，减少农产品损失方面起到了至关重要的作用，但同时我们也应看到农药的施用有很多负面影响，如引发人、畜急性中毒或慢性疾病、植物药害、杀伤天敌及有益动物、有害生物再猖獗及农药残留问题等。每一种农药对环境造成的影响不同，它们都有各自的特点，这就需要通过一定的方法去了解其影响，从而有针对性地一一解决，以保证环境与生态安全。

6. 新农药的开发

在自然界中，每一种生物都在不断地变化。繁殖速度快的生物，变化速度快；繁殖速度慢的生物，变化速度慢。这也是生命体对大自然的一种适应。有害生物为了在自然界中更好地生存，会加快对环境的适应速度，尤其在施用大量的、各种各样的农药之后。这就产生了一个新课题：在大多数有害生物对农药产生抗药性之后，如何继续控制这些有害生物？因此，除了以更好的方式应用已有的农药之外，还要加快速度研究新的农药，发现新的农药结构，研制新的农药剂型，发掘新的施用方式，研究新的作用机制和解决新出现的问题。这样才能在控制有害生物方面立于不败之地。

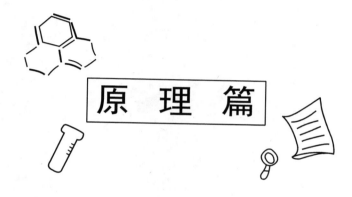

原理篇

1 农药剂型加工

由专门的化工厂生产出来的农药统称为原药，它具有较高含量的有效成分和较少含量的相关杂质。原药通常为结晶状、块状、片状或黏性油状液体等，其中，除少数挥发性较强或溶解度较大的可直接使用外，绝大多数原药难溶或不溶于水，不能直接使用。在大田应用中，单位面积上应用原药的数量极少（每公顷十几克至数百克），直接使用原药难以获得理想的分散效果，而且容易造成药剂的浪费和环境污染，因此，农药原药一般加工成制剂使用。

一种剂型可以制成各种不同含量和不同用途的产品，这些产品统称为制剂。在原药中加入适当的辅助剂，制成便于使用的形态，这一过程称为农药加工。加工后的农药具有一定的形态、组成和规格，称作农药剂型。农药剂型按有效成分的释放特性可分为自由释放的常规剂型和缓释剂型；按加工品物态可分为固态、半固态及液态；按施药方式可分为直接施用[如可湿性粉剂、乳油、粒剂、可溶性粉剂、（干）悬浮剂、水溶剂、种衣剂、缓释剂等]及特殊用法（如烟剂、熏蒸性片剂、气雾剂及热雾剂等）。

科学的农药加工方法，会给农药增添新的特征：如选择合理的加工剂型和制剂配方，能充分发挥原药自身的作用特性，克服、弥补或掩盖原药固有性能的不足，改善原药的理化性质和生物效能（如水溶性，易分解性，易挥发性，对人、畜、鱼类等的毒性，气味的刺激性，对作物的药害及有害生物的抗药性，等等），以便充分发挥防治效果，扩大应用范围，延长药剂使用寿命，达到高效、安全、经济和使用方便的目的。因此，农药的制剂化不仅可以满足农药施用的基本要求，而且经过扬长避短的加工，可以使一种农药的性能趋于完善。

1.1 农药助剂种类及应用原理

农药助剂是农药制剂加工和应用中添加的用于改善药剂理化性质的除农药有效成分以外的其他辅助物的总称，其本身无生物活性。农药原药与助剂按规定配方组成，经加工而制成农药制剂。每种制剂都具有固定的剂型，每种剂型产品都有它所必需的性能及技术指标，当农药品种确定以后，这些性能就必须通过配方组成中的助剂或应用中添加的助剂来保证。

1.1.1　农药助剂的分类

1.1.1.1　根据是否具有表面活性分类

根据是否具有表面活性，农药助剂可分为表面活性剂和非表面活性剂两类。

属于表面活性剂类助剂有：展着剂、胶黏剂、分散剂、渗透剂、消泡剂、乳化剂、润湿剂、稳定剂、增效剂、抗絮凝剂、发泡剂等。

属于非表面活性剂类助剂有：溶剂、抗结块剂、载体、填料、黏着剂、稀释剂、防静电剂、警戒色素、药害减轻剂等。

1.1.1.2　根据使用功能分类

根据使用功能，农药助剂常分成四大基本类型。

①具有分散功能，包括溶剂、稀释剂、分散剂、填料、乳化剂、载体等。

②具有帮助处理对象接触和（或）吸收农药功能，包括润湿剂、渗透剂和展着剂等。

③具有延长和（或）增强药效功能，包括稳定剂、控制释放助剂和增效剂等。

④具有增进安全和方便使用功能，包括药害减轻剂、漂移剂、防尘剂、发泡剂和警戒色素等。

1.1.2　常用农药助剂

1.1.2.1　表面活性剂类助剂

1）湿展剂　又称润湿剂，是一类可以显著降低固-液界面张力，增加液体对固体表面湿润与展布的助剂，如皂角、十二烷基苯磺酸钠、纸浆废液、洗衣粉、拉开粉等。主要用于加工可湿性粉剂、水分散粒剂、悬浮剂等。

2）乳化剂　能使原来不相溶的两相液体（如油与水）中的一相以极小的液珠稳定分散在另一相液体中，形成透明或半透明的乳浊液的助剂，如十二烷基苯磺酸钙、土耳其红油、双甘油月桂酸钠、蓖麻油聚氧乙基醚、烷基酚聚氧乙烯醚等。多用于加工水乳剂、微乳剂、乳油等。

3）分散剂　在农药制剂加工中能够阻止固-液分散体系中固体粒子的聚集，使其在液相中保持较长时间均匀分散状态的助剂，如木质素磺酸钠、亚甲基二萘磺酸钠（NNO）、拉开粉等。主要用于加工可湿性粉剂、水分散粒剂、悬浮剂等。

4）发泡剂　药液中加入少量发泡剂，如聚烷基醚，通过特殊喷雾装置，药液混合空气呈泡沫状喷出，与一般喷雾方法相比，药液逸失少，同时在植物表面有痕迹，便于检查喷药质量。

5）稳定剂　能防止农药制剂在储藏过程中物理性能变坏或发生原药化学分解的助剂，如抗氧化剂、抗光解剂、抗结块剂、抗沉降剂等。

6）增效剂　本身无生物活性，但能抑制生物体内的解毒酶，能较大幅度提高农药毒力和药效的助剂，如增效磷、增效醚等。

1.1.2.2　非表面活性剂类助剂

1）溶剂　起溶解和稀释农药原药的作用，使其便于加工和使用。多用于加工乳油或液体剂型，如苯、甲苯、二甲苯、醇等。

2）填料　在固体制剂加工时，用来稀释农药原药以减少原药用量，使原药便于机械粉碎，增加原药的分散性，或者用来改善原药物理状态的固态惰性矿物类、植物类和人工合成物质，如陶土、高岭土、硅藻土、白炭黑、轻质碳酸钙等。主要用于加工粉剂、可湿性粉剂、粒剂、水分散粒剂等。

3）黏着剂　能增加农药对固体表面黏着性能的助剂。因药剂黏着性提高而耐雨水冲洗，可增长持效期。如在粉剂中加入适量黏度较大的矿物油，在液剂农药中加入适量的淀粉糊、明胶等。

1.1.3　农药助剂在加工和使用中的作用

1.1.3.1　润湿作用

固体表面被液体覆盖的过程称为润湿。表面活性剂的润湿作用是指其溶液以固-液界面代替被处理对象表面原来的固-气界面。表面活性剂因其降低了表面张力而使润湿作用更加显著。表面活性剂溶液的润湿能力除与自身的结构因素有关外，还与固-液界面的表面张力有关。在农药加工、固体农药制剂兑水和稀释的过程中，表面活性剂起到极为重要的润湿作用。其一是可湿性粉剂固体微粒表面被水润湿，形成稳定的悬浮液；其二是悬浮液对昆虫或植物等靶标生物表面的润湿。

从物理化学的角度来看，液体能否在固体表面润湿，通常取决于 3 种力的作用。如图 1-1 所示，r_1 为固体表面张力，它的作用是缩小固体表面积，即增加固-液界面面积，使液体在固体表面润湿；$r_{1,2}$ 为固-液界面张力，它的作用与 r_1 相反，是使固-液界面面积缩小；r_2 为液体的表面张力（即液-气界面张力），它的作用是使液体表面积尽量缩小，r_2 在固体表面方向上存在一个分力 $r_2 \cdot \cos\theta$。当液滴稳定时，上述 3 种力达到平衡，得到以下方程式：

$$r_1 = r_2 \cdot \cos\theta + r_{1,2} \qquad (1\text{-}1)$$

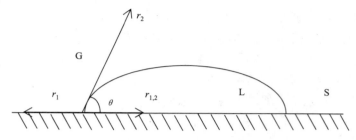

图 1-1　液滴在固体表面受力的状态

式中，θ 为液体在固体表面上的接触角。对于给定的固体和液体，r_1 和 $r_{1,2}$ 是相对不变的。因此，液体表面张力 r_2 越小，表示该固体表面越易被液滴润湿。

可以作为润湿剂的表面活性剂，如烷基萘磺酸盐，其分子具有两亲结构，即分子一端具有亲油性的亲油基，又称为非极性基，如长链烃基；另一端具有疏油性的亲水基，又称为极性基，如阴离子羧基、—SO_3^{2-}。亲水基和亲油基的强弱达到一定平衡时，就可以表现表面活性现象。亲水性和亲油性的强弱通常用亲水亲油平衡值（HLB，hydrophile-lipophile balancevalue）来表示，该值愈小，亲油性愈强；该值愈大，亲水性愈强。HLB 值为 7～9 时，表现为润湿作用。

润湿剂表现润湿作用的方式，即在液体界面形成一层单分子膜。这时，分子受液体内部引力，即水分子对亲水基的引力，将分子拉入水中，同时亲油基与水分子间的斥力将分子推向水面。当排列的分子数量足够多时，会在液面形成单分子薄膜层。如肥皂水滴加到水中后，肥皂分子的极性基一端插入水中，非极性基一端插入空气中，并立即在水面上定向排列。由于一滴肥皂水含有肥皂分子数量很多，当肥皂水入水后，其分子在水面迅速展开，最后占满整个液面。结果，大部分水面被润湿剂分子所覆盖，润湿剂的表面张力较水低，从而导致水的表面张力降低，这便是润湿剂降低表面张力的原理。液面的表面张力降低，液体滴加到固体表面，就导致固体表面容易被润湿。

1.1.3.2　分散作用

把一种或几种固体或液体微粒均匀地分散在一种液体中就组成了固-液或液-液分散体系。被分散成许多微粒的物质叫分散相，而微粒周围的液体叫分散介质。某些农药制剂加工中和农药制剂兑水后常会形成含有农药有效成分的分散体系，制备这些分散体系都必须用分散剂。农药表面活性剂类分散剂是最常用且最重要的农药助剂。悬浮液和乳油液是农药加工和应用中最常见的两类分散体系。

表面活性剂类分散剂的分散过程包括以下 3 个步骤。

①在表面活性剂存在的情况下将固体的外表面润湿，并从内表面取代空气。

②用超微粉碎机等将固体粉碎到规定的粒径，并让助剂润湿其表面和内部，

这是制备悬浮剂等液态分散体系所需要的。制备可湿性粉剂等固态分散体系时经常将所有组分一起混合，然后再机械粉碎到所需粒径和分布为止。只有在施用前用水稀释时，才进行第一步润湿，随后分裂和分散。

③保持分散体系的稳定。以表面活性剂作为农药分散体系中的分散剂，是基于它能够吸附于被分散微粒的表面。其分散剂的吸附方式可能为离子交换吸附、离子对吸附或氢键吸附等方式。

在农药用的离子型分散剂中，它们除具备各种吸附性能外，还有一个重要特点就是使分散粒子带上负电荷，并在溶剂化条件下形成一个静电场。这时，带有相同电荷的农药粒子间相互排斥，导致分散体系破坏过程减缓，从而增加体系的分散作用和物理稳定性。

来源于分散剂的分子还可以较牢固地吸附在需要分散的固体颗粒上，构成一个空间屏障，抵抗分散粒子间的密切接触，这种空间排斥作用称为分散剂的位阻障碍。该作用在应用聚合物分散剂时，尤其是阴离子、高分子分散剂时表现比较明显。由聚合物分散剂吸附形成的农药分散体系，在研制各种悬浮剂时具有重要作用。

1.1.3.3 乳化作用

两种互不相溶的液体，如大多数难溶或不溶于水的农药原油、农药原药的有机溶液与水，经过充分的搅拌，其中农药原油或农药原药的有机溶液以直径 $0.1 \sim 50\ \mu m$ 的油珠分散在水中，这种现象称为乳化，这样得到的油-水分散体系被称为乳状液。其中农药原油或农药原药的有机溶液被称为分散相，而水被称为连续相。

但上述方法得到的乳状液由于油、水两相界面较大，体系具有较高的表面能，因此，从热力学角度来说，其是一个很不稳定的体系，一旦静置下来，其分散相液珠会自动聚合，而使体系很快分成油、水两相，这样制得的乳状液很难起到实际作用。所以在农药制剂加工中必须加入乳化剂，以便在兑水使用时获得稳定的乳状液。

乳化剂也是一种表面活性剂，它能定向排列在油-水界面上，其亲水基伸向水相一侧，亲油基伸向油相一侧，从而使油、水间的界面张力降低。这不仅易于产生乳化作用，而且能阻止油珠重新聚合，不会导致油、水分层，提高了乳状液的稳定性。

农药乳状液可分为两种类型：一种是水包油型（O/W），此时油是分散相，水是连续相，这是化学农药乳状液的基本类型，农药乳油、水乳剂、微乳剂和某些水悬剂使用时均属于此类型，形成水包油型乳状液的乳化剂的 HLB 值一般为 $7 \sim 18$；另一种是油包水型（W/O），此时水是分散相，油是连续相，形成这种乳状液的乳化剂的 HLB 值一般为 $3 \sim 6$。

　　作为乳化剂的表面活性剂种类很多，主要有非离子型、阴离子型、阳离子型和两性离子型四大类。前两类应用最广，主要有：壬基酚聚氧乙烯醚、油酸和硬脂酸酯环氧乙烷化物、烷基酚与聚氧乙烯醚、磺酸盐类、脂肪醇硫酸盐、脂肪酸聚氧乙烯醚磷酸酯等。现在应用单一乳化剂的情况已不多，大多是将乳化剂单体配合一定的辅助成分制成复配乳化剂。从 20 世纪 50 年代后期至今，复配乳化剂一直是农药制剂生产中必要的助剂组分和基本的应用方式，现在生产和应用的复配乳化剂产品已超过 500 种，主要有农乳系列、吐温系列、Agrisol P-309、Agrisol P-319A、Agrisol P-302 等。

1.1.3.4　控制释放作用

　　有些有害生物的发生具有生长期长、为害隐蔽、持久等特点，传统的农药加工剂型初效性较好，其使用方法利于药效的发挥，但对于这些有害生物，其持效性和利用率不高，防治效果有限，短期内容易失效且容易危及环境安全。通过加工技术，利用助剂的性能使农药有效成分按一定的剂量在特定的时间内，持续稳定地释放，虽然有效成分释放量降低，初效没有其他农药剂型好，但持效期延长，对这些有害生物可以达到持续、有效、安全控制的目的。

　　加工成具有缓释作用的农药制剂称为缓释剂。缓释剂主要利用缓释包衣（即某些高分子化合物）与农药间的包埋、掩蔽、吸附作用或化学反应等方式，将农药储存或结合在高分子化合物中，施用后较长的时间内，农药能不断缓慢地释放。如微胶囊剂由囊核和囊壁两部分组成，前者为农药有效成分及分散体系，后者为高分子化合物。囊核一般为微小的农药液滴或固体颗粒，粒径一般为 30～50 μm，占制剂总量的 70%～90%；囊核内有效成分通过囊壁缓慢释放。囊壁材料有天然物质，如明胶、树脂、石蜡、淀粉、纤维素等，或是合成高分子化合物，如聚乙烯醇、聚乙烯、聚丙二醇酯、环氧树脂、聚丙烯腈、聚丙烯酸及其衍生物等。只要能在囊心颗粒或液滴周围沉降，达到所需性能的物质都可做囊壁材料，囊壁厚度一般为 0.1 μm 至几微米。

　　囊内有效成分的释放，依赖于内部蒸气压、渗透压的渗透，以及浓度梯度的扩散、腐蚀破裂处的溶出等，溶剂的化学侵蚀和生物降解也起到重要作用。根据缓释剂有效成分的释放方式，可以将缓释剂分为微胶囊剂、塑料结合剂和化学型缓释剂。

1.1.3.5　增溶作用

　　增溶剂是具有增溶作用的表面活性剂及其复合物。增溶是指某些物质在表面活性剂的作用下，其在溶剂中的溶解度显著增加的现象。被增溶物是农药有效成分及其他惰性成分。增溶作用是增溶剂在水中形成胶束的结果。当表面活性剂在水溶液表面形成定向排列的单分子层达到饱和状态时，表面张力不再下降，趋于恒定，其分子在溶液内开始形成球状、棒状或层状胶束，从而起到对农药有效成分的增溶作用。

增溶剂的增溶作用，一般会受到以下因素的影响。

①增溶剂的分子结构、性质和浓度。增溶剂的直链碳链越长，其形成胶束的临界浓度越小，反之越大。亲油基为支链的增溶剂，增溶量小于直链亲油基。

②被增溶物的分子结构和性质。脂肪烃和烷基芳烃的碳链越长，增溶量越小，环化使增溶量增大，不饱和化合物的增溶量较相应的饱和化合物大，极性加大增溶量增大。温度、pH和搅拌会影响增溶效果，增溶操作中，组分的加入顺序也会影响增溶效果。

1.2　农药制剂种类及加工

1.2.1　粉剂

粉剂是使用最早的农药加工剂型，使用方法简便、功效高、应用广，可用于大田、温室、果树、林木喷粉防治病虫，也可以撒粉或拌种防治土壤害虫和病害，还可用粉剂配成毒饵用以防治害虫或害鼠。特别是在水源缺乏的山区、林区，使用粉剂更为方便，因此粉剂曾经是最大产量的剂型。20世纪80年代初期，粉剂占我国各种农药制剂总产量的2/3，但这种制剂的缺点是喷粉时粉粒易于飘失、污染环境、粉粒不易附着在植物表面上、回收率低、持效期短、损失多。自20世纪90年代以来，全球粉剂的生产量逐年下降。

1.2.1.1　粉剂的分类

粉剂按粒径大小分为一般粉剂、无飘移粉剂、超微粉剂等。

①一般粉剂，其粒径平均为10～30 μm，各国标准稍有差别。

②无飘移粉剂，即飘移较少的粉剂类型，粒径平均为20～30 μm，粒径小于10 μm的微粒筛除或加入黏着剂如液体石蜡、淀粉糊等，减少粒子的飘移性。

③超微粉剂，其平均粒径为5 μm以下，这种粉剂由于粉粒细微容易飘移，只能用于密闭的温室内，粒子可通过飘移扩散均匀地附着在植株的叶片正、反面，提高工效，既省时又安全。

1.2.1.2　粉剂的组成

1）填料

粉剂的填料是为调节或改善药剂的物理性状及使用行为而在固态制剂中加入

的固态物质，其本身无药效。填料一般分为植物性和矿物性两种，主要填料有硅藻土、滑石、叶蜡石、高岭土、活性白土等。要求作为填料的成分 pH 为 5～7、细度粉碎至标准粒径范围、填料性能稳定、不与有效成分发生反应、易吸湿等。

2）抗飘移剂

抗飘移剂的作用是使粉剂在生产和使用过程中飘移减少，常用的抗飘移剂有二乙二醇、二丙二醇、丙三醇、烷基磷酸酯类、烷氧化磷酸酯类、丙三醇的环氧乙烷或环氧丙烷加成物等。

3）分散剂

分散剂的作用是降低粉剂分散体系中固体或液体粒子的聚集。粉剂常用的分散剂多数是表面活性剂，常用的分散剂有烷基磺酸盐、萘磺酸盐、烷基萘磺酸盐等。

4）黏着剂

黏着剂是能增强农药在生物体表面上的黏着性能的助剂。粉剂常用的黏着剂有：天然动、植物产品如矿物油、豆粉、淀粉、树胶等。表面活性剂类的黏着剂有：烷基芳基聚氧乙基醚、脂肪醇聚氧乙基醚、烷基萘磺酸盐等。

1.2.1.3 粉剂的加工

粉剂的加工方式视原药和助剂的物理状态而定。如果原药和助剂都是易粉碎的固态物，则可将它们和填料按规定的配比进行混合—粉碎—再混合—包装；如果原药和助剂呈黏稠状，则首先将它们热熔，再依次均匀地喷布于填料粒子（已粉碎至细度符合粉剂标准要求）表面，混合均匀后再进行包装；如果原药和助剂都是液体状态且流动性好，可直接喷布于填料粒子表面，否则亦需加热或溶于溶剂中再喷布于填料粒子表面，混合均匀后进行包装，用溶剂时需考虑溶剂的回收。

1.2.2 可湿性粉剂

一般来说，可湿性粉剂是一种农药有效成分含量较高的干制剂。在形态上，它类似于粉剂；在使用上，它类似于乳油。可湿性粉剂和粉剂生产工艺类似，产品均是干制剂，但配方、产品技术指标、使用方法均不同。生产可湿性粉剂时需重点控制产品悬浮率，同时还需添加各种表面活性剂（润湿剂、分散剂等），制成的农药有效成分含量高，使用时采取加水稀释喷雾的方法。

1.2.2.1 可湿性粉剂的组成

可湿性粉剂是含有原药、载体和填料、表面活性剂（润湿剂、分散剂等）、辅助剂（稳定剂、警戒剂等）并粉碎得很细的农药制剂。此种制剂在用水稀释成田间使用浓度时，能形成一种稳定的、可供喷雾的悬浮液。

1.2.2.2　可湿性粉剂的加工

从加工角度考虑，一种原药如果为固体，熔点较高且易粉碎，则适宜加工成粉剂或可湿性粉剂；如果需制成高浓度或需喷雾使用时，则一般加工成可湿性粉剂；如果原药不溶于常用的有机溶剂或溶解度很小，那么该原药大多加工成可湿性粉剂。

可湿性粉剂所必须具备的性能是根据药效、使用、储藏运输等各方面要求提出的。其主要要求是：①要具有良好的流动性，易于倒出、称量。②药粉有较好的被水浸湿的能力，在作物、虫体上有很好的展着性。可湿性粉剂的润湿性通常以润湿时间来表示，润湿时间越长，润湿性越差；反之，润湿性越好。联合国粮食及农业组织（Food and Agriculture Organization of the United Nations，FAO）的标准为 1～2 min（完全润湿时间），我国目前采用的标准是≤1 min。③药粉在水相中有很好的分散性。④药粒在悬浮液中保持悬浮一定时间的能力。⑤其粉粒细度为 98%通过 75 μm 标准筛（即 200 目标准筛）。⑥可湿性粉剂中水分含量≤2%～2.5%。⑦具有一定的储藏稳定性。

1.2.3　乳油

乳油主要由农药原药、溶剂和乳化剂组成，在某些乳油中还需要加入助溶剂、稳定剂和增效剂。乳油倒入水中能形成相对稳定的乳浊液，使用方式为喷雾。乳油中的有效成分含量一般在 20%～50%。乳油的优点是加工过程简单、设备成本低、配制技术易于掌握，储存稳定性好、应用范围广；缺点是添加溶剂量过大、加工和储运安全性差、对环境相容性差。

1.2.3.1　乳油分类

1）按乳油入水后形成的乳浊液分类

乳油可分为 2 种类型：①水包油型乳油，该种乳油一般选用亲水性较强的乳化剂；②油包水型乳油，该种乳油一般选用亲油性较强的乳化剂。

常见的农药乳油通常都属于水包油型乳油，加水形成的乳状液为水包油型乳浊液。

2）按乳油入水后的物理状态分类

①可溶性乳油，水溶性强的原药通常配制成这种乳油。当它入水后，有效成分自动分散，迅速溶于水中，外观呈透明胶体溶液。这种乳浊液的稳定性和对受药表面的湿润与展着性都很好。敌百虫、敌敌畏、乐果等农药一般配制成可溶性

乳油。

②溶胶状乳油，这种乳油加入水中后自动分散，不经搅拌或略加搅拌后能形成半透明淡蓝色溶胶状乳液，外观有乳光。这种乳油一般稳定性较好，油珠直径一般在 0.1 μm 以下。多数除虫菊酯类农药可加工成这类乳油。

③乳浊状乳油，这种乳油加入水中后成乳浊液，自发乳化性较差，分散不好，搅拌后形成白色不透明乳浊状液，乳液稳定性一般是合格的，油珠直径一般为 1～10 μm。

1.2.3.2　乳油的组成

乳油主要由农药原药（原油或原粉）、溶剂和乳化剂组成，在某些乳油中还需要加入助溶剂、稳定剂和增效剂。

在乳油中，溶剂加入量较大。溶剂对原药起溶解和稀释作用，在乳油中加入的溶剂要求溶解原药性能好、来源丰富、成本低、闪点高。较好的溶剂有苯、甲苯、二甲苯等。

1.2.3.3　乳油的加工

调制乳油的主要设备是调制釜。它是由带夹层的反应釜、搅拌器和冷凝器等组成的，另外还需要计量槽、过滤器、乳油贮槽和真空泵。

配制乳油的所有材料，在使用前都要按要求进行检测，特别是含水量，一定要在允许的范围内。称量配制乳油的所有材料，按比例进行投料。投料顺序为先投入大部分溶剂，然后是原药、乳化剂和其他助剂，最后投入剩下的溶剂。投料方式可通过真空泵直接投入调制釜内，在釜内搅拌进行混合。但在冬季较冷或夏季较热的地区，可根据气温变化适当地加热与降温。如果是常温下流动性很差的液体或固体原药，则应将大部分溶剂和原药投入调制釜，在搅拌下使原药溶解；适当地加热可以加快原药的溶解速率，但加热温度不应高于溶剂的沸点，以免过热引起原药分解。待原药全部溶解后，再投入乳化剂和其他助剂，以及剩余的溶剂，混匀以后将釜内温度通过冷却水调节到室温，取样分析有效成分含量、水分、pH 及乳化性能等指标，如果合格即可进入下道工序。

配好的乳油中可能含有少量或微量来自乳化剂或原药的不溶性杂质，储存久时表现为明显的絮状物，悬浮在乳油中。因此，配好的乳油应当进行必要的过滤以除去这些杂质，呈现絮状物的杂质很轻，又带有一定的黏性，应加入适当的助滤剂以帮助过滤。常用的助滤剂有 60～80 目的硅藻土或活性炭。

如果乳油过滤后产品合格，可进行包装，不合格则需进行调整，使之合格。

1.2.4　悬浮剂

悬浮剂大多是以固体粒径 0.5～5 μm 的固体农药颗粒为分散相，加工时以水为介质，将水溶性较低而熔点较高的固体农药加入合适的润湿剂、分散剂、增稠剂、稳定剂、pH 调整剂、防冻剂等组分，经湿法超微粉碎加工而成的农药制剂。

1.2.4.1　悬浮剂的类型

1）水悬浮剂

以水为连续相制成的悬浮剂称为水悬浮剂。制剂包括农药原药、润湿剂、分散剂、增稠剂、稳定剂、pH 调整剂、防冻剂和水等组分。

2）油悬浮剂

以矿物油或有机溶剂为连续相的悬浮剂称为油悬浮剂，它是一种或一种以上有效成分在非水体系中形成的高分散、稳定的悬浮体系。

3）干悬浮剂

不含水或其他液体分散介质而又能在水或油类溶剂中形成悬浮剂的粉、粒或片状物的剂型，称为干悬浮剂或干油悬剂。制剂组成为原药、纸浆废液、棉籽饼等植物油粕或动物皮毛水解的下脚料及某些无机盐等。

1.2.4.2　悬浮剂的特点

悬浮剂悬浮率及稳定度高，可与水以任意比混合，分散均匀，不受水温、水质影响，生产、储运安全，使用方便，不易污染环境，易于推广。

1.2.4.3　悬浮剂的加工

一种加工方法是将不溶水的固体原料加工至粒径 300 μm 以下，然后再与润湿分散剂、防冻剂、增稠剂和水按配比混合调配、分散或熔融配制成浆料，经胶体磨匀磨细，再经砂磨机研磨 1～2 次，最后调整 pH、流动性、润湿性等指标，经质量检查合格后即可包装而得成品。

另一种加工方法是先把原药与润湿分散剂、消泡剂和水均匀混合分散，经粗细两级粉碎制成原药浆料，然后与增稠剂、防冻剂和水混合，经过滤后即获得悬浮剂。

1.2.5　粒剂

粒剂也称颗粒剂，是农药的主要剂型之一，它是由农药原药、载体、助剂通过混合造粒制成的松散颗粒状剂型。其有效成分质量分数一般在 5%～20%，可以制成多种规格、多种形态、多种用途的制剂，使用方便，施药功效高。同时，粒剂具备以下特点：①可控制有效成分的释放速度，延长持效期。②施药时方向性强，使药剂充分到达靶标生物，并对天敌等有益生物安全。③药粒不附着于植物茎叶上，避免直接接触产生药害。④加工与施药时无粉尘飞扬，不污染环境。可减少施药过程操作人员的身体附着或吸入药品，不易造成中毒。⑤高毒农药低毒化使用。

1.2.5.1　粒剂的分类

1）按粒径区分

粒剂可分为以下几类：①微粒剂，粒度范围 60～200 目，粒径为 74～297 μm；②颗粒剂，粒度范围 10～60 目，粒径为 297～1680 μm；③大粒剂，粒度范围 10 目以上，粒径为 5～9 mm。

2）按载体解体性区分

粒剂可分为遇水解体型和不解体型两类，不解体型粒剂的有效成分逐渐从载体中释放出来而发挥杀灭有害生物作用。

1.2.5.2　粒剂的组成

粒剂的基本组成，就是原药加载体。为了使其成粒并保持良好的性能，经常在原料中添加黏着剂（包括亲水性黏着剂，如动物胶、植物胶、矿物胶、聚乙烯醇等；或是疏水性黏着剂，如松香、虫胶、石蜡、沥青等）、助崩解剂、润湿剂、分散剂、吸附剂、润滑剂、溶剂等。

1.2.5.3　粒剂的加工方法

粒剂的加工方法有包衣造粒法、挤出成型造粒法、吸附造粒法（浸渍造粒法）、流化床造粒法、喷雾造粒法、转动造粒法等。

1）挤出成型造粒法

将高含量粉剂与经粉碎到一定细度的矿土、土及少量助剂混匀，混合的药泥被挤压器挤压成条，干燥、割断或用振动筛把条状物破碎并过筛，选择一定粒径的颗粒包装而成。

2）吸附造粒法

将经粉碎、选粒的载体置于密闭的滚筒内，抽气，对滚筒内的载体进行喷药，使颗粒吸附药剂而成。

3）包衣造粒法

先将农药吸附到载体颗粒表面，利用包衣剂使药剂被牢固地黏着或包于载体上，从而起到稳定药剂的理化性质和控制药剂有效成分释放速度的作用。

1.2.6　缓释剂

缓释剂是利用物理和化学的方法将农药储存于加工品中，可以控制农药有效成分从加工品中缓慢释放的农药剂型。缓释剂有以下优点：①可以减少农药在环境中的光解、水解、生物降解、挥发、流失等，使用药量大大减少，持效期大大延长。②可以使高毒品种低毒化，避免或减轻高毒农药品种在使用过程中引起的人、畜及有益动物的急性中毒和伤害；避免或减轻农药对环境的污染和对作物的药害。③通过缓释技术，改善了药剂的物理性能，减少飘移，使药剂储存、运输、使用等都很方便。

1.2.6.1　缓释剂的分类

缓释剂依据其加工方法可分为物理型缓释剂和化学型缓释剂两大类。

物理型缓释剂依靠高分子化合物与农药间的物理结合而成，利用包裹、掩蔽、吸附等原理，将农药储存于高分子化合物之中。具体又可分为微胶囊剂、包结化合物、多层制品、空心纤维、吸附体、发泡体、固溶体、分散体、复合体等。

化学型缓释剂是农药与载体进行化学反应而形成的缓释剂，这种新形成的缓释剂本身无生物活性或低活性，必须在环境或生物体内经过生物或化学降解才能逐渐释放出原有农药，发挥生物活性。化学型缓释剂主要有三种类型：自身缩合体、直接结合体、桥架结合体。

1.2.6.2　常见缓释剂种类

常见缓释剂的种类有微胶囊剂、包结化合物缓释剂、化学型缓释剂。

1）微胶囊剂

微胶囊剂的囊核为农药有效成分，囊壁大多为无毒的高分子化合物，黏着性强，不与囊核活性成分发生化学反应，成囊后的囊壁坚韧，具有渗透性和稳定性。常用作囊壁的材料有明胶、树脂、石蜡及聚酰胺、聚脲、聚酯、纤维素等。

微胶囊剂的制造方法可分为物理法、化学法和物理化学法三类。

可以通过物理手段将囊壁材料附着于囊核上形成微胶囊剂，通过化学反应使囊壁物质附着在囊核周围形成微胶囊，也可以通过囊核物质分散于囊壁材料的聚合物溶液中，用降温、盐析、异性溶剂、异性聚合物等诱发二者之间相互作用，使囊壁物质在囊核上吸着扩展形成胶囊。

2）包结化合物缓释剂

原药分子通过氢键、范德瓦耳斯力、自由电子授受及偶极矩感应、极化等作用，与另外的化合物形成新的分子化合物，称为包结化合物。包结化合物的形成只与参与化合物的形状、大小、空间排布及数量有关，而没有固定的结合比、生成常数及生成物与反应物的平衡系数等。但形成的分子化合物的理化性质与原化合物有很大差别。农药与某些化合物结合形成包结化合物，可以使农药的稳定性提高、挥发性减少、毒性降低、有效期延长。环糊精是制造含有农药的包结化合物的理想材料。

可以采用以下方式加工包结化合物（以敌敌畏包结化合物为例）：敌敌畏 0.25 份、β-环糊精 1 份、水 1.7 份，充分搅拌混合，再加入水 13.5 份，搅匀后生成沉淀，过滤干燥，即为敌敌畏包结化合物的不挥发粉末。如果将其加入 5%分散剂即变成可湿性粉剂，可兑水成水悬液喷雾使用，因此，包结化合物可与其他固体原药一样，加工成常规剂型使用。

3）化学型缓释剂

化学型缓释剂是具有羧酸基（—COOH）、羟基（—OH）、氨基（—NH₂）、巯基（—SH）等活性基团的农药，在一定条件下，通过自身缩聚，或者与天然或合成的高分子聚合物（载体）直接或间接化合而形成的。

主要的加工方法有：农药与载体化合物（如纸浆、木质素、纤维素、大豆粉、甲壳素等）直接进行化学反应；农药通过交联剂（POCl₃、PCl₃、PSCl₃、COCl₂等）与载体化合物结合形成缓释剂；农药通过自身聚合反应形成缓释剂，如草灭平进行缩聚反应生成具有缓释作用的缩聚物；农药与无机或有机化合物反应生成配合物或分子化合物形成缓释剂，例如，敌敌畏与 CaCl₂ 反应生成敌敌钙，乐果与 2,4-二甲基-6-叔丁基酚生成分子化合物。

1.2.7 水乳剂

水乳剂，就是以水代替传统的有机溶剂作溶剂的一类新剂型。因为它以水为基础，所以与乳油相比，它有许多优点：①可大幅度减少有机溶剂对生态环境的危害；②该类制剂不易燃烧，因此在运输与储藏时较为安全；③以水代替有机溶剂，通常可以降低有效成分对使用者的毒性及不愉快的气味；④在某些情况下，以水乳剂代替乳油可以提高药效，降低药害；⑤节省大量有机溶剂。

水乳剂按其粒径及物理性状的差别，又可分成浓乳剂与微乳剂等。浓乳剂一般粒径小于 10 μm，多数为 0.5～1.5 μm，大于可见光的波长，所以外观呈乳白色；而微乳剂的粒径为 0.01～0.1 μm，外观是透明的匀相液。

把亲油性液体原药或固体原药溶液，分散于水中的乳浊液，称为浓乳剂，其有效成分体积分数一般在 30%以下。表面活性剂应选用 HLB 值大的品种。在浓乳剂中要加入一定量的增稠剂，以提高其悬浮率。增稠剂常用 70%～90%皂化率的聚乙烯醇和阿拉伯胶，其他组分与悬浮剂基本相同。

具体加工方法为：将原药、溶剂、乳化剂及其助剂加在一起，搅拌溶解成均匀油相；将水、防冻剂、防腐剂等混合为水相，在高速搅拌下，将水相逐步加入油相或将油相加入水相，使体系成为水包油型的水乳剂。

1.2.8 微乳剂

微乳剂是一个自然形成的热力学稳定的均相体系。微乳剂的基本性质为：①外观为透明的均匀液体；②液滴半径小，为 0.01~0.1 μm；③物理稳定性好、不会出现沉淀；④具有一定的导电性。

微乳剂借助乳化剂的作用，将液态或固态农药均匀分散在介质水中形成透明或半透明的液体状态。因其以水为分散介质，使该剂型具备以下特点：①使用有机溶剂少，对环境污染小，对人类及有益动物毒性低；②闪点高，不易燃易爆，生产、储存安全；③稳定性好，并具有良好的渗透性，防治效果好；④对作物药害轻。

微乳剂中有大量水存在，因此在配方设计上要考虑原药的稳定性。有些本身对水稳定的原药可以直接制成微乳剂，而不需要在制剂中加入稳定剂，如果原药在水中不稳定，则需要加入稳定剂，以防止原药在水介质中分解。

微乳剂的组成主要包括三部分：有效成分、乳化剂和水。为了制备符合质量标准的微乳剂产品，根据需要有时还要加入适量的溶剂、助溶剂、稳定剂和增效剂等。

在制备微乳剂的过程中，乳化剂的选择非常重要，常选用 HLB 值 13 以上的具有强亲水性的非离子型表面活性剂和亲油性的阴离子型表面活性剂进行混配作为乳化剂。例如，三苯乙烯基酚环氧乙烷化磷酸三乙醇胺盐和烷基二聚氧乙烯磺酸盐复配，可以作为乳化剂在微乳剂中使用。选用适度浊点和亲水亲油基团均较大的表面活性剂，可提高微乳剂的可溶解量。

乳化剂的用量与农药的品种、纯度及制剂的浓度有关，一般来说，为获得稳定的微乳剂，需要加入较多的乳化剂，其用量通常是油相的 2~3 倍，如果原药特性适宜，乳化剂的用量可降低 1~1.5 倍。

溶剂加入的原则为：如果配制微乳剂的原药为原油，一般可不用有机溶剂；若原药为固态，则需加入一种或多种溶剂，将其溶解成可流动的液体。

选择溶剂的依据是：溶解性能好，对原药的溶解度大；溶剂不易挥发，毒性低、溶剂的添加不会导致原药的物理化学稳定性下降，不会与体系中的其他成分发生反应；来源丰富，价格较便宜。一般多使用醇类、酮类、酯类等作为溶剂。

另外，根据需要加入的助剂还有稳定剂、防冻剂等。稳定剂一般选择具有稳定作用的表面活性剂，可以减少原药的分解，如 3-氯-1,2-环氧氯丙烷、丁基缩水甘油醚、山梨酸醇等。一般用量为 0.5%～3.0%。防冻剂一般为醇类，常用的有乙二醇、丙二醇、丙三醇、山梨糖醇等，一般加入量为 5%～10%。

微乳剂的加工方法为：将乳化剂和水混合制成水相，然后将油溶性的农药在搅拌下加入水相，制成透明的水包油型微乳剂；或是将乳化剂溶于农药油相中，形成透明溶液，然后将油相滴入水中，搅拌成透明的水包油型微乳剂。如果原药需要添加溶剂，则将原药、乳化剂、溶剂充分混合成均匀透明的油相，在搅拌下加入蒸馏水或去离子水，形成油包水型乳浊液，再经加热搅拌，使之转化成水包油型。

1.2.9　烟剂

通常把 0.5～5 μm 的固体颗粒分散悬浮于气体中的分散体系称为烟。烟剂在引燃后，可以燃烧发烟，药剂因受热气化，在空气中冷却凝结成细小的固体颗粒，分散在空中，沉降到植物体上，起到杀灭有害生物的作用，有些药剂还可以起到熏蒸作用。

烟剂的特点是：①使用方便、省力；②药剂颗粒细微，分散均匀；③施药功效高、成本低；④残毒低。但使用烟剂也有一些限制，如施用时受自然环境及气流影响较大，一般适用的场所为植物覆盖度较大或空间较密闭、需要进行病虫害防治的森林、仓库及保护地等。

1.2.9.1　烟剂的组成

烟剂中除含有药剂有效成分外，还有燃料、助燃剂、发烟剂、消燃剂等辅助成分。其作用是使烟剂点燃后，可以燃烧，但无火焰，只能发烟。

1）燃料

燃料是供热剂的主要成分，在有氧气的条件下可以燃烧发热。在烟剂中，使用的燃料有木粉、木炭、煤粉、麸皮等。常以木粉或木炭与其他燃料混用，以调节燃烧性能。

2）助燃剂

助燃剂可以提供燃料燃烧时需要的氧气，保证燃烧反应持久稳定地进行。要求助燃剂有适度的氧化力，在 150℃ 以下稳定，150～160℃ 分解放氧；不吸潮水解，不易引起爆炸；原料易得，价格低廉。常用的助燃剂有氯酸盐、过氯酸盐、硝酸盐、亚硝酸钠等。

3）发烟剂

发烟剂是在高温下容易迅速气化，冷却成烟的物质。发烟剂可以帮助农药飘移或沉降，以增大烟量和烟浓度。常用的发烟剂有松香、氯基甲酸酯、萘、氯化铵、碳酸氢铵、六氯乙烷等。

　　4）消燃剂

　　消燃剂也称消焰剂，作用是吸收燃烧热量，降低燃烧温度，减缓燃烧速度。它也可以杜绝烟剂发烟时产生明火，可以阻止有效成分燃烧分解，并阻止发烟残渣死灰复燃引起火灾。消燃剂有陶土、膨润土、滑石粉、氯化铵、碳酸氢铵、硅藻土、白炭黑等。

　　另外在烟剂中还可以加入防止烟剂吸潮的疏水性物质，即防潮剂。防潮剂在烟剂粉粒表面或界面上形成疏水性薄膜，阻止与空气中水分的接触，免受潮解。常用的防潮剂有柴油、润滑油、高沸点芳烷烃、蜡等。

1.2.9.2　烟剂的加工

　　烟剂通常由供热剂、主剂和引线三部分组成，一般先分别按各自的要求加工处理，再将各部分组装到一起。

　　1）供热剂的加工方法

　　可以采用干法、湿法和热熔法进行加工。干法加工最简单，一般氧化剂均能适用，应用较广。干法加工即将燃料、氧化剂等分别粉碎到 80～100 目，按比例混合即成供热剂，用塑料袋包装即可。

　　2）引线的制作方法

　　大多数烟剂不能直接用火点燃，只能借助氧化剂和燃料的引线燃烧，将热量传递给烟剂后点燃。制作引线的材料可以选用麻刀纸、棉纸、毛边纸、文昌纸等。制作引线的药剂有硝酸盐、氯酸盐和高锰酸钾。如将麻刀纸在 KNO_3 或 $NaNO_3$ 饱和溶液中浸 2～3 次，晾干后裁剪成条，搓成纸捻即为引线。

　　3）烟剂的成型方法

　　将主剂和供热剂经助剂直接混在一起，放入塑料袋中，再用硬纸筒或竹筒、土罐等作外包装，在烟剂中埋入引线，在接缝处用蜡纸封牢即可。

2 农药室内毒力测定

2.1 室内毒力测定的原理与原则

2.1.1 室内毒力测定的原理

农药室内毒力测定是指在室内进行的对农药生物活性的测定。这种测定可以分为靶标生物的活体测定和细胞测定。

2.1.1.1 活体测定

活体测定是利用大量发育较为整齐一致的昆虫、病原菌、植物体活体或植物体的离体器官，在控制室内条件一致的情况下，对农药的生物活性进行测定，该结果可为进一步开展农药的田间药效试验提供依据。目前，国内外主要采用生物活体进行药剂的筛选和活性测定，这种测定方式一般几天内可以取得结果，个别靶标生物或药剂需要1~2周甚至更长时间才能取得结果。活体生物对药剂的敏感性受环境条件和生理状态等因素的影响较大。

2.1.1.2 细胞测定

细胞测定是利用昆虫、病原菌、杂草等的细胞进行农药生物活性测定。其原理一是利用活细胞线粒体中的琥珀酸脱氢酶能使外源性的[3-(4,5-二甲基噻唑-2)-2,5-二苯基]四氮唑溴盐（MTT）还原为难溶性的蓝紫色结晶物甲䏝（formazane）并沉积在细胞中，而已凋亡细胞却无此功能。用裂解液溶解细胞中的甲䏝，在波长570 nm处测定其光吸收值，可间接反映活细胞数量。该方法特点是灵敏度高、重复性好、操作简便、经济、快速、易自动化、无放射性污染等。其原理二是利用活细胞不能被台盼蓝染色剂染色，保持正常形态，而死亡细胞则被染成浅蓝色并膨大，可通过显微镜对活细胞与死细胞进行计数，算出细胞存活率。

采用昆虫细胞系作为生物试材，培养容易、方便、成本低，一般24~48 h就可完成测定，适宜于批量快速筛选与毒力测定实验。

2.1.2　室内毒力测定的原则

供试生物要求整齐一致，个体差异小、生理指标较为均一。选取的供试生物具有代表性，容易大规模培养，测定工作不受时间、地区限制；供试细胞株也要求生长条件一致，易于培养，生活力一致。

供试药品应为原粉或原油，制剂应有确切的有效成分含量和其他组分配比。

要在可控的环境下进行毒力测定，在室内主要是控温、控湿、控光照等。

各处理应设重复和对照。室内毒力测定应不少于 3 次重复，应设空白对照和清水对照，必要时要设药剂对照。

2.2　室内毒力测定的供试生物

供试生物分活体生物和活体细胞两种。

在进行生物测定前，准备大量的昆虫、病原菌和杂草，保证生物活体在营养、生长能力、繁殖能力等方面一致，或准备生长良好的细胞株，是保证生物测定结果准确可靠的关键。

2.2.1　活体生物实验材料

2.2.1.1　昆虫

1. 用于实验的昆虫种类

鳞翅目：黏虫（*Mythimna separate*）、大螟（*Sesamia inferens*）、斜纹夜蛾（*Spodoptera litura*）、甜菜夜蛾（*Spodoptera exigua*）、亚洲玉米螟（*Ostrinia furnacalis*）、二化螟（*Chilo suppressalis*）、三化螟（*Tryporyza incertulas*）、稻纵卷叶螟（*Cnaphalocrocis medinalis*）、小菜蛾（*Plutella xylostella*）、菜粉蝶（*Pieris rapae*）、棉铃虫（*Helicoverpa armigera*）、米蛾（*Corcyra cephalonica*）；

鞘翅目：杂拟谷盗（*Tribolium confusum*）、赤拟谷盗（*Tribolium castaneum*）、米象（*Sitophilus oryzae*）、黄曲条跳甲（*Phyllotreta striolata*）、茄二十八星瓢虫（*Henosepilachna vigintioctopunctata*）、黄守瓜（*Aulacophora femoralis*）、黑守瓜（*Aulacophora lewisii*）、星天牛（*Anoplophora chinensis*）；

双翅目：家蝇（*Musca domestica*）、黑腹果蝇（*Drosophila melanogaster*）、美洲斑潜蝇（*Liriomyza sativae*）、南美斑潜蝇（*Liriomyza huidobrensis*）；

直翅目：东亚飞蝗（*Locusta migratoria manilensis*）；

同翅目：桃蚜（*Myzus persicae*）、萝卜蚜（*Lipaphis erysimi*）、玉米蚜（*Rhopalosiphum maidis*）、褐飞虱（*Nilaparvata lugens*）、白背飞虱（*Sogatella furcifera*）、烟粉虱（*Bemisia tabaci*）；

蜱螨目：棉红蜘蛛（*Tetranychus cinnarinus*）。

其他有必要进行实验的昆虫种类也可以饲养并用于实验。

2. 昆虫饲养

（1）获取昆虫

可以从自然环境中获得卵、幼虫、蛹或成虫等虫态，带回室内进行培养。

（2）昆虫食料的准备

昆虫食料的好坏对试虫的生长发育、生活力、群体质量和抗药能力等都有很大影响，也能直接或间接促进或抑制某些昆虫的滞育，因此试虫的营养条件也是该虫能否健康培育的基本条件之一。一般来说，不论哪种类型的饲料都必须含有糖类、蛋白质、脂肪和脂肪酸、维生素和无机盐等，不同或同一种类的昆虫的不同虫期、龄期或性别可能有特定的营养要求，甚至同种昆虫的不同种群间的营养需求也可能稍有不同。因此，清楚昆虫的营养需求，会大大提高室内昆虫培育工作中标准试虫的成活率、生活力、生殖力等。

1）昆虫的营养需求

碳水化合物：碳水化合物与昆虫的生长发育、生活力和生殖力有关，是大多数昆虫的基本营养要素，也是大部分昆虫食料的主要组成部分。昆虫消化吸收的碳水化合物主要用作自身的能量来源及脂肪和糖原的合成；缺乏碳水化合物主要表现为虫体活动量减少，产卵量下降、寿命缩短。昆虫食物中的碳水化合物主要有多糖、寡糖、单糖，单糖中的葡萄糖及果糖最易被大多数昆虫吸收和利用。其他碳水化合物在昆虫体内先被分解成单糖，再被肠壁吸收，供应昆虫的正常营养需求。

纤维素是一种多糖，是很好的吞咽因子，具有刺激昆虫中肠肠壁细胞蠕动的作用，加快饲料营养与肠壁细胞的接触而被吸收，使昆虫发育快而整齐。纤维素在整个人工饲料中的比例一般在60%以下；饲料中纤维素比例增加，人工饲料坚硬，可促进昆虫取食，取食量增加可使昆虫摄入更多的营养成分；高龄幼虫比低龄幼虫需要更多的纤维素量。

蛋白质和氨基酸：蛋白质也是昆虫的基本营养要素，它的主要作用是提高昆虫的生活力，促进昆虫生长发育、生殖力等，昆虫正常生命活动所需要的氨基酸有亮氨酸、异亮氨酸、甲硫氨酸、色氨酸、苏氨酸、精氨酸、赖氨酸、苯丙氨酸、缬氨酸、组氨酸等。某些昆虫机体内可以自行合成某些必需氨基酸，但有些昆虫需要从外界摄取某些特定的氨基酸才能完成生长发育，如埃及伊蚊（*Aedes aegypti*）的脱皮需要胱氨酸，雄性德国小蠊（*Blattella germanica*）需要丝氨酸，等等，因此在特定昆虫饲养过程中可能需要额外添加特定的氨基酸。昆虫从人工饲料中获得氨基酸的方式为蛋白质食物通过消化酶的作用降解为氨基酸，再被昆虫肠壁细胞吸收加以利用。

脂肪和脂肪酸：脂肪和脂肪酸可以作为昆虫的能源、代谢水的来源，它还可以形成贮存脂肪体、糖原或组成卵黄。很多昆虫在生长发育中需要脂肪和脂肪酸，如地中海粉螟（*Ephestia küehniella*）、棉红铃虫（*Pectinophora gassypiella*）、亚洲玉米螟（*Ostrinia furnacalis*）幼虫、红头丽蝇（*Calliphora vicina*）和松毛虫（*Dendrolimus* spp.）寄生蝇等幼虫、德国小蠊（*Blattella germanica*）的生长发育都需要脂肪酸。蛾类如果在羽化时缺乏亚油酸、亚麻酸，羽化出的成虫畸形或表面无鳞片。饲养时饲料缺乏十八烯酸，直翅目昆虫不能正常羽化。

一般来说，在混有天然成分的人工饲料中，一般具有形成昆虫需要的脂肪和脂肪酸的前体物质，如在动物、植物组织中都含有磷脂，植物组织中有油酸、亚油酸、亚麻酸等，动物组织中有油酸、硬脂酸、软脂酸等，都可以供应昆虫虫体的脂类需求。因此，对于大部分昆虫，不需要额外添加脂肪或脂肪酸；昆虫除了可以从人工饲料中获得脂类物质外，还可以从碳水化合物、蛋白质或其他营养物质合成脂肪和脂肪酸。

固醇：固醇是昆虫生长、发育、生殖所必需的营养成分，一般昆虫体内不能合成，需从饲料中获得。在人工饲料的动、植物性成分中，具有动、植物性固醇，昆虫可以很好利用，有些昆虫则需要额外添加胆固醇。人工饲料中缺乏固醇，昆虫的生长发育受到限制，尤其是昆虫的幼虫时期。

维生素：是昆虫生长和代谢所必需的微量有机物。维生素分为脂溶性维生素和水溶性维生素两类。脂溶性维生素包括维生素 A、维生素 D、维生素 E、维生素 K 等，水溶性维生素有 B 族维生素、维生素 C、维生素 P、肌醇和胆碱。昆虫缺乏维生素时不能正常生长，表现为维生素缺乏症。

肌醇（inositol）：又称肌肉糖，即环己六醇，最初从肌肉组织中提取，属 B 族维生素，是昆虫维持正常生理功能不可缺少的低分子有机物。肌醇共有 9 个异构体，但其中只有 myo-肌醇具有类似维生素的性质，它以游离状磷脂质或酪蛋白的形式广泛存在于昆虫组织中。肌醇是一种"生物活素"，参与体内的新陈代谢活动，具有免疫、预防和治疗某些疾病等作用。昆虫饲料中，肌醇添加量通常为800 mg/kg，添加量过少容易发生肌醇缺乏症，症状为食欲缺乏、生长停滞、饲料转化率降低。

多数人工饲料都需添加维生素 C，缺乏维生素 C 会阻碍昆虫生长发育，严重缺乏时会导致畸形，甚至死亡，但也有少数昆虫，如棉红铃虫，可以在不含抗坏血酸的饲料中正常发育。昆虫也需要大量胆碱，以提高昆虫的发育进度和成虫的生殖力。维生素 E 的缺乏对某些昆虫的生殖会产生显著影响（如减少精子的形成），鳞翅目昆虫的人工饲料中较多使用维生素 E，用含有维生素 E 和抗坏血酸的糖水饲喂某些夜蛾成虫，可以提高其产卵量。维生素 K 缺乏对一部分植食性昆虫的生长发育有较大影响。

现在有些维生素是以复合维生素或维生素混合液的形式添加到人工饲料中，它包括了昆虫所需的多种维生素。

昆虫的血淋巴和各部分组织中都含有很多无机物，这些无机物在昆虫的生理活动和组织构成上起着重要作用。无机物是昆虫通过取食获得的，因此昆虫饲料中必须含有无机物。在实用型人工饲料中，动物、植物组织和酵母中都含有少量无机物，但含量比较少，需要额外添加混合盐。不同种类和不同食性的昆虫对无机盐的需要是不同的。总体来说，多数昆虫都需要钾、磷、镁 3 种元素，其次是钙、铁、锌、钠、锰、铜等元素。饲料中使用最早的盐是韦氏盐，但现在也使用其他混合盐。

2）人工饲料基本组成

大豆粉：大豆中含有高达 40% 的蛋白质、不饱和脂肪酸、纤维素，还有昆虫必需的固醇、卵磷脂、各种维生素和矿物质等营养物质，在人工饲料中被广泛使用。但是大豆中也含有一些对昆虫取食、生长不利的物质，如蛋白酶抑制剂等，添加时应进行处理，一般通过加热的方式破坏大豆中蛋白酶抑制剂的活性，使之转变为其中的营养成分。

麦胚：麦胚中含有昆虫所需的各种营养成分，其中，糖、蛋白质和维生素 E 含量高，并含有脂肪酸、磷酰脂类、其他维生素类及 20 余种无机盐，其中的纤维素对鳞翅目昆虫取食具有很好的刺激作用。研究表明，红纹凤蝶（*Pachliopta aristolochiae*）半合成人工饲料中添加麦胚粉对红纹凤蝶蛹有重要影响。在棉铃虫（*Helicoverpa armigera*）人工饲料中添加紫云英-麦胚可连续饲养棉铃虫 16 代，各代幼虫的存活率都在 85%～97%，成虫平均产卵量 1 000 多粒，孵化率不低于 70%。添加了麦胚的人工饲料饲喂烟青虫（*Heliothis assulta*）也取得了较好的效果。

叶因子：叶因子多是存在于昆虫寄主植物中的刺激物质或营养物。一般是以寄主植物粉或抽提物的形式添加到被饲养昆虫的人工饲料中。植食性昆虫的人工饲料中加入叶因子，有利于幼虫的生长发育和提高成虫的羽化率及产卵量，同时也可增加饲料本身的疏松度。例如，亚洲玉米螟（*Ostrinia furnacalis*）加入玉米叶的热水抽出物的浓缩液，幼虫发育正常；如果不加入，幼虫虽能发育，但化蛹率不高，羽化率也很低。二化螟（*Chilo supperssalis*）人工饲料中加入叶因子，可改善饲料的物理性状，刺激幼虫取食，提高存活率。

酵母：酵母是人工饲料中使用最早和最广泛的天然物质，酵母中含有的各种营养物质都较为丰富，在实用型人工饲料中酵母用量大，不需另加入水溶性维生素，在半纯人工饲料中，酵母只作为营养补充物质，用量少，需另加入维生素混合物。鳞翅目幼虫饲养过程中，酵母粉添加 7%～10% 能大幅度增加化蛹后雌蛹的蛋白质含量，提高成虫的繁殖力。人工饲料中酵母粉含量减少，幼虫历期延长，存活率也降低。

防腐物质：在人工饲料中常用的防腐物质有山梨酸、对羟基苯甲酸甲酯、苯甲酸、苯甲酸钠、青霉素、金霉素、四环素、安息香酸、安息香酸钠等，实际应用中多为几种混用。加入防腐剂的目的是防止人工饲料被微生物污染、变质，影响昆虫的取食和生长。不同昆虫对防腐物质的适应能力不同。尼泊金相对于甲醛和山梨酸，是对黏虫（*Mythimna separate*）较为安全的人工饲料防腐物质。山梨酸和丙酸按一定比例添加，对家蚕（*Bombyx mori*）人工饲料防腐效果明显，家蚕生长良好。山梨酸、BCM 及多西环素组成的复合型防腐抗菌剂，可以明显提高家蚕人工饲料的防腐能力，并且对蚕的败血症和僵病的治疗效果均超过 90%，具有防腐和防病的双重作用。

胆碱和胆固醇：胆碱是一种很多昆虫所必需的营养元素，它不仅能促进幼虫生长，帮助传递神经冲动，而且对雄虫精子的产生、雌虫卵的形成和产卵都有重要作用，在部分昆虫的人工饲料中，需要添加一定量的氯化胆碱才能满足昆虫生长发育时的营养需求。胆固醇又称胆甾醇，是一种环戊烷多氢菲的衍生物，它存在于昆虫体内，尤以脑及神经组织中最为丰富。胆固醇是昆虫组织细胞所不可缺少的重要物质，它不仅参与形成细胞膜，而且是合成维生素 D 及甾体激素的原料。在进行昆虫人工饲养时，部分昆虫的人工饲料需要添加一定量的胆固醇才能更好地促进昆虫发育，在昆虫卵的形成和发育中也起到重要作用。

干酪素：干酪素常作为蛋白补充物添加到昆虫的人工饲料中，但干酪素的添加量应得当。例如，在甜菜夜蛾（*Spodoptera exigua*）的人工饲料中添加适量的干酪素可使甜菜夜蛾产卵量明显增加，幼虫、蛹、成虫的存活率提高；但干酪素添加过多时，甜菜夜蛾蛹质量和成虫产卵量反而下降，成虫寿命缩短。

维生素：维生素通常是以复合维生素或维生素混合液的形式添加到昆虫人工饲料中，而有些人工饲料则只添加维生素 C 即可。

肌醇属于 B 族维生素，在很多人工饲料中也要单独添加肌醇才能满足昆虫生长发育的需要。

无机盐：在人工饲料中，无机盐一般是以混合盐的形式进行添加的，最常见的混合盐是韦氏盐，它的配方为：$CaCO_3$ 210 mg，$CuSO_4 \cdot 5H_2O$ 0.39 mg，$Fe_3(PO_4)_2H_2O$ 14.7 mg，$MnSO_4$ 0.2 mg，$MgSO_4$ 90 mg；$K_2AlSO_4 \cdot H_2O$ 0.09 mg，KCl 120 mg，KH_2PO_4 310 mg，KI 0.05 mg，NaCl 105 mg，NaF 057 mg，$Ca_3(PO_4)_2$ 149 mg，将以上成分混合研成粉末，过 80 目筛，即为韦氏盐。

凝固剂：琼脂是一种很好的凝固剂，在昆虫的人工饲料中能够起到良好的定型和保湿作用，其本身无营养作用。琼脂的价格较高，往往使人工饲料的成本增高。

有人研究了卡拉胶、淀粉和海藻酸钠 3 种凝固剂的凝固特性，发现可以以淀粉和卡拉胶混配替代甜菜夜蛾人工饲料中的琼脂，使新配方的成本仅为原来的

1/3。用玉米穗轴粗粉代替部分琼脂，可以减少琼脂用量 4/5 以上，而不影响饲养结果，但若完全不用琼脂则饲料失水太快，幼虫成活率反而下降。

（3）饲养条件

在人工饲养昆虫时，选择对昆虫生长发育最有利的饲养环境，会大大促进昆虫的繁育。

对昆虫生长发育影响最显著的环境条件有温度、湿度、光照等，其中温度是最重要的环境条件。这些环境条件之间不是孤立存在的，而是相互依存、互相干扰、共同作用的，对于昆虫的作用也是协同的。

1）温度

温度对所饲养昆虫的生长发育、生活力和生殖力都有很大影响，对昆虫生理状态和耐药能力也有一定影响。一般昆虫适宜的温度范围为 15~35℃，最适宜温度范围为 20~25℃。在适宜温度范围内昆虫的生长、发育及昆虫的性成熟均随温度的增高而加快，生殖力也最高。超出适宜温度范围，对昆虫的生存和繁殖都不利。合适的昼夜变温环境比恒温环境对昆虫的生长发育更有利，饲育的昆虫生活力和生殖力都较强，对环境的适应能力也较高。

2）湿度

一般来说，湿度对昆虫的生长发育、滞育和生殖力也有很大影响，但其影响的程度要小于温度。适宜的湿度可以增加成虫的产卵量、延长成虫的寿命、使卵顺利孵化、幼虫死亡减少。相反，湿度过低，卵不易孵化，蛹不能羽化或成虫展翅不良，以致不能生育而早死，还会降低昆虫幼虫的生活力，发育迟滞、蜕皮次数增多；湿度过高，对昆虫的生活力也不利，可致昆虫的死亡率增大。

控制饲养室的温度和湿度可以通过空调、自动加湿器、人工气候箱，有条件的实验室可以采用人工气候室来达到控温、控湿的目的。

3）光照

昆虫对光照的反应与原生活环境有密切关系，日出性昆虫，如蝶类、蝗虫等，生活在开阔地区而习惯于强光，则需在活动时给予较强光照，若光照较弱，活动可能受到抑制。夜出性昆虫，给予光照则应较暗，生活在室内的昆虫和储粮害虫、生活在隐蔽处的昆虫、植物茎秆中的昆虫和地下害虫习惯于弱光，光照太强活动会受到抑制。

有些昆虫具有临界光周期，在临界光周期时昆虫会发生进入或解除滞育的现象，因此在进行光周期反应明显的农业害虫的饲养工作中，要控制好光照时间与温度，阻止滞育现象的发生。

（4）饲养方法

室内人工饲养目标昆虫，必须要注意昆虫的自身特性和环境条件，做到全面地了解昆虫，并尽量创造昆虫最适宜的条件，才能更好地做好昆虫的饲养工作。

室内饲养的幼虫或若虫，依据其本身的食性供给其适宜的食料，也可采用人工饲料饲养。在饲养时，注意虫口密度不能过大，否则会影响正常发育，还容易传播疾病。

完全变态的昆虫，幼虫老熟后就要寻找适当的地方化蛹。饲养时要为昆虫准备化蛹场所。蛹期一般保持正常生长发育温度，也可储藏在 0～6℃的温度条件下，延长蛹期，以利于后面的实验开展。

成虫期是昆虫个体发育完成的时期。一些昆虫的成虫不需要取食，它们的任务是交尾、产卵，完成繁育后代的使命，生命就会结束，一般这类昆虫的寿命只有几天时间。但许多昆虫的寿命很长，并需要大量取食，才能正常交尾、产卵和繁殖后代，如果不给其取食就不能产卵、迅速死亡或产卵量明显降低，寿命大大缩短，所以对于这类昆虫的成虫，需要注意补充营养，常用的补充营养物质有蜂蜜水、糖浆、牛奶等。不同昆虫的成虫交尾的条件不同，如许多蝴蝶要在飞行中交尾，如果饲养器的空间不够大，就会妨碍其交尾；蝗虫及许多蛾子就不需要较大的饲养空间。还要注意温度、湿度、光照的强弱、光周期等，如黏虫成虫不喜欢强光，应该用黑布或黑纸遮光；菜粉蝶要求较强光照，应该增加人工光照。也要给昆虫成虫准备适宜的产卵场所，不同昆虫对产卵场所有不同的要求，如蝗虫喜欢产卵于土中；在室内饲养黏虫时，给成虫准备稻草或麦秆供其产卵；为家蝇准备吸湿的棉花球（用牛奶）供其产卵。

在饲养过程，也要注意人工饲料的清洁、饲养器具的消毒。卵块消毒可用 0.1%氯化汞先洗涤数分钟，再用乙醇洗涤。饲养室可先进行紫外线消毒，再用 5%甲醛溶液密闭熏蒸 0.5 h。要经常保持饲养室的清洁和空气新鲜。从各方面创造条件，促使昆虫生长良好，增强抵抗力，减少病害发生。

3. 饲养实例

（1）甜菜夜蛾（*Spodoptera exigua*）

甜菜夜蛾属鳞翅目夜蛾科。它是一种世界性分布，间歇性大发生的害虫，可周年发生危害，无越冬现象，每头雌蛾产卵 100～600 粒；多食性害虫，国内已知寄主有 78 种，其中受害较严重的作物有甜菜、玉米、白菜、萝卜、甘蓝、花椰菜、菠菜、苋菜等 29 种；对多种杀虫剂产生了不同程度的抗药性，是治理难度较大的农业害虫之一。

1）饲养条件

饲养室 10 m² 左右,饲养温度控制在(27±1)℃,整个生活史相对湿度在65%～75%,光周期 14 h∶10 h（L∶D）。

2）饲料配制

幼虫人工饲料配方：黄豆粉 50 g，玉米粉 150 g，酵母粉 20 g，山梨酸 1 g，肌醇 0.2 g，尼泊金 2 g，头孢霉素 1 g，琼脂 25 g，复合维生素 4 g，无菌水 1 200 ml。

配制方法：首先将黄豆粉、玉米粉和酵母粉混匀，加入约 500 ml 无菌水，熬煮后 121℃灭菌 20 min 制成 A 液；然后用 100 ml 无菌水溶解维生素 B、山梨酸、肌醇、尼泊金、头孢霉素和复合维生素为 B 液；再将琼脂用 200 ml 无菌水煮沸溶解，加入到灭菌后的 A 液中，等温度降到 50℃左右时加入 B 液，再加入 100 ml（实际用量自己掌握）无菌水搅拌均匀，冷却后分装即可作为幼虫饲料。

3）饲养方法

饲养器具、饲养室的清洗和消毒：在饲养之前，应对饲养室进行全面消毒。如先进行紫外线消毒，再用 5%甲醛溶液密闭熏蒸 0.5 h。其他的饲养器具用 1%漂白粉浸泡 0.5 h 后，清水清洗数次，在烘箱中烘干、紫外线消毒 0.5 h 即可。

卵于孵化前 24 h，用 5%甲醛溶液表面消毒 5 min，用无菌水漂洗干净，晾干，移入养虫盒中孵化。

卵的孵化：将消毒后的卵置于玻璃缸内，用湿棉球增加缸内湿度，并用黑棉布覆盖玻璃缸口，在 28℃环境下进行孵化。

幼虫饲养：卵孵化后，将封口的黑棉布换成白纱布，依然用橡皮筋扎紧。根据养虫盒里剩下饲料的量及饲料的新鲜程度及时增添或更新饲料。4 龄以后虫体长大很多，并且取食量加大，排出的粪便也增多，需要分盒喂养。注意保持养虫盒的清洁，一般 1 d 清理 1 次。

蛹的管理：幼虫接近化蛹时，转入另一个约装有 3 cm 厚干沙的塑料小盒（10 cm×8 cm×8 cm）中化蛹。

成虫的羽化及产卵：当蛹的体色由红褐色渐变为黑褐色时，将蛹自沙内取出，成对放入内壁附有蜡纸的产卵箱（20 cm×15 cm×20 cm）中羽化，缸顶每天挂放 10%蜂蜜水棉球供成虫补充营养。成虫羽化后 2 d 左右开始产卵，每 2 d 收集 1 次卵块。

4）注意事项

注意不同龄期幼虫对光照的要求不同。1 龄幼虫具正趋光性，2 龄幼虫有弱趋光性，3～4 龄幼虫对光的强弱不敏感，而 5 龄幼虫有强的负趋光性。低龄幼虫对水敏感，饲养低龄幼虫时养虫盒内不能有明水。要注意扎紧盒口，防止幼虫爬出盒外。

（2）米蛾（*Corcyra cephalonica*）

米蛾幼虫取食米糠、麦麸、谷物、米粉等，喜高温多湿，分布于我国广东、广西、云南等地。米蛾在 25℃条件下完成 1 代需 40～50 d，卵期 3～5 d，幼虫期 36～46 d，蛹期 7～9 d，成虫单雌产卵量最高可达 500 粒，平均 200 粒左右。

米蛾卵在生产中主要用于各类天敌的饲养。尤其是在赤眼蜂的应用研究领域较为广泛。

1）饲养条件

温度：（25±2）℃，相对湿度：70%～90%，光周期 14 h∶10 h（L∶D）。饲养室要通风，窗上加装纱网。

2）饲料配制

饲料配方：70%玉米粉，20%麦麸，7%白砂糖，3%酵母，含水量15%。

配制方法：将以上新鲜、无虫、无霉的原料称好混匀后，在 15～20 个大气压下灭菌 40 min，冷却后加入 12%～15%的凉开水拌匀装盒备用。

3）饲养方法

卵的孵化：准备大小为 230 cm×140 cm×110 cm 的饲养盒，盒盖覆 80 目的纱网。饲养盒底部铺厚 0.9～1.1 cm 的饲料，将米蛾卵均匀撒在饲料上，以每千克饲料 3000～4000 粒卵为宜。再在卵面上覆盖一层饲料，使饲料刚好盖住卵面。

幼虫的饲养：幼虫孵化后，要加覆盖料，一般卵接入饲料后第 7 天开始加覆盖料，可以通过筛，加入覆盖料厚度 0.19～0.21 cm，待该层被幼虫吃出小孔后，再进行下次投食；也可以手撒投喂饲料，每 3 d 投一次，直到幼虫化蛹。从幼虫到成虫的发育过程中，保证饲料的湿度，每周喷水两次。

成虫的羽化及产卵：当幼虫饲养盒中出现大量米蛾成虫时，将米蛾成虫收入产卵笼。产卵笼两面都由铁纱制成，米蛾在其中产卵后，一部分卵粒由一面铁纱漏出至接卵盘中，用毛刷将铁纱轻刷几下，其余卵粒也即扫入接卵盘。

每 24 h 收集一次米蛾卵，处理好放于冰箱中储存，用于米蛾繁殖和作为繁殖天敌的寄主卵。

4）注意事项

进行米蛾饲养的实验室不能有强的光线，要进行消毒处理，避免有其他的仓储性害虫繁殖。消毒方式可用煤油和肥皂水进行擦拭，然后自然干燥。饲养米蛾时，室内自然光线即可满足米蛾的光线需求。

由于米蛾是一种仓储性害虫，在饲养过程中要避免与其他粮食作物接触，以免造成粮食损失。

（3）小菜蛾（*Plutella xylostella*）

小菜蛾属鳞翅目菜蛾科。它是世界性迁飞害虫，主要为害甘蓝、紫甘蓝、青花菜、薹菜、芥菜、花椰菜、白菜、油菜、萝卜等十字花科植物；可周年发生危害，无越冬现象，每头雌蛾产卵 200～600 粒。该虫发生面积大，为害时间长，防治困难，抗药性发展快、抗逆能力强，是研究昆虫抗药性、性引诱剂、生理学、病理学、毒理学及其防治技术等方面的重要实验昆虫。

1）饲养条件

将饲养室温度控制在（25±1）℃，空气相对湿度 60%～70%，光周期为 14 h∶10 h（L∶D）。

2）虫源

从田间采回蛹和成虫，经室内发芽菜苗饲养一代后，采集成虫卵作为饲养虫源。

3）饲养方法

①菜苗养虫法

首先用 64 孔育苗穴盘种植甘蓝苗或萝卜苗，放于长方形不锈钢托盘（40 cm×20 cm）上，托盘置于双层光照养虫架（层间距 40～50 cm）上，然后将小菜蛾成虫放于成虫饲养笼（10 cm×10 cm×20 cm）内，笼内悬挂沾有 10%蜂蜜水的湿棉球，供小菜蛾成虫补充营养。饲养笼悬挂于菜苗上方，待雌雄成虫交尾后，雌虫即可在菜苗上产卵，卵孵出后即在菜苗上取食并自然发育。当一盆菜苗取食殆尽时，将新菜苗放于塑料盘内，被取食尽的菜苗悬放于新菜苗的上方，幼虫会自行吐丝下垂转移到新苗上取食，直至幼虫老熟化蛹。

小菜蛾幼虫化蛹后，可以让蛹继续发育至成虫，产卵产生下一代。也可以收集蛹将其装入透气的小塑料瓶中，放于 4℃冰箱中保存，在 4℃条件下，小菜蛾的蛹可以保存 1～2 周而不影响羽化和产卵。

在饲养过程中注意给菜苗补充水分，以防菜苗干枯，影响小菜蛾幼虫的生长发育。

②饲料养虫法

a. 饲料配制

饲料配方：麦芽粉 3.0 g，蔗糖 3.5 g，菜叶粉 3.0 g，干酪素 3.0 g，胆固醇 0.5 g，螺旋藻 3.0 g，抗坏血酸 0.4g，维生素混合液 1.0 ml，韦氏盐 1.0 g，10%氯化胆碱 1.0 ml，琼脂 2.0 g，4 mol/L 氢氧化钾 0.5 ml，尼泊金 0.15 g，蒸馏水 84 ml。

菜叶粉：于田间采集菜心叶片洗净，晒干后置于 60℃烘箱中烘烤，干燥后用植物组织粉碎机磨成粉，过 80 目筛，装于广口瓶中备用。

麦芽粉：使市售麦粒发芽，后置于 60℃烘箱中烘烤，干燥粉碎后过 80 目筛，装于广口瓶中备用。

韦氏盐：$CaCO_3$ 210 mg，$CuSO_4 \cdot 5H_2O$ 0.39 mg，$Fe_3(PO_4)_2H_2O$ 14.7 mg，$MnSO_4$ 0.2 mg，$MgSO_4$ 90 mg；$K_2AlSO_4 \cdot H_2O$ 0.09 mg，KCl 120 mg，KH_2PO_4 310 mg，KI 0.05 mg，NaCl 105 mg，NaF 0.57 mg，$Ca_3(PO_4)_2$ 149 mg，混合研成粉末，过 80 目筛，装于广口瓶中备用。

维生素混合液：烟酸 100 mg，泛酸钙 100 mg，核黄素 50 mg，盐酸硫胺素 25 mg，叶酸 25 mg，盐酸吡哆醇 25 mg，生物素 2 mg，维生素 B_{12} 0.2 mg，蒸馏水 100 ml。

配制方法：蔗糖溶解于 20 ml 水中，再加入尼泊金、氯化胆碱、维生素混合液、氢氧化钾，充分搅拌使其溶解。称取麦芽粉、菜叶粉、干酪素、螺旋藻、胆固醇、韦氏盐，充分搅拌，倒入上述溶液中。琼脂加入剩余水中，煮溶后倒入混合物中，充分搅拌，蒸 15 min，取出冷却至 60℃，加入抗坏血酸拌匀，趁热分装于饲养器（果冻杯）中，充分冷凝后置于冰箱内（1～4℃）储藏待用。

b. 饲养方法

幼虫：饲养用的器皿为果冻杯（直径 2 cm，高 2.5 cm），杯口用保鲜膜封口，用橡皮筋扎紧，保鲜膜上用昆虫针均匀扎孔，孔间距为 1 cm 左右，待器皿壁上和饲料表面的水汽消失后，接入经消毒的卵 10 粒或用毛笔接入初孵幼虫 10 头。老熟幼虫在保鲜膜上或果冻杯壁上化蛹，及时收取。

成虫和集卵：羽化的成虫放入养虫笼中（30 cm×20 cm×15 cm），笼中用图钉钉上沾有 10%蜂蜜水的棉球，在笼内挂一装有菜心叶片的薄膜袋，袋上插有小孔，让成虫在袋上产卵，每天更换薄膜袋以收集卵；或者笼中放一盆发芽菜籽，让成虫在菜苗上产卵，卵孵化后用毛笔接入饲料中。

（4）黏虫（*Mythimna separate*）

黏虫为鳞翅目夜蛾科。它是一种主要以小麦、玉米、高粱、水稻等粮食作物和牧草的杂多食性、迁移性、间歇暴发性害虫；可为害 16 科 104 种以上的余种植物，尤其喜食禾本科植物。没有滞育现象，可周年发生；适用于作杀虫剂的胃毒、触杀、综合和残效等毒力测定及昆虫毒理学方面的研究，也适用于新化合物的筛选实验。

1）饲养条件

温度（23±1）℃，相对湿度 80%，光周期 14 h∶10 h（L∶D），光照强度 2000～3000 lx。

2）饲料配制

饲料配方：大豆粉 43.0 g，玉米粉 26.0 g，玉米叶粉 72.0 g，甘薯粉 40.0 g，棉籽饼粉 43.0 g，麦麸粉 29.0 g，复合盐 4.3.0 g，复合维生素 8.0 g，维生素 C 1.4 g，氯霉素 0.10 g，柠檬酸 9.0 g，没食子酸 1.0 g，山梨酸 1.0 g，琼脂 14 g，水 708.2 ml。

配制方法：按配方将各种成分搅拌均匀，再加水混合，装入 500 ml 三角瓶中，经高温瞬时灭菌后冷却备用。

3）饲养方法

将黏虫卵用 21℃的 5%甲醛溶液表面消毒 10 min，用无菌水漂洗干净，晾干，转入光照培养箱中催青。

虫卵转青后，直接放于塑料保鲜袋中，添加一些新鲜玉米叶，供刚孵化幼虫取食，同时起保湿作用。扎好袋口，黑暗保存 1 d，然后感光孵化。

初孵幼虫置于 33 cm×33 cm 的 100 目锦纶纱养虫袋中饲养，3 龄后幼虫用人工饲料饲喂，直至幼虫老熟；每个养虫袋可饲养 2～3 龄幼虫 1 000 头左右。随着虫体逐渐增大，需要更多空间，可以分袋饲养，降低饲养密度。当幼虫老熟时，事先准备好木质、纸质或塑料化蛹盒（35 cm×25 cm×10 cm），将细砂土置于化蛹盒底部，厚度 40～50 mm，保持细砂潮湿，将接近化蛹的 6 龄老熟幼虫置于细砂土上，老熟幼虫会自行钻入土中化蛹。

将即将羽化的蛹置于成虫产卵笼（50 cm×35 cm×55 cm，铝合金框架纱网笼）中，笼中悬挂沾有 10%蜂蜜水棉球，待成虫羽化，过 3～4 d 交尾后，在放置笼底部的黄色折叠纸上产卵，每天早晨收集虫卵进行消毒处理。

4）注意事项

保持各虫态所需要的温度、湿度，尤其是不能忽视卵期和蛹期对湿度的要求。

幼虫密度不宜过大，同时注意预防幼虫疾病，养虫用具等要定期消毒，如喷洒 4%福尔马林或漂白粉、石灰乳等。

（5）亚洲玉米螟（*Ostrinia furnacalis*）

亚洲玉米螟为鳞翅目螟蛾科。它是我国玉米等作物的重要害虫，全国各玉米产区均有发生；一个雌蛾可产 300～600 粒卵，幼虫直接蛀食幼嫩籽粒，蛀食茎秆、穗柄、穗轴等，蛀食造成的伤口也容易引发植物病害；可以用于杀虫剂初筛实验、毒力测定及昆虫毒理学方面的研究。

1）饲养条件

幼虫饲养温度 26℃，相对湿度在 75%，光周期 14 h：10 h（L：D）；成虫要求 24℃恒温或 28～20℃变温与湿度 90%～100%。

2）成虫的获取

实验室内人工饲养亚洲玉米螟的亲代螟蛾来源主要有两种途径：从田间直接捕获成虫，或者在田间捕捉幼虫，在室内培养使之化蛹羽化得到成虫。

3）饲料配制

幼虫人工饲料的配方：a 组，大豆粉 120 g，玉米粉 120 g，啤酒酵母 72 g；b 组，葡萄糖 60 g，维生素 C 4.0 g，水 320 ml，红霉素 50 万 IU；c 组，玉米粉 32 g，水 80 ml；d 组，琼脂 12.0 g，山梨酸 4.0 g，甲醛 1.6 ml，水 600.0 ml。

配制方法：将 a 组的大豆糁、玉米糁、啤酒酵母放在一个容器混合均匀。b 组中的葡萄糖和维生素 C 混合，再加入红霉素。另取一容器将 c 组的玉米粉和水混合，浸泡 1 h 左右。将 d 组中的琼脂加入水中，煮溶，再将 c 组加入，保持沸腾 5 min 以增加琼脂黏稠度。在沸腾状态下加入山梨酸拌匀，停止加热，加入甲醛。将 d 组凉至 60～65℃，倒入 a+b 组混合物，徐徐搅拌至饲料中的颗粒在停止搅拌也不下沉时，即可倒入适当的饲养盒冷却备用。

4）饲养方法

在直径 15 cm 的保鲜盒盒盖中央做一个直径约 8 cm 的圆孔，覆以 60 目（筛孔直径 0.25 mm）的白纱布，保鲜盒内放入约 60 g 人工饲料，接入 30 头同期孵化的亚洲玉米螟初龄幼虫，在温度为（26±1）℃、相对湿度为 75%、光周期为 14 h：10 h（L：D）条件下饲养。

老熟亚洲玉米螟幼虫身体肥硕，略缩短，离开饲料向瓶的上部转移，有明显的吐丝现象等。可在空罐头瓶内放半瓶纸条（留半瓶空间供成虫羽化），将老熟幼虫移入后加盖即可。化蛹、羽化条件以瓶内干燥而空气相对湿度较大（80%～90%）为宜。成虫羽化后应及时移入养虫笼中。

亚洲玉米螟成虫羽化后即可交尾，大部分当天即可产卵。应每天早晨检查一次，把羽化的成虫移入养虫笼，并喂以 5%～10%蜂蜜水，相对湿度保持为 100%。在笼子顶部接一张蜡纸供雌蛾产卵。每天检查一次产卵情况，把卵取出以便保存。

（6）斜纹夜蛾（*Spodoptera litura*）

斜纹夜蛾为鳞翅目夜蛾科。幼虫取食芋、莲、田菁、甘薯、棉花、大豆、烟草、甜菜和十字花科和茄科蔬菜等近 300 种植物的叶片，雌蛾每只能产卵 3～5 块，每块约有卵位 100～200 个；该虫间歇性猖獗为害，无滞育特性，环境适宜，终年都可繁殖。可以用于杀虫剂初筛实验，毒力测定及昆虫毒理学方面的研究。

1）饲养条件

饲养室 6～9 m²，室内温度（25±1）℃，相对湿度 60%～70%。光周期 16 h : 8 h（L∶D）。

2）人工饲料的配制

饲料配方：玉米粉 137 g，大豆粉 37.5 g，琼脂 12.5 g，酵母粉 10 g，山梨酸 1 g，对羟基苯甲酸甲酯 2 g，复合维生素 3.5 g，肌醇 0.16 g，胆固醇 0.15 g。

配制方法：玉米粉、大豆粉在 0.15 MPa 压力下灭菌 30 min，琼脂加 350 ml 水煮沸。把热琼脂倒入玉米粉和大豆粉中充分搅匀，待温度降至 50℃左右时，再将酵母粉、山梨酸、对羟基苯甲酸甲酯、复合维生素、肌醇、胆固醇混匀加灭菌水 60 ml 后，倒入并充分搅拌混匀。

3）饲养方法

虫卵的收集：成虫放入成虫交尾笼（28 cm×28 cm×38 cm，铝合金边框纱网笼），笼内吸入 10%蜂蜜水的棉球饲喂成虫以补充营养，再放入新鲜玉米苗供成虫产卵。每天从玉米苗上收卵 1 次，在 25℃条件下进行孵化。

幼虫的饲养：将已在 25℃发育 2 d 的卵移入幼虫养虫盒（直径 20 cm，高 10 cm）中，瓶中放湿棉球保湿。用黑棉布将瓶口扎牢，日光灯下光照，再过 1～2 d 后幼虫开始孵化、取食，2～3 d 更换一次饲料。幼虫进入 3 龄后，可移入十孔板进行单头饲养，并及时更换新鲜饲料，老熟幼虫在十孔板中化蛹，待蛹色转为红褐色，及时从十孔板中取出放入装有湿砂的广口瓶中，待其羽化。

成虫的收集：成虫羽化后需及时收集，放入成虫交尾笼中使其交尾繁殖后代。交尾笼上要覆盖湿布以保湿，雌雄配比 1∶1.5。1 d 后将新鲜玉米苗插入瓶中，放入笼中收卵。

（7）东亚飞蝗（*Locusta migratoria manilensis*）

1）虫种来源

可选择潮湿、杂草丛生、向阳和土质松软的荒地、田埂、堤岸等处采挖卵块，也可利用捕虫网在飞蝗发生集中地捕捉。

2）饲养设施

选择空旷、阳光充足、平整地块作饲养场。建造"仝"字形饲养棚，两侧墙高 0.5 m，底宽 3.5 m，顶高 2～2.2 m，中间预留 0.5 m 宽的操作道路，两侧 1.5 m 宽的区域相应栽培饲料植物，棚内修建长方形水泥池。池内栽种玉米、高粱、水稻、芦苇等，或者栽种十字花科蔬菜作物，如甘蓝、白菜、萝卜等。密植，加强水肥管理，可以间作女贞、冬青苗木作为蝗蝻爬行或蜕皮等活动的场所，在饲料不足时还可将外面种植的绿色植物收割，装入盛有清水的容器中，定期送入饲养棚。蝗蝻小时，小量少换；蝗蝻大时，增量勤换。每棚 1 万只/15 m²。

3）饲养环境

饲养棚要求光照度较好，温度保持在 25～35℃，湿度控制在 70%～85%，通风良好。下部地面铺设湿润的砂土，供蝗虫产卵。成虫一般喜欢在比较坚硬的土壤中产卵，产卵最适合的土壤含水量为 10%～20%。

4）饲养管理

将挖取的蝗虫新鲜卵块，用毛笔或蘸水笔轻轻刷去泥土和杂物，放置在 9～12 cm 垫有滤纸的带盖培养皿中，在滤纸上滴入清水用以保湿，放入 30℃恒温培养箱孵化。看到蝗卵内小蝗蝻轻轻蠕动将出壳时，取出培养皿，等蝗蝻蜕去"胎膜"，全身硬化带黑后，再转移至养虫棚中饲养。也可分笼饲养，每笼放入 50～100 只蝗蝻，将装有玉米或小麦等新鲜饲料植物的容器放入，供蝗蝻食用，每天添换 3～4 次。笼内插入一些枯树枝条，供蝗蝻攀跃和蜕皮。5 龄后期蝗蝻即将羽化时，将老熟蝗蝻分开饲养，多插枝条，多加新鲜饲料，促进蝗蝻生长和羽化。成虫产卵时应注意增加营养。可用农作物秸秆、糠粉、麦麸、玉米面、糖、味精、维生素、骨粉等作原料，制成人工饲料于饲料盘中饲喂。产卵土壤需预先用 120℃高温处理 24 h，冷却后加入煮沸过的清水拌匀，再装入玻璃缸等容器内，填满，用力压实即可。

5）注意事项

飞蝗的天敌有线虫、蝗霉菌及寄生蜂、寄生蝇、微孢子虫、鸟类、蛙类等。注意防范天敌。

（8）星天牛（*Anoplophora chinensis*）

1）虫源

星天牛成虫采集于树龄较小的木麻黄树林，使其产卵放入装有人工饲料的塑料杯中养殖，幼虫则直接接入装有人工饲料的塑料杯进行养殖。

2）人工饲料配制

饲料配方：木麻黄木屑粉 200 g，麦麸 200 g，山梨酸 4 g，琼脂 40 g，水 600 ml。

配制方法：木麻黄树枝，55℃条件下烘干 12 h，然后将其打成木屑粉，过直径 3 mm 筛；琼脂加水煮沸，使琼脂溶解，再加入其他营养成分搅拌均匀。

饲料分装于 40 ml 的塑料杯或 350 ml 的大杯中，每杯装至杯体积的 2/3，食料容器在高压 121℃下灭菌 20 min，然后储存在 4℃条件下备用。每杯饲料在使用前先预热至室温，并且在食料上打出幼虫大小的适合幼虫钻入的孔。

3）饲养方法

初孵化的幼虫饲养于装有人工饲料的 40 ml 塑料杯中，每两周更换一次人工饲料。两个月后，单个幼虫被转移到装有人工饲料的 350 ml 塑料杯中，并且每 1个月更换一次人工饲料直至化蛹。不对蛹进行处理，以免受损。羽化的成虫再放入铁纱网笼（网孔直径为 0.8 mm）进行交尾，同时在铁纱网笼中准备无叶的新鲜枝条供星天牛取食，将枝条放入盛水的塑料烧杯中，并且每 2～3 d 更换一次枝条。长 40 cm，直径 5～8 cm 的木桩可以提供星天牛做产卵基质。同样放在盛水的塑料烧杯中，并且每 3 d 更换一次。被产卵的树皮从枝条上剥下，卵被放入放有湿润滤纸的灭菌培养皿（直径 9 cm，高 1.6 cm）中，孵化后再转入到装有人工饲料的塑料杯中加以培育。

（9）家蝇（*Musca domestica*）

1）饲养条件

温度 24℃，相对湿度 70%，成虫光周期 14 h：10 h（L：D）。幼虫具有背光性，应将幼虫放在黑暗地方饲养，或者用黑布加以遮盖。

2）饲养器具

幼龄幼虫用 100 ml 烧杯饲养，中大龄用高 16 cm、直径 16 cm 的玻璃缸，或者直径 20 cm、高 10 cm 的培养皿。缸口罩以 50～100 筛目的铜纱，并用橡皮圈扎紧。

3）饲料配制

①饲料配方

成虫饲料：面粉 50%，奶粉 40%，麸皮 10%。

产卵饲料：麸皮 12 g，奶粉 0.5 g，鱼粉少许，水 34 ml。

幼虫饲料：麸皮 60 g，面粉 3 g，奶粉 3 g，酵母粉 1.2 g，水 120 ml（幼龄幼虫）；麸皮 250 g，面粉 12.5 g，奶粉 8 g，酵母粉 2.5 g，水 500 ml（大龄幼虫）。

②配制方法

产卵饲料配制方法：12 g 麸皮用 24 ml 水拌匀，放入 50 ml 的小烧杯内轻轻压平，再用 0.5 g 奶粉加 10 ml 开水或用 5 ml 牛奶加 5 ml 水，将一棉团浸满牛奶水，放在饲料表层中间，周围放少许鱼粉，然后将余下的牛奶水倒在棉团上即可。

幼虫饲料配制方法：将麸皮和面粉充分混匀，用少量水将酵母粉调成糊状，奶粉用开水冲好，于酵母粉＋奶粉中加足水后，再将麸皮、面粉一起加入调匀即成（小组和大组幼虫饲料配制方法相同）。

4）饲养方法

将家蝇蛹放入饲养笼（33 cm×33 cm×33 cm，铝合金框架养虫笼）内，待成虫羽化后，放入混合饲料，白糖和水各 1 份。成虫羽化 2～4 d 后交尾，同时放入产卵饲料供其产卵，产卵饲料放于 50 ml 烧杯中。产卵后，将大块的卵取下，量取 0.3 ml 卵粒，并将卵粒放入小组饲料表层，2 d 后，食料将尽时，将幼虫移入大组饲料中。容器改用直径 16 cm×高 16 cm 的玻璃缸，食料将尽时，移入直径 20 cm、高 10 cm 的大培养皿中，量砂 500 ml，加水 100 ml，放在盆中，用 3 个软木塞垫入培养皿，以便老龄幼虫爬出化蛹，饲料中余下的蛹可用水漂蛹，然后将蛹捞出，晾干待其羽化。

（10）赤眼蜂

赤眼蜂（*Trichogrammatid*）为膜翅目赤眼蜂科赤眼蜂属。寄主昆虫主要有亚洲玉米螟、棉铃虫、烟青虫、小地老虎等危害玉米、水稻、棉花等作物的害虫。

1）饲养条件

温度（25±2）℃，相对湿度 50%～80%，避光。

2）寄主

米蛾卵。

3）饲养方法

将照射后的米蛾卵卡置于指形管中，放入当天羽化的赤眼蜂成蜂，产卵并寄生于米蛾卵中，用黑布橡皮筋将指形管管口扎紧，温度（25±2）℃，湿度 50%～80%，培养箱中避光培养。从羽化到产卵结束大概需要 7 d。

4）注意事项

保持良好的培养条件，使赤眼蜂繁殖处于旺盛状态；严禁污染物及其他昆虫进入饲养室。

2.2.1.2　病原菌

1. 病原菌种类

（1）真菌

1）蔬菜病害

灰葡萄孢菌（*Botrytis cinerea*）、茄链格孢菌（*Alternaria solani*）、辣椒刺盘孢菌（*Colletotrichum capsici*）等。

2）果树病害

葡萄座腔菌（*Botryosphaeria dothidea*）、苹果炭疽病菌（*Glomerella cingulata*）、苹果黑腐皮壳菌（*Valsa mali*）、葡萄痂囊腔菌（*Elsinoe ampelina*）、白腐盾壳霉菌（*Coniothyrium diplodiella*）等。

3）作物病害

稻梨孢菌（*Piricularia oxyzae*）、玉蜀黍赤霉菌（*Gibberella zeae*）、小麦全蚀病菌禾顶囊壳小麦变种（*Gaeumannomyces graminis*）、玉米大斑凸脐端孢菌

（*Exserohilum turcicum*）、玉米弯孢菌（*Curvularia lunocto*）、尖孢镰刀菌萎蔫专化型（*Fusarium oxysporiumschl* f. sp. *vasinfectum*）等。

（2）细菌

胡萝卜软腐欧文氏菌（*Erwinia carotovora* subsp. *carotovora*）、水稻黄单胞菌水稻致病变种（*Xanthomonas oryzae* pv. *oryzae*）、野油菜黄单胞杆菌（*Xanthomonas campestris* pv. *campestris*）等。

供试病原菌要求容易培养，多代繁殖不易产生变异，在分类上有一定的代表性，最好是重要的农业植物病害的病原菌。

2. 实验材料的准备

（1）常用的培养基

1）真菌培养基：马铃薯葡萄糖琼脂培养基（PDA）

配方：马铃薯（去皮切块）200 g，葡萄糖 20 g，琼脂 20 g，蒸馏水 1 000 ml。

制法：将马铃薯去皮切块，加 1 000 ml 蒸馏水，煮沸 10～20 min。用纱布过滤，补加蒸馏水至 1 000 ml。加入葡萄糖和琼脂，加热融化，分装，121℃高压灭菌 20 min，备用。

2）细菌培养基：牛肉膏蛋白胨培养基（NA）

配方：牛肉膏 3 g，蛋白胨 10 g，NaCl 5 g，琼脂 15～20 g，水 1 000 ml。

制法：依次称取牛肉膏、蛋白胨、NaCl 放入烧杯中。在烧杯中可先加入少于所需要的水量，用玻璃棒搅匀，待药品完全溶解后，补充水分到所需的总体积。用 1 mol/L NaOH 或 1 mol/L HCl 调节 pH 为 7.2。注意 pH 不要调过，否则将会影响培养基内各离子的浓度。分装后 121℃高压灭菌 15 min，备用。

（2）消毒灭菌方法

病原菌的分离培养、杀菌剂的活性测定都必须在无菌条件下进行，对培养基、实验过程中所用到的工具进行严格的消毒和灭菌尤为重要。

1）物理方法

①温度：利用温度进行灭菌、消毒或防腐，是最常用而又方便有效的方法。高温可使微生物细胞内的蛋白质和酶类发生变性而失活，从而起到灭菌作用，低温通常起到抑菌作用。

a. 干热灭菌法

灼烧灭菌法：利用火焰直接把微生物烧死。此法彻底可靠，灭菌迅速，但易焚毁物品，适用范围有限，只适合接种针、接种环、试管口及不能用的污染物品的灭菌。

干热空气灭菌法：此为实验室中常用的一种方法，即把待灭菌的物品均匀地放入烘箱中，升温至 160℃，恒温 1 h 即可。此法适用于玻璃皿、金属用具等的灭菌。

b. 湿热灭菌法

在同一温度下，湿热灭菌法的杀菌效力比干热灭菌法大，原因有三点：一是湿热中细菌菌体吸收水分，蛋白质较易凝固，因蛋白质含水量增加，所需凝固温度降低；二是相对干热，高温水蒸气对蛋白质有高度穿透力，从而加速蛋白质变性而迅速死亡；三是湿热的蒸汽有潜热存在，每 1 g 水在 100℃时，由气态变为液态时可释放 2.26 kJ 的热量，潜热能迅速提高被灭菌物体的温度，从而增加灭菌效力。常用湿热灭菌法有巴氏消毒法、沸水消毒法、间歇灭菌法及加压蒸汽灭菌法。在发酵工业、医疗保健、食品检验和微生物学实验室中最常用的一种灭菌方法是加压蒸汽灭菌法，适用于各种耐热、体积大的培养基的灭菌，也适用于玻璃器皿、工作服等的灭菌。

加压蒸汽灭菌是把待灭菌的物品放在一个可密闭的加压蒸汽灭菌锅中进行，通过大量蒸汽使其中压力升高。在蒸汽压力达到 1.055 kgf/cm²[①]时，加压蒸汽灭菌锅内的温度可达 121℃。此种情况下微生物（包括芽孢）在 15～20 min 内便会被杀死，从而达到灭菌目的。如果灭菌的对象是砂土、液状石蜡等面积大、含菌多、传热差的物品，则应适当延长灭菌时间。

②辐射：利用辐射进行灭菌消毒，可以避免高温灭菌或化学药剂消毒的缺点，其应用越来越广。如接种室、超净台等常用紫外线杀菌，紫外线波长在 200～300 nm 具有杀菌作用，其中 256～266 nm 杀菌力最强。此波长的紫外线易被细胞中核酸吸收，造成细胞损伤而杀菌。因紫外线对眼结膜及视神经有损伤作用，对皮肤有刺激作用，故不能直视紫外灯光，更不能在紫外灯光下工作。

③过滤：采用机械方法，设计一种滤孔比细菌还小的筛子，做成各种过滤器。让液体培养基从筛子中流下，而把各种微生物菌体留在筛子上面，从而达到除菌的目的，适用于一些对热不稳定的体积小的液体培养基的灭菌及气体的灭菌，最大优点是不破坏培养基中各种物质的化学成分,应用最广泛的过滤器有以下两种。

a. 蔡氏（Seitz）过滤器。根据孔径大小，其过滤板分为 3 种型号，K 型最大，作一般澄清用；EK 型滤孔较小，用来除去一般细菌；EK-S 型滤孔最小，可阻止大病毒通过，使用时可根据需要选用。

b. 微孔滤膜过滤器。其滤膜是用乙酸纤维素脂和硝酸纤维脂的混合物制成的滤膜。孔径分 0.025 μm、0.05 μm、0.10 μm、0.20 μm、0.22 μm、0.30 μm、0.45 μm、0.60 μm、0.65 μm、0.80 μm、1.00 μm、2.00 μm、3.00 μm、5.00 μm、7.00 μm、8.00 μm 和 10.00 μm。实验室中用于除菌的微孔滤膜孔径一般为 0.22 μm，但若要将病毒除掉，则需要小孔径的微孔滤膜。

2）化学方法

一般化学药剂难以杀死所有微生物，只能杀死其中的病原微生物，起消毒剂而不是灭菌剂的作用。能迅速杀灭病原微生物的药物称为消毒剂。能抑制或阻止微生

---

① 1 kgf/cm²=9.80665×10⁴ Pa

物生长繁殖的药物称为防腐剂。一种化学药物是杀菌还是抑菌，常不易严格区分。消毒剂和防腐剂没有选择性，对一切活细胞都有毒性，不仅能杀死或抑制病原微生物，对人体组织细胞也有损伤作用，只能用于体表、器械、排泄物和周围环境的消毒。常用化学消毒剂有 5%石炭酸、1%～5%来苏水（甲酚皂）、0.1%氯化汞、2%碘酒、75%乙醇等。

3. 实验病原菌的培养

（1）瓜类炭疽病菌（*Colletotrichum orbiculare*）的分离和保存

瓜类炭疽病菌为真菌，分离方式为：

①取新鲜病组织，用马铃薯琼脂培养基，按植物病原真菌组织分离法分离，20℃左右培养；

②长出菌丝体后，从边缘切取少量菌丝体，转接到燕麦琼脂培养基上生长；

③长出孢子后，再用单孢分离法或显微镜操作单孢移植法选取单孢进行纯培养；

④经科赫法则验证；

⑤对得到的纯化菌株用燕麦琼脂培养基在 22～24℃培养 10 d 左右，待孢子丰满后备用。

保存方式为：将燕麦琼脂培养基上长好孢子的斜面棉塞换成橡皮塞，低温保存，1 年左右再移新鲜斜面，也可采用砂土管、牛奶管等进行较长时间保存。保存后定期进行复壮和致病性验证。

（2）禾本科布氏白粉菌小麦专化型（*Blumeria graminis* f.sp.*tritiei*）的保存及培养

布氏白粉菌为活体营养寄生菌，分离时只能取新鲜典型症状病叶，直接将叶子表面分生孢子抖接在盆栽小麦苗上，置温度 15～22℃、相对湿度 80%左右调控温室玻璃房中培养，一周后麦苗上即可产生大量典型白粉病斑。采用上述活体盆栽麦苗人工接种方式进行世代繁殖培养保存。

（3）胡萝卜软腐欧文氏菌的分离和保存

胡萝卜软腐欧文氏菌是细菌，一般取新鲜组织，用马铃薯蛋白胨琼脂培养基培养，按植物病原细菌培养皿稀释分离法或平板划线法分离，在 27℃左右培养后，从某稀释度平皿中挑取单个分散的近灰白色圆形菌落若干个分别进行培养，然后用科赫法则具体操作内容验证，再将验证的菌种进行纯培养。

保存方式为：将斜面棉塞换成橡皮塞，低温保存，半年左右再转接至新斜面，也可用液状石蜡封存法等，1 年左右再转接一次，或者用牛奶管等进行较长时间保存。

2.2.1.3　用于毒力测定的受体植物

除草剂生物活性靶标试材的选择原则为：在分类学上、经济上或地域上有一定代表性的栽培植物或杂草等；遗传稳定，对药剂敏感，并且对药剂的反应与剂量有良好相关性，便于定性、定量测定；易于人工培养、繁育和保存，能为实验及时提供相对标准一致的试材。

除草剂生物活性测定实验的靶标植物可以选择栽培植物、杂草或其他指示植物及藻类等，作物种子由于萌发率高、易得、种质纯正等优点，广泛应用于除草剂的生物活性测定之中，例如，玉米根长法、高粱法、小麦去胚乳幼苗法等都是以作物种子为靶标试材。但重要常见杂草作为防除对象，能更直接地反映除草剂的生物活性和除草效果，也被普遍采用。

常用除草剂生物活性测定的靶标植物有以下种类。

1）单子叶杂草

马唐[*Digitaria sanguinalis* (L.) Scop.]、稗[*Echinochloa crusgalli* (L.) Beauv.]、狗尾草[*Setaria viridis* (L.) Beauv.]、野燕麦（*Avena fatua* L.）、看麦娘（*Alopecurus aequalis* Sobol.）、牛筋草（*Eleusine indica*）、日本看麦娘（*Alopecurus japonicus*）、棒头草（*Polypogon fugax*）、茵草（*Beckmannia syzigachne*）、鸭跖草（*Commelina communis*）、早熟禾（*Poa annua*）、扁秆藨草（*Scirpus planiculmis*）、眼子菜（*Potamogeton distinctus*）、香附子（*Cyperus rotundus* L.）、白茅[*Imperata cylindrica* (L.) Beauv.]、碎米莎草（*Cyperus iria*）、异型莎草（*Cyperus difformis*）、香附子（*Cyperus rotundus*）等。

2）双子叶杂草

藜（*Chenopodium album* L.）、苋（*Amaranthus tricolor*）、蓼属（*Polygonum*）、荠[*Capsella bursa-pastoris* (Linn.) Medic]、麦瓶草（*Silene conoidea* L.）、斑种草（*Bothriospermum chinense*）、苘麻（*Abutilon theophrasti*）、刺苋（*Amaranthus spinosus*）、反枝苋（*Amaranthus retroflexus*）、马齿苋（*Portulaca oleracea*）、皱叶酸模（*Rumex crispus*）、苍耳（*Xanthium sibiricum*）、龙葵（*Solanum nigrum*）、决明（*Cassia tora*）、繁缕（*Stellaria media*）、鹅肠菜（*Myosoton aquaticum* (L.) Moench）、卷耳（*Cerastium arvense*）、猪殃殃（*Galium aparine*）、婆婆纳（*Veronica didyma*）、一年蓬（*Erigeron annuus*）、大野豌豆（*Vicia gigantea*）、拟南芥（*Arabidopsis thaliana*）等。

作物种子可以从专业种子公司购买，杂草种子大多需要实验人员在田间采集、净化、干燥、破除休眠后放置在 0℃左右的冰箱内保存备用。大部分杂草种子都具有休眠习性，发芽率低且不整齐，一般杂草种子采集净化后，于室温下存储一年即可破除休眠，但随着放置时间的延长又会进入二次休眠。因此需要定期检测种子发芽率，在种子发芽率达到 85%以上时最好立即包装，储存在 0℃以下的冰箱内，以保持其发芽势。许多禾本科杂草种子秋季采收后，用透气性良好的网袋包装，埋在室外土壤中越冬，可以快速破除休眠。

不同植物具有不同的生长条件，要在植物自身的生长条件下对该植物进行培育。如野燕麦生长在东北、西北较冷凉地区，最适生长温度为 10～18℃；而绿狗尾则要求 24～32℃；稗草最适生长温度为 17～32℃。采用植物最适生长条件进行测试有利于提高测试结果的准确度。

2.2.2 活体细胞实验材料

1907 年，美国生物学家 Harrison 采用单盖片覆盖凹面玻璃的悬滴培养法，以淋巴液为培养基观察了蛙胚神经细胞突起的生长过程，首创了体外组织培养法。Burrows、Carrel 和 Ebeling 继续优化了培养技术，他们的工作为组织细胞培养奠定了基础。1951 年，Eagle 开发了能促进动物细胞体外培养的人工合成培养基。虽然目前绝大多数人工合成培养基使用时还需添加血清，但随着单克隆抗体制备、细胞生长因子和细胞分泌产物的研究，无血清细胞培养技术也取得了长足发展。近 20 多年来，已有几十种细胞株在无血清培养基中生长和繁殖。细胞培养技术已成为当今生命科学领域的基本技术和基本技能，广泛应用于细胞工程、基因工程等领域，也拓展到药物开发与毒理研究。

2.2.2.1 昆虫细胞培养

昆虫细胞培养始于 1915 年，Goldschmidt 开展了一种天蚕蛾（*Antheraea eucalypti*）精巢的体内培养。随后有人改进了昆虫细胞培养基。Grace 于 1962 年在改进的培养基基础上首次建立了天蚕蛾的 4 个细胞系，此后昆虫细胞培养取得极大发展。截至目前，全世界建立的昆虫细胞系有 800 株以上，分别来源于鳞翅目、双翅目、鞘翅目、蜚蠊目、膜翅目、直翅目、同翅目和半翅目等 8 个目的 170 多种昆虫，主要有鳞翅目的小菜蛾（*Plutella xylostella*）细胞系 BCIRL-Px2- HNU3、银纹夜蛾（*Argyrogramma agnata*）细胞系 PaE-HNU6、斜纹夜蛾（*Spodoptera litura*）细胞系 ZSU-S1-1、家蚕（*Bombyx mori*）胚胎细胞系 BmE21-HNU5 等和双翅目的白纹伊蚊[*Aedes*（*Stegomyia*）*albopictus*]细胞系 Aa2-678、Aa6-678、Aa-678、中华按蚊（*Anopheles hyrcanus sinensis*）细胞系 As-684 及黑腹果蝇（*Drosophila melanogaster*）黑条体突变型细胞系 BSR-9804 等细胞系。

我国也已建立昆虫细胞系多株，鳞翅目如小菜蛾、黄条行军虫（*Spodoptera ornithogalle*）、棉铃虫（*Helicoverpa armigera*）、斜纹夜蛾、银纹夜蛾、八字地老虎（*Xestia c-nigrum*）、黏虫（*Mythimna separate*）、小埃尺蛾（*Ectropis obliqua*）、甜菜夜蛾（*Spodoptera exigua*）等，双翅目如果蝇（*Drosophila melanogaster*）、家蝇（*Musca domestica*）等都建立了细胞系。

昆虫细胞培养主要应用在以下几个方面：利用昆虫病毒感染昆虫细胞，用以大量生产昆虫病毒作为生物杀虫剂；利用昆虫细胞系对杀虫剂进行毒力测定，筛选新型杀虫剂，研究药剂对昆虫起毒杀作用的毒力作用机制；检验昆虫细胞抗药性的产生速度及产生机制。

1. 细胞培养基本操作

体外培养的细胞不具有抗感染能力，因此细胞培养应在严格的无菌条件下进行。每天要用 0.2%新洁尔灭拖地一次，紫外线照射实验室 30 min，超净台应在实验前 30 min 打开吹风系统，用 75%乙醇擦拭超净台，然后用紫外线照射 30 min。工作前实验人员要彻底洗手，戴口罩和帽子，用 75%乙醇将手消毒。为确保实验无菌操作，实验前点燃酒精灯，一切操作要在火焰近处操作或经过烧灼。培养液瓶和培养瓶不能过早打开，使用的吸管等不能交叉使用。实验结束时，要将废弃物收拾干净，用 75%乙醇擦拭超净台台面。

细胞培养用具和培养基也要严格消毒，一般来讲，玻璃器皿、金属制品、橡胶制品、布类可采用高压蒸汽消毒，液体可采用过滤除菌消毒，也可采用高压蒸汽消毒；人皮肤、昆虫、实验台、实验器具的表面可采用乙醇、次氯酸钠、过氧乙酸等消毒，预防培养基、平衡盐溶液的细菌、真菌等微生物污染可用抗生素。

2. 细胞培养准备

（1）昆虫细胞培养基

培养基是昆虫细胞赖以生长、增殖、分化的基本营养物质。昆虫细胞对营养的要求极高，往往需要多种氨基酸、维生素、辅酶、核酸、嘌呤、嘧啶、激素和生长因子等。培养基的成分要满足细胞进行糖代谢、脂代谢、蛋白质代谢及核酸代谢的各种营养要求，细胞才能在离体环境下正常生长和增殖。

昆虫细胞培养基的类型主要有天然培养基、合成培养基和无血清培养基。天然培养基主要由天然成分，如动物血清、昆虫血淋巴等构成；合成培养基的各种成分已知，如果合成培养基中辅助添加天然成分，如动物血清、酵母粉等，则称为半合成培养基，昆虫细胞培养大多采用这种培养基；不加血清的培养基称为无血清培养基。

合成培养基是根据细胞生存所需要营养物质的种类和数量，用人工的办法模拟合成的，如 Grace's 培养基是根据家蚕血淋巴的成分设计而成的。合成培养基主要包括无机盐、氨基酸、维生素、糖类、脂类和有机酸，有时还要添加一些成分不太明确的物质，如水解乳蛋白、酵母提取物等。现简要介绍如下。

①无机离子：无机盐中的无机离子主要有 Na^+、K^+、Ca^{2+}、Mg^{2+}、Cl^-等离子，以及微量元素 Fe、Zn、Al、Cu。

②氨基酸：昆虫细胞培养基中最主要的氨基酸是精氨酸、胱氨酸、谷氨酰胺、组氨酸、异亮氨酸、赖氨酸、苏氨酸、苯丙氨酸、脯氨酸、丝氨酸、甲硫氨酸、色氨酸、酪氨酸、缬氨酸、甘氨酸等 15 种。

③维生素：昆虫细胞培养基通常含有 10 种维生素。泛酸钙、核黄素、叶酸、肌醇、氯化胆碱、吡多醇、硫胺素、生物素等对于昆虫脂类合成、核酸合成、细胞长期和增殖等是必需的，有些还具有刺激、促进细胞生长的作用，昆虫细胞培养基中维生素的含量很低，维生素促进细胞生长的浓度一般为 0.01 mg/L。

④糖类：培养基中的糖类有葡萄糖、果糖、蔗糖、核糖、脱氧核糖、丙酮酸钠等，其中葡萄糖是昆虫细胞培养的主要糖源。糖类主要提供昆虫细胞生长的能量，也参与核酸合成和蛋白质糖基化修饰。

⑤有机酸：昆虫细胞培养基中的有机酸一般为苹果酸、α-酮戊二酸、延胡索酸、琥珀酸等。这些有机酸具有促进昆虫细胞生长的作用。

⑥脂类：昆虫细胞生长需要的脂类有脂肪酸和甾醇类。但昆虫细胞培养基中一般不加脂类，脂类物质可由昆虫血淋巴和动物血清提供。

⑦其他成分：一些昆虫生长代谢的中间产物、氧化还原剂、腺苷三磷酸、辅酶 A 等可以加入培养基中。培养基中也常常加入抗生素，如青霉素、链霉素、新霉素、庆大霉素等抑制细菌生长；加入放线菌酮、制霉菌素等抑制真菌生长；加入贴壁因子如纤黏素、白明胶等；加入生长因子，如表皮生长因子（epidermal growth factor，EGF）、神经生长因子（nerve growth factor，NGF）、成纤维细胞生长因子（fibroblast growth factor，FGF）等；加入生物缓冲剂，如 HEPES、MOPS、EPPS 等。

合成培养基的优点是可以为昆虫细胞提供一个近似于昆虫体内的环境，同时各种成分明确，便于控制。但合成培养基只能维持昆虫细胞生存，对细胞生长和繁殖不利。如果要促进细胞生长和繁殖，需要补充 5%～20%小牛血清或胎牛血清，这种培养基叫血清细胞培养基。血清提供各种激素、生长因子和贴壁因子等，为细胞生长所必需，但成本高。20 世纪 70 年代以来，昆虫无血清培养基开始发展，目前已取得较大进展。例如，粉纹夜蛾（*Trichoplusia ni*）卵细胞株 BTI-Tn-5B1-4 经诱导可适应无血清培养基 IC SFM，细胞在无血清培养基上的活性可维持在 90%以上。该无血清培养基 IC SFM 以 IPL-41 为基础培养基，添加 2.0 g/L 水解乳蛋白，2.0 g/L 酵母提取物，以及由胆固醇等组成的脂质微乳浊液。

目前已经设计了几十种用于昆虫细胞培养的培养基，如 Grace's，TC100，TC199-MK，TNM-FH，IPL-41，MTCM-1601，Schneider's，Mitsuhashi/Maramorosch(MM)，MGM-450，MGM-464，等等，均为商业化产品。

（2）平衡盐溶液

平衡盐溶液主要由无机盐和葡萄糖组成。昆虫细胞中常用的平衡盐溶液为

Hank's 和 Puck's 溶液等（表 2-1）。平衡盐溶液常常加入 200 U/ml 青霉素、0.2 mg/ml 链霉素和其他抗生素，用于抗细菌及其他微生物。

表 2-1　细胞培养常用平衡盐溶液　　　　　　　　（单位：g）

成分	Ringer	PBS	Earle's	Hank's	D-Hank's	Puck's	2×HEPES
NaCl	9.00	8.00	6.80	8.00	8.00	8.00	8.00
KCl	0.42	0.20	0.40	0.40	0.40	0.49	0.37
$CaCl_2$	0.25	—	0.20	0.14	—	—	—
$MgSO_4 \cdot 7H_2O$	—	—	0.20	0.20	—	—	—
$Na_2HPO_4 \cdot H_2O$	—	1.56	—	0.06	0.06	—	—
$Na_2HPO_4 \cdot 2H_2O$	—	—	1.14	—	—	—	0.135
KH_2PO_4	—	0.20	—	0.06	0.06	—	—
$NaHCO_3$	—	—	2.20	0.35	0.35	0.35	—
葡萄糖	—	—	1.00	1.00	—	1.00	1.00
HEPES	—	—	—	—	—	—	5.00

以配制 1L PBS 平衡盐溶液为例，配制方法为：将 8.00 g NaCl，0.20 g KCl，1.56 g $Na_2HPO_4 \cdot H_2O$ 和 0.20 g KH_2PO_4 溶于 950 ml 蒸馏水，用 HCL 或 NaOH 调 pH 至 7.0，加蒸馏水定溶至 1 L。高压蒸汽灭菌锅 121℃灭菌 30 min，放至室温后保存于 4℃冰箱。

（3）昆虫细胞系的组织来源

昆虫的胚胎、初孵幼虫、卵巢、精巢、血细胞、脂肪体、器官芽、中肠、表皮、神经系统、内分泌系统和肌肉等都可以作为原代培养细胞的组织来源。

胚胎细胞的优点是再生潜力高。使用昆虫胚胎和初孵幼虫建立的细胞系最多，占所有建成细胞系 50%以上。建系方法由 Mitsuhashi 和 Maramorosch 于 1963 年在建立叶蝉细胞系时创立。一般是将卵壳表面消毒后，让卵在无菌条件下进行胚胎发育。用锋利的刀片将发育的胚胎组织切碎、分散成单细胞后，转入培养瓶进行培养。其原代培养的时间跨度范围较大，大部分需几个月至 1 年。卵巢也是常用的昆虫细胞组织来源。大多是解剖出卵巢，用上述方法切碎或直接放入培养瓶中培养。不同发育时期昆虫的卵巢都可以作为培养材料，成虫、蛹、幼虫的卵巢均被成功地使用过。昆虫的血细胞是最易于获得的培养材料，但培养的成功率较低。

3. 昆虫细胞培养

（1）昆虫细胞原代培养

昆虫细胞的原代培养指从昆虫体内取出组织，制备单细胞后，连续培养到第一代传代培养这一阶段，一般持续 1～4 周；此阶段的细胞类型较多，并不均一；细胞有分裂，但不旺盛，并且极易被污染。进行原代培养时，为了克服微生物污染的问题，需要对要分离细胞的虫体表面消毒，在培养基中加入抗生素。无论细胞来源是成熟组织还是未成熟组织，细胞的原代培养均需经物理或酶解的方式将组织解离，产生组织碎片或细胞悬液。原代培养初期细胞需要一段时间适应新的外界环境。通常细胞形态会发生变化，这表明细胞已开始分裂增殖。细胞增长率的提高是其传代培养的前提。

1）昆虫胚胎原代培养

将昆虫卵置于 26～28℃（依昆虫卵的最适发育温度而定）恒温培养箱中孵育 2 d，然后将卵置于 70%乙醇+4%次氯酸钠中表面消毒处理 15～20 min，用 Hank's 溶液或 Puck's 溶液洗涤几次，再将卵转移到培养基中，用匀浆器碾碎或将胚胎剪碎；用纱布或不锈钢网过滤除去卵黄和卵壳；将滤过物转移到培养瓶中，置 26～28℃恒温培养箱中培养。

2）初孵幼虫细胞原代培养

将卵置于 70%乙醇中表面消毒 15～20 min，然后将卵放置到 25～28℃恒温培养箱中培养至孵化；把初孵幼虫转移到含有 1 ml 0.25%胰蛋白酶的培养皿中，用剪刀剪碎幼虫；转移剪碎幼虫到含有 4 ml 胰蛋白酶的培养皿中，37℃保温 10 min；加 1 ml FBS 溶液终止胰蛋白酶的作用，研磨、过滤和低速离心，并向离心沉淀中加 3～4 ml 培养基，置 26～28℃恒温培养箱中培养。

或者用剪刀将材料剪成 1～2 mm² 的组织块，用移液管将这些组织块移至培养瓶的瓶底上。添加培养液后翻转培养瓶使组织块脱离培养液 10～15 min（37℃），以使组织块能贴附于容器的底面上，再翻转后静止培养。

3）中肠细胞原代培养

将末龄幼虫浸没在 70%乙醇+1%次氯酸钠中表面消毒 3～5 min；在培养基中解剖中肠，去掉与中肠相连的马氏管和脂肪体，剪开中肠后去掉带有食物的完整的围食膜；用培养基洗涤中肠几次；收集中肠，移至 6 孔细胞培养板，加 6 ml 含有 200 U/ml 胶原酶的培养基，4℃保温过夜。用滴管温和吹打促使中肠上皮细胞释放；无菌纱布过滤，过滤物 200 r/min 离心 10 min；重复离心 3 次，去除胶原酶；将沉淀细胞用培养基悬浮后，转移到培养瓶中，置 26～28℃恒温培养箱中培养。

4）肌细胞原代培养（以黏虫为例）

取羽化第 1 天的雌成虫，除去翅与足，用 75%乙醇消毒 5～10 min，然后用毛笔刷去鳞毛、鳞片，固定于蜡盘上，在解剖镜下用单面刀片切去前胸背板，暴露中胸背纵肌（鳞翅目成虫胸部最大的一块肌肉，由 10 束肌纤维组成）。在超净台上用刀片沿两翅基片内缘做纵向切割，除去头、腹部及背腹肌，即获得完整的背纵肌。用 Ringer 溶液冲洗 3～5 次，用眼科剪将肌肉束剪成 1 mm×1 mm 的小块。在 1 000 r/min 下离心 10 min，弃上清液。取质量分数 0.25%胰蛋白酶 3 ml 加入离心管，与组织块混匀，加上管口塞，消化 15 min，向试管中加 7 ml 昆虫生理盐水，在 1 200 r/min 下离心 8 min，弃上清液。加入 3 ml Grace's 培养基到离心管，用吸管吹打混匀后移入培养瓶中，置 26～28℃恒温培养箱中培养。

5）幼虫中枢神经元细胞原代培养（以果蝇为例）

果蝇细胞培养液：90% Schneider's 果蝇培养基，加入 10% 胎牛血清于 56℃激活 30 min，加入青霉素 G 50 U/ml 和链霉素硫酸盐 50 μg/ml；

无 Ca^{2+}-Mg^{2+}溶液：由 NaCl 137 g，KCl 2.7 g，NaH_2PO_4 · H_2O 0.36 g，$NaHCO_3$ 11.9 g，糖 5.6 g 配制；

果蝇细胞外液：由 NaCl 128 g，KCl 2 g，葡萄糖 33.5 g，$MgCl_2$ 4 g，$CaCl_2$ 1.8 g，HEPES 5 g 配制；

果蝇脑组织消化液：Ⅰ型胶原酶（0.5 mg/ml），由无 Ca^{2+}-Mg^{2+}溶液配制而成。

取 3 龄末期幼虫，放入 70%乙醇中浸泡 5min，去除身体上附着的杂物并进行表面消毒；用消毒蒸馏水浸洗 1～2 次，转移至无 Ca^{2+}-Mg^{2+}溶液中。在 20 倍立体显微镜下用解剖针在果蝇近头端剔破表皮，脑腹神经节和唾液腺染色体会自动流出体外，小心剥出果蝇脑和腹神经节复合体，剔除成虫原基、神经片段及其余附着组织；在果蝇脑组织消化液中酶解，将神经组织撕成大小适合的片段，在室温下消化 45～60 min。然后将培养基逐滴加入上述消化液中，同时用 200 μl 加样器小心地吸取消化液，并弃去，反复进行 3 次以终止消化；将带有培养基的细胞移入 2.0 ml 离心管中，用 200 μl 加样器反复吹打以彻底分散组织成单细胞；将细胞悬液接种于预先铺有多聚赖氨酸的 35 mm 培养皿中，借助表面张力作用形成圆滴。将培养皿置于 22℃湿润的孵箱中培育。接种后 4 h，待大部分细胞贴壁在培养皿中，加满培养基（1～2 ml），再放回孵箱中继续培养。常规培养维持 1～2 周。

6）成虫神经细胞原代培养（以蜜蜂为例）

L-15 培养液成分配比：L-15 培养基干粉 13.7%（质量浓度），葡萄糖 3.4 g/L，蔗糖 32.0 g/L，果糖 2.1 g/L，L-脯氨酸 0.4 g/L，双抗 0.9%（体积浓度），酵母粉 0.4%（质量浓度），胎牛血清 13%（体积浓度）。

L-15 培养液配制方法：准确称量葡萄糖、蔗糖、果糖、L-脯氨酸、酵母粉及袋装 L-15 粉末放于烧杯，加入 950 ml 蒸馏水（少于所需体积 5%），慢慢搅拌使所有固体充分溶解，加入 9 ml 双抗，用 1 mol/L NaOH 或 1 mol/L HCl 将培养液 pH 调为 7.0，用蒸馏水定溶至 1 L，并立即用 0.22 μm 的滤膜过滤分装，按 13% 的体积比加入胎牛血清，置于 4℃保存。

高温灭菌的 PBS 平衡液在 4℃ 冰箱中预冷。在培养皿中滴入一滴浓度为 0.1 mg/ml 的多聚赖氨酸，并标记位置，置于 30℃恒温培养箱，10 min 后将多余的多聚赖氨酸吸除，继续将培养皿放入 30℃恒温培养箱中自然风干。取新出房的工蜂，用 75%乙醇消毒全身，用 PBS 缓冲液清洗 2 遍，没入盛有预冷 PBS 溶液的蜡盘，快速解剖取出蜜蜂的完整大脑，放入盛有冰 PBS 溶液的 1.5 ml 离心管中，4～5 个脑/管，用 PBS 溶液清洗 2～3 遍。加入木瓜蛋白酶，30℃消化 15 min，1 000 r/min 离心 4～6 min，吸走消化液，加入 L-15 培养液静止 5 min，使其停止消化。大脑用 L-15 培养液洗 2 遍，小心吸去培养液，重新加入 1 ml L-15 培养液，用枪头轻轻吹打使成细胞悬液，将细胞浓度调至 1×10^6 个/ml，吸取 150 μl 细胞悬液滴在涂有多聚赖氨酸的培养皿中，将培养皿置于恒温培养箱中（28℃），贴壁 2～3 h 后再加入 2～4 ml 的 L-15 培养液，30℃进行培养，培养时间大于 2 d 时，每 2 d 换一次培养液。

7）卵巢细胞原代培养（以柞蚕为例）

把卵巢管置于无血清 TC-100 培养基中，洗去脂肪组织、虫卵和血淋巴。然后把洗净的卵巢管置于培养皿中，用手术剪剪成 1 mm 大小的片段，加入适量的培养基，经吹打后由卵巢管壁游离下许多细胞。吸取细胞，1 500 r/min 离心 10 min。收集细胞沉淀分装于培养瓶中，培养基为 TC-100 补加 20%的小牛血清和 5%的蓖麻蚕血淋巴 （预先于 65℃处理 5 min），细胞于 26℃静置培养。

原代培养 24 h 后观察，培养瓶中可见若干小组织块和少量离散细胞，1 周后，组织块逐渐附壁。随着时间的推移，组织块边缘逐渐长出新生细胞，并向外延伸，同时，组织块变薄，最终解体。约 2 个月后，在培养瓶底一侧边缘出现一新的细胞生长点，并逐渐扩大。5 个月时，第一次更换 2/3 培养基。此后，每隔 10 d 左右换一次培养基。7 个月时，细胞铺满瓶底，做第一次传代。

在最初几次更换培养基时，将吸出的旧培养基保存在另一空培养瓶中并置 28℃恒温培养箱中，其中亦逐渐出现细胞生长点，直至长成细胞单层，传代。

在原代培养过程中，要逐步、合理地添加新培养基并移除旧的培养基和死亡细胞、组织碎片，换液不能太频繁。

（2）传代培养

细胞由原培养瓶转到新培养瓶的过程叫做传代，进行一次分离再培养叫做传一代。传代培养要选择适宜的细胞密度，一般单层细胞覆盖瓶底 80%面积时就可以传代了。首次传代培养细胞接种密度要大，一般以 1∶1 传代，减少培养环境的波动。细胞的首次传代一定要严格无菌操作，避免微生物污染。

对于悬浮生长、贴壁较为紧密或疏松的细胞，如小菜蛾（*Plutella xylostella*）细胞 Px、斜纹夜蛾细胞 SL-1、菜粉蝶（*Pieris rapae*）细胞 Pr、草地贪夜蛾（*Spodoptera frugiperda*）细胞 Sf-21 等的传代可以采用以下方法：将培养基从冰箱中取出放置室温下 30 min，开启超净台，常规方法消毒。用酒精棉球擦拭细胞培养瓶瓶盖，快速烧灼，打开瓶盖，用吸管吸取足够量的培养基，吹刷培养瓶壁上贴附的细胞，然后吸取细胞，转移到新的培养瓶，按 1∶10 的比例加入新鲜培养基，盖上盖子，放入恒温培养箱中 26～28℃培养。

对于贴壁十分紧密的细胞，如美洲棉铃虫（*Helicoverpa zea*）、甜菜夜蛾（*Spodoptera exigua*），以及烟夜蛾（*Helicoverpa assulta*）的 IPLB-HvT1 和 IPLB-HvE6A 细胞系等，传代时还需要将老培养基移出，用平衡盐溶液洗一次，去掉平衡盐溶液，加入 1 ml 的 0.25%胰蛋白酶，让胰蛋白酶与所有细胞充分接触、湿润，再在超净台上放置 2～5 min，待细胞变疏松，移去所有消化液，加 5 ml 培养基，轻轻吹打细胞，制成细胞悬液，按一定比例传代。

对于贴壁十分紧密的细胞，还可以用自制的无菌胶刮刮取细胞，制成细胞悬液，按一定比例传代。

昆虫细胞一般 5～7 d 传代一次，如果暂时不用，也可将细胞置于 4℃条件下，保持 20 d 传代一次。

2.2.2.2　病原物细胞培养

本部分只提及病害生物测定中未提及的病原物的培养。

1. 原代培养

（1）原代消化培养法

将特定组织经各种酶（常用胰蛋白酶）、螯合剂（常用 EDTA）或机械方法处理，分散成单细胞，置于合适的培养基中培养，使细胞得以生存、生长和繁殖，这一过程称为原代培养。步骤如下所示。

准备：取各种已消毒的培养用品置于超净台台面，紫外线消毒 20 min。开始工作前洗手，用 75%乙醇擦拭手至肘部。

布局：点燃酒精灯，安装吸管帽。

处理组织：把组织块置于烧杯中，用 Hank's 培养液漂洗 2～3 次，如果怀疑组织可能受污染，可先置于含有青链霉素的混合液中 30～60 min。

剪切：用眼科剪把组织尽量剪切细小，以便于消化。加入比组织块总量多 30～50 倍的胰蛋白酶液，然后一并倒入三角烧瓶中，结扎瓶口或塞以胶塞。

消化：用恒温水浴或置于 37℃恒温培养箱消化均可，消化时每隔 20 min 应摇动一次，如果用电磁恒温搅拌器，消化效果更好。消化时间依组织块的大小和组织的硬度而定。

分离：在消化过程中发现消化液混浊时，可用吸管吸出少许消化液在镜下观察，如果组织已分散成细胞团或单个细胞，立即终止消化，随即通过适宜不锈钢筛，滤掉尚未充分消化的组织块。低速（500～1000 r/min）离心消化液 5 min，吸出上清液，加入适量含有血清的培养液。

计数：用计数板计数，如果细胞悬液细胞密度过大，再补加培养液调整后，分装入培养瓶中。对大多数细胞来说，pH 要求在 7.2～7.4，培养液呈微红色，如果颜色偏黄，说明液体变酸，可用 NaHCO₃ 调整。

　　培养：置于 36.5℃恒温培养箱培养，如果用 CO₂ 恒温培养箱培养，瓶口需用纱布棉塞或螺旋帽堵塞，纱布塞易生霉菌，每次换液时需要换新塞。

　　（2）原代组织块培养法

　　剪切：把组织小块置于小烧杯或青霉素小瓶中，用 Hank's 溶液漂洗 2～3 次，吸尽 Hank's 溶液，用眼科剪反复剪切 1 mm³ 块为止。

　　摆布：用弯头吸管吸取若干小块，置于培养瓶中，用吸管弯头把组织小块摆布在培养瓶底部，小块间距以 0.5 cm 为宜，每一个 25 ml 培养瓶底可摆布 20～30 块。

　　轻轻翻转培养瓶，令瓶底向上，注意翻瓶时勿令组织小块流动，塞好瓶塞，置 36.5℃恒温培养箱培养 2 h 左右（勿超过 4 h），使小块微干涸。

　　培养：从恒温培养箱中取出培养瓶，开塞，46°斜持培养瓶，向瓶底脚部轻轻注入培养液少许，然后缓缓再把培养瓶翻转过来，让培养液慢慢覆盖附于瓶底上的组织小块。置恒温培养箱中静止培养。待细胞从组织块游出数量增多后，再补加培养液。

　　2. 传代培养法

　　细胞在培养瓶长成致密单层后，已基本饱和，为使细胞继续生长，同时也将细胞数量扩大，必须进行传代（再培养）。传代培养是一种将细胞种保存下去的方法，也是利用培养细胞进行各种实验的必经过程。悬浮型细胞直接分瓶就可以，而贴壁细胞需经消化后才能分瓶。

　　（1）操作步骤

　　①吸除培养瓶内旧培养液。

　　②向瓶内加入少许胰蛋白酶和 EDTA 混合液，以能覆满瓶底为限。

　　③置温箱中 2～5 min，当发现细胞质回缩，细胞间隙增大后，立即终止消化。

　　④吸除消化液，向瓶内注入 Hank's 溶液数毫升，轻轻转动培养瓶，把残余消化液冲掉。注意加 Hank's 溶液冲洗细胞时，动作要轻，以免把已松动的细胞冲掉流失，如果用胰蛋白酶液单独消化，吸除胰蛋白酶液后，可不用 Hank's 溶液冲洗，直接加入培养液。

　　⑤用吸管吸取营养液轻轻反复吹打瓶壁细胞，使之从瓶壁脱离形成细胞悬液。

　　⑥计数板计数后，把细胞悬液分成等份分装入数个培养瓶中，置恒温培养箱中培养。

　　（2）无菌操作注意事项

　　①操作前要洗手，进入超净台后，手要用 75%乙醇或 0.2%新洁尔灭擦拭。试剂瓶口等也要擦拭。

　　②点燃酒精灯，操作在火焰附近进行，耐热物品要经常在火焰上烧灼，金属

器械烧灼时间不能太长，以免退火，并且冷却后才能夹取组织，吸取过营养液的用具不能再烧灼，以免烧焦形成碳膜。

③操作动作要准确敏捷，但又不能太快，以防空气流动，增加污染机会。

④不能用手接触已消毒器皿的工作部分，工作台面上用品要布局合理。

⑤瓶子开口后要尽量保持 45°斜位。

⑥吸溶液的吸管等不能混用。

2.2.2.3　杂草细胞培养

植物细胞由于含有细胞壁和易分化的特征，很难直接进行单细胞培养，因此在研究过程中，都是先除去细胞壁，然后以原生质体的方式进行单细胞培养。杂草细胞的培养也以这种方式进行。

1. 植物的原生质体

原生质体（protoplast）是去除细胞壁的裸露细胞总称。革兰氏阳性菌经溶菌酶或青霉素处理后，可除去细胞壁，形成仅由细胞膜包住细胞质的菌体。植物细胞用果胶酶及纤维素酶处理后，可除去细胞壁，形成仅由细胞膜包住细胞质的体系。动物细胞也可算做原生质体。

原生质体一词来源于原生质（protoplasm）。原生质指组成细胞的有生命物质的总称，是物质的概念。原生质体是组成细胞的一个形态结构单位。在细胞学历史上，"细胞"（cell）一词由 Hooke 提出，意为"小室"。后来发现了原生质，对细胞的认识与 Hooke 时期不同了，1880 年 Hanstein 提出"原生质体"一词。由于细胞一词的出现早于原生质体，故沿用至今。

Klercker 在 1892 年第一次尝试用利刃对细胞进行机械切割而获得原生质体，产量和效率都很低。1960 年，Cocking 采用真菌培养物中的纤维素酶来降解番茄根细胞壁，获得原生质体。1971 年，Takebe 等首次获得烟草叶肉原生质体培养的再生植株。20 世纪 80 年代中叶，研究人员先后从水稻和油菜原生质体培养出再生植株。原生质体培养的研究成功，不仅是生命活动理论研究的一个良好体系，还可改良作物的某些性状，并且在种质脱毒方面应用潜力巨大。

原生质体培养取得了可喜进展，至 1993 年，已有分属于 49 科 146 属的 320 多种植物经原生质体培养得到再生植株。其中主要是农作物和经济植物，包括一年生到多年生、草本到木本、高等植物到低等植物，如食用菌、藻类等。原生质体培养得到的再生植株是体细胞遗传学、遗传工程和改良作物品种等方面的新材料，我们也可以在其培养液或培养基中添加除草剂来进行除草剂对农作物或杂草选择性毒理学测定。

2. 原生质体培养的实验设备、试剂

（1）设备与用具

植物原生质体培养是在植物组织培养的基础上建立的一门技术。因此，除了需要组织培养的设备与用具之外，还需要一些专门的仪器和用具。

1）倒置显微镜、荧光显微镜及照相设备

检查原生质体或细胞培养密度，采用血球计数板，在普通显微镜或倒置显微镜下观察。与昆虫细胞培养类似，观察培养皿、培养瓶或三角瓶中的培养物需用倒置显微镜。检查原生质体活性及去壁情况时，用荧光染料染色后在荧光显微镜下观察。显微镜一般都应备有显微照相设备，记录原生质体和细胞的生长状态。

2）细菌过滤器

酶液不能经高温高压灭菌，因为高温高压会使蛋白质变性而失活。如果溶液中含有易被高温、高压破坏的物质时，就必须用细菌过滤器过滤灭菌。一般用 0.45 μm 的滤膜可以滤去细菌和病毒。可用抽滤瓶接真空泵抽滤灭菌，也可用注射器推压过滤灭菌。

3）离心机

分离提纯原生质体用 500 r/min 离心 3～5 min，制备酶液用 2 500 r/min 离心 10 min 以除去残渣。

（2）化学试剂

1）无机化学试剂

与昆虫组织培养的无机化学试剂相似，一般要求分析纯级别。

2）有机化学试剂

用于原生质体培养的有机化学试剂有 5 种。

维生素：除了组织培养常用的维生素之外，有时还加入泛酸钙（维生素 B5）、叶酸、维生素 A、维生素 C、维生素 D、氯化胆碱、对甲基苯甲酸等。值得注意的是，配制母液时，应先制备各个组分的贮液。叶酸应配制低浓度贮液，先溶于少量稀碱水中，加双蒸水定容即成贮液。

激素：与组织培养基本相同，注意生长素类和细胞分裂素类的适当搭配。

渗透压稳定剂：为了使原生质体维持在一定的渗透压下，既不胀破，又不因过度收缩而破坏内部结构，必须在酶液中加入渗透压稳定剂。常用的渗透压稳定剂是糖醇系统，包括甘露醇、山梨糖醇、葡萄糖、蔗糖等。目前大多使用甘露醇或山梨糖醇，它们能稳定的维持渗透浓度，甘露醇或山梨糖醇应用浓度一般为 0.4～0.8 mmol/L。蔗糖等易被原生质体吸收利用，降低渗透浓度。

碳源和氮源：原生质体也和植物细胞一样，不能自养生长，必须在培养基中加入碳源，最常用的碳源是葡萄糖和蔗糖。水解酪蛋白、谷氨酰胺、甘氨酸、精氨酸、天冬氨酸等都可作为氮源。

3）凝胶剂

除了使用琼脂粉外，还有琼脂糖和一些国外的同类产品，如日本的 Gellan Gum。

（3）酶类

植物细胞壁由纤维素、半纤维素和果胶 3 种主要成分构成。一般认为，纤维素酶和果胶酶是分离原生质体必不可少的，有些材料还需要加入半纤维素酶。最常用的纤维素酶有日本的 Cellulase Onzuka R-10、Cellulase Onzuka RS，美国的 Cellulysin，等等；果胶酶有日本的 Pectolyase Y-23、Macerozyme，美国的 Pectinase，等等。

3. 原生质体的分离与纯化

（1）外植体的选择

要获得高质量的原生质体，应选择生长旺盛的植物体幼嫩部分。植物的年龄、季节、光照、肥水条件等都明显影响原生质体的质量。普遍采用的外植体有根、下胚轴、幼叶、子叶等，生长在温室里的植株较好。通常采用叶肉细胞分离原生质体，其优点是来源方便、材料充足，有成熟的叶绿体。禾本科植物中，常采用悬浮细胞作为分离原生质体的材料。最适宜的细胞是处于对数生长早期的细胞。在酶解游离原生质体之前对植株进行预处理，有时可提高原生质体培养中的分离效率。预处理的方式有暗处理、低温处理或预先在组织培养的培养基上进行预培养。

（2）外植体灭菌

与前文提及的昆虫组织细胞培养中的组织灭菌相同。

（3）酶解处理

不同植物对不同酶类的浓度要求不同。表 2-2 是常用酶的种类及浓度，可供读者参考。对茄科、豆科等的幼叶来说，需要较低浓度，0.5%～1.0%纤维素酶即可；而果胶酶可更低些（0.2%～0.5%）；但是对愈伤组织、悬浮细胞、冠瘿细胞来说，纤维素酶、果胶酶的浓度要提高到1%或2%。现列举几种材料的酶液的组成成分，如表 2-3 所示。

表 2-2　不同植物原生质体培养的常用酶的种类及浓度　　（单位：%）

酶种类	豇豆	烟属	洋地黄	冠瘿瘤	甘蔗	小麦	大白菜
果胶酶（Macerozyme R-10）	0.2	0.2	0.2	0.6	—	0.6	0.2
Pectolyase Y-23	—	—	—	—	0.05	—	—
纤维素酶（Onozuka R-10）	1.0	0.5	1.0	2	—	—	0.5
纤维素酶（Driselase）	—	—	—	—	—	—	0.2
纤维素酶（Panda EA 3867）	—	—	—	—	2	2	—
$CaCl_2 \cdot 2H_2O$ /mmol	10	10	10	10	10	10	10
KH_2PO_4 /mmol	0.7	0.7	0.7	0.7	0.7	0.7	0.7

续表

酶种类	豇豆	烟属	洋地黄	冠瘿瘤	甘蔗	小麦	大白菜
MES	—	—	—	—	0.5	—	—
甘露醇/mmol	0.5	0.6	0.55	0.5	0.4	0.5	0.6
pH	5.6	5.6	5.6	5.6	5.6	5.6	5.6

表 2-3　几种代表性酶液的组成成分

材料	酶液成分
小麦悬浮细胞	$CaCl_2 \cdot 2H_2O$ 1 470 mg/L，KH_2PO_4 95 mg/L，MES 600 mg/L，甘露醇 0.5 mol/L，pH 5.6
水稻悬浮细胞	$CaCl_2 \cdot 2H_2O$ 1 470 mg/L，KH_2PO_4 95 mg/L，MES 600 mg/L，甘露醇 0.4 mol/L，pH 5.6，Onozuka R-10 1%，Onozuka RS 0.5%，离析酶 R-10 1%，Pectolyase Y-23 0.1%
玉米悬浮细胞	$CaCl_2 \cdot 2H_2O$ 1 470 mg/L，KH_2PO_4 95 mg/L，MES 600 mg/L，甘露醇 0.5 mol/L，pH 5.6，Onozuka RS 3%，离析酶 R-10 0.5%，Pectolyase Y-23 0.1%，半纤维素酶 0.5%
哈密瓜子叶	$CaCl_2 \cdot 2H_2O$ 1 470 mg/L，KH_2PO_4 95 mg/L，MES 600 mg/L，甘露醇 0.4 mol/L，pH 5.6，Onozuka R-10 1%，离析酶 R-10 1%

酶解处理一般静置在黑暗中进行，也可偶尔轻摇，较难分离时，可置于摇床上低速振荡。酶解时间因材料而不同，几小时到十几小时不等，但不宜超过 24 h。酶解温度一般为 25～27℃。

（4）原生质体的收集和纯化

酶解处理后得到混合液包括原生质体、细胞团和组织碎片等，必须将杂质和酶液除去才可以继续培养。收集和纯化方法大致为：用 40～100 μm 的滤网过滤混合液，去除杂质，收集滤液。将滤液以台式离心机 75～100 r/min 离心 3～5 min，弃去上清液，沉淀物可采用下列两种方法进一步纯化：

①沉淀物重新悬浮于清洗培养基（不含酶，其他成分同酶液）中，在 50 r/min 下离心 3～5 min 后再悬浮，如此反复洗涤 2～3 次。

②为了纯化出有生活力的原生质体，将沉淀悬浮于少量清洗培养基中，置于含有蔗糖溶液（21%）的上部，在 100 r/min 下离心 5～10 min 后，在蔗糖溶液和原生质体悬浮培养基的界面上会出现一个纯净的原生质体带，小心将其吸出后，反复洗涤 2 次，最后用原生质体培养基洗一次。用 Percoll 或 Ficoll 替代蔗糖进行纯化效果更佳。

将纯化后的原生质体调整到细胞密度为 2×10^5 个/ml，进行后续培养。在原生质体培养之前，常常先对原生质体的活性进行检测。常用的方法有观察胞质环流、荧光素双醋酸酯（FAD）染色等。

4. 原生质体培养

（1）培养基

原生质体的培养和组织细胞培养相似。由于除去了细胞壁，培养基中就必须有一定浓度的渗透压稳定剂来保持原生质体的状态。原生质体培养基有多种，1982 年，李向辉等建立了一种能广泛适用的 D_{2a} 植物原生质体培养基，适用于茄科、玄参科、豆科、藜科等植物。当再生细胞形成细胞系后进入旺盛分裂时，除去葡萄糖并及时补充蔗糖，即形成 D_{2b} 培养基（表 2-4）。此外，高国楠等（Kao，1977）提出的 KM-8P 培养基和 B5 培养基等对某些植物也行之有效，一般来说，无机盐的大量元素含量稍低，钙离子浓度较高，采用有机氮源而少用铵盐。在培养基中添加天然有机物质，如椰汁、酵母提取物等对原生质体的生长有利。不同的植物对激素的种类和浓度要求不同，常采用 1～2 mg/L 2,4-二氯苯氧乙酸或配以低浓度（0.2～0.5 mg/L）的玉米素。

表 2-4　原生质体 D_{2a} 和 D_{2b} 培养基的成分（pH5.8）

矿物盐	用量/(mg/L)	有机成分	用量/(mg/L)	
			D_{2a}	D_{2b}
NH_4NO_3	270	间-肌醇	100	100
KNO_3	1 480	烟酸	4.0	4.0
$CaCl_2 \cdot 2H_2O$	900	硫胺素-HCl	4.0	4.0
$MgSO_4 \cdot 7H_2O$	900	甘氨酸	1.4	1.4
KH_2PO_4	80	吡哆素-HCl	0.7	0.7
$FeSO_4 \cdot 7H_2O$	27.8	叶酸	0.4	0.4
Na_2-EDTA	37.3	生物素	0.04	0.04
H_3BO_3	2.0	NAA	1.5	1.5
$MnSO_4 \cdot 4H_2O$	5.0	6-BAP	0.6	0.6
$ZnSO_4 \cdot 7H_2O$	1.5	椰汁	5%	5%
KI	0.25	2,4,5-T	0.5	—
$Na_2MoO_4 \cdot 2H_2O$	0.10	葡萄糖	0.4 mol/L	—
$CuSO_4 \cdot 5H_2O$	0.015	蔗糖	0.05 mol/L	0.06 mol/L
$CoCl_2 \cdot 6H_2O$	0.01	琼脂	—	4000

（2）培养方法

原生质体的培养方法有液体培养、固体培养和固液混合培养 3 种。

①液体培养又可分为微滴培养和浅层培养两种。微滴培养是将悬浮密度为 $10^4 \sim 10^5$ 个/ml 原生质体的培养液用滴管以 0.1 ml 左右的小滴一滴一滴地接种到培养皿上。由于表面张力的作用，小滴以半球形保持在培养皿表面。如果将培养皿翻转，则成为悬滴培养。微滴培养的优点是如果其中一滴或几滴发生污染，不会影响整个实验；缺点是原生质体分布不均匀，集中在小滴中央，且与空气接触面大，液体容易蒸发，使培养基浓度提高。浅层培养是一种有效方法，将含有原生质体的培养液在培养皿底部铺一薄层。液层不要太厚，以免通气不良而导致原生质体不易分裂。

②固体培养是将悬浮在液体培养基中的原生质体悬液与含琼脂培养基在热熔

状态（45℃）下等量混合。琼脂冷却固定后，原生质体就埋在培养基内培养。用琼脂糖代替琼脂可提高植板效率，特别是对一些不容易发生分裂的原生质体。这种方法的优点是可以在倒置显微镜下定点观察一个原生质体的分裂情况；缺点是只有在固体表面的原生质体才能分裂，埋在琼脂内部的因通气不良而不分裂。

③固液混合培养是在培养皿底部先铺上一层琼脂培养基，待固化以后，在固体培养基表面再作浅层液体培养。

（3）培养条件

①保持湿度是培养的关键因子。因为培养基的用量很少，水分稍微蒸发就会引起渗透压提高，原生质体受影响。所以培养皿必须密封，并放在能保持湿度的容器内，如恒温恒湿培养箱中。

②各种植物原生质体要求不同的最适温度，一般可在 25℃左右。在光照方面，多数原生质体适合在暗淡的散射光或黑暗中生长。

③原生质体培养要求有较高的密度，具体密度因植物材料、物种及基因型不同而异。一般培养密度是 $10^4 \sim 10^5$ 个/ml，太密或太疏都不合适。例如，大豆子叶原生质体最适培养密度是 1×10^5 个/ml 左右，当密度达到 5×10^5 个/ml 时，原生质体分裂明显受抑制，逐渐破碎解体；但密度较低时（0.5×10^5 个/ml），不利于快速得到愈伤组织。

④原生质体培养一段时间后，要添加新鲜培养基，并且逐步用较低渗透压的细胞培养基代替，以便适应新细胞团或愈伤组织的生长。

2.3 室内毒力测定方法

2.3.1 杀虫剂毒力测定方法

杀虫剂的毒力是对一定范围的昆虫而言，某种杀虫剂对某一种昆虫是否有毒，以及其毒力大小和作用方式如何，可以采用一定的毒力测定方法加以研究。不同种类的杀虫剂对昆虫的毒力大小和作用方式不同，筛选新杀虫剂品种和研究害虫抗药性等也会利用毒力测定方法。

杀虫剂的种类繁多，进入虫体的方式也多种多样：可以通过昆虫体壁进入虫体；通过口腔进入，继而穿透昆虫消化道进入虫体；由气门通过气管系统到达作用靶标。为了正确、有效地使用杀虫剂，必须了解杀虫剂进入害虫体内的方式和在害虫体内的作用靶标，以便在杀灭害虫时达到准确、快速消灭害虫的目的。因此，了解杀虫剂的毒杀作用方式和进入害虫体内方式十分重要。测定杀虫剂毒力作用方式的方法有胃毒毒力测定、触杀毒力测定、熏蒸毒力测定、内吸毒力测定、拒食作用测定及忌避作用测定等。

2.3.1.1　胃毒毒力测定

杀虫剂对昆虫的胃毒毒力测定，其基本原理是使杀虫剂随食物一起被目标昆虫吞食进入消化道而发挥毒杀作用，因此要尽量避免药剂与昆虫体壁接触而产生其他毒杀作用。另外，昆虫有敏锐的感化器，大部分集中在触角、下颚须、下唇须及口腔的内壁上，能被化学药剂激发产生反应。当药剂在食物中的含量过高时，害虫会产生拒食作用和忌避作用，使药剂的防治效果降低。无机杀虫剂大多数是很难挥发的化合物，激发昆虫的嗅觉能力差，拒食作用较弱；有机合成杀虫剂品种多，性能差别很大，例如，有机氮杀虫剂中的杀虫脒对鳞翅目幼虫有明显的拒食作用，而苯甲酰基苯基脲类化合物，如灭幼脲对昆虫没有拒食作用。

（1）叶片夹毒法

叶片夹毒法是在两张叶片中间夹入一定量的杀虫剂饲喂目标昆虫，让其全部取食，由此计算出半数致死量。这种方法只适用于植食性的、取食量大的咀嚼式口器昆虫，如鳞翅目幼虫、蝗虫、蟋蟀等。优点是可以减少目标昆虫与杀虫剂的接触，避免发生触杀作用，操作方便，作用方式单一，结果比较精确，是一种比较理想的胃毒毒力测定方法。

具体做法是：将药剂用合适的有机溶剂（如丙酮、乙醇等）溶解并稀释。采用等比或等差的方法设置5～7个系列浓度。挑选龄期一致的试虫200～300头，饥饿4～8 h，备用。

用直径1 cm的打孔器打取叶碟，放入培养皿，并注意保湿。用毛细管点滴器从低浓度开始，每叶碟点滴1～2 μl药液，待溶剂挥发后和另一片涂有淀粉糊（或面粉糊）的叶碟贴合在一起制成夹毒叶碟，制作完毕放于12孔组织培养板的孔内。每处理重复4次，每重复不少于12个夹毒叶碟，并设不含药剂的相应有机溶剂的处理作为对照。

组织培养板每个孔内接1头试虫，置于正常条件下培养。接虫2～4 h后，待试虫取食完含药叶碟，在培养板孔内加入清洁饲料继续饲养至调查，淘汰未食完一张完整叶碟的试虫。

处理后24 h、48 h调查试虫死亡情况，记录总虫数和死虫数。根据实验要求和药剂特点，可缩短或延长调查时间。

一般来讲，用于计算半数致死量的组的存活率应在10%～90%，选用剂量处理的试虫的存活率越接近50%，其半数致死量越准确，此规则同样适用于其他毒力测定方法。

（2）液滴饲喂法

液滴饲喂法是将一定量的杀虫剂加入糖浆或糖汁中，用微量注射器形成一定大小的液滴 （0.01～0.001 ml），直接饲喂目标昆虫，或者让昆虫自己舔食的一种毒力测定方法。对于舐食性昆虫，如家蝇、果蝇、蜜蜂等，不能采用叶片夹毒法来测定其胃毒毒力，就可以采用这种方法。这类昆虫的特点是喜欢吃糖液，不过由于操作不方便，目前极少采用这种方法。

（3）饲料混药喂虫法

赤拟谷盗、米象、锯谷盗等仓储害虫在储粮中取食和栖息，通常采用饲料混药喂虫法来测定胃毒毒力。方法是：将药剂溶于有机溶剂中（如丙酮），再将不同浓度的药液以一定量、同定量的食物混匀，待溶剂全部挥发后，接 20～50 头目标昆虫于混药储粮中，置于适合目标昆虫发育的条件下（26～30℃）培养，5～7 d 后检查死亡情况，观察药剂毒力作用程度。每种药剂浓度设 3 个重复，并设有机溶剂对照。这种测定方法及下面的土壤混药法既有胃毒毒力作用也有触杀毒力作用，无法精确控制摄入体内的药量。

（4）土壤混药法

金针虫、蛴螬和蝼蛄等地下害虫在土中取食和栖息，通常采用土壤混药法进行毒力测定。具体做法为：选取已过筛的潮湿砂壤土，把一系列不同质量或不同体积药剂（以包含杀死害虫 50% 虫量的剂量为宜）施于土壤中，混匀，分装盛于 17～20 cm 直径的花盆内，每个处理至少装 5 个花盆，播种害虫取食的作物种子，置于作物生长温度、湿度条件下，每盆接 5 头目标昆虫，并设无药处理对照，两周后检查死亡情况或幼苗被害情况，计算幼苗被害率。

2.3.1.2　触杀毒力测定

药剂通过昆虫体壁进入虫体而致死的毒力测定方法称为触杀毒力测定，测定杀虫剂触杀毒力的方法很多，目前国内外普遍采用的方法有点滴法、喷雾（粉）法、浸渍法、浸玻片法、浸苗法、药膜法等。

（1）点滴法

点滴法是一种用毛细管点滴器将一定量的药液点滴到供试目标昆虫体壁上，使药剂穿透昆虫体壁而引起昆虫中毒死亡的触杀毒力测定方法，是一种普遍采用的测定方法，也是施用药量最准确的方法。这种方法是单纯的触杀毒力起作用，可以排除胃毒、拒食及其他方面的毒力作用。但这种方法一次不能处理很大数量的目标昆虫，目标昆虫本身的生理状态会影响测定结果，毛细管点滴器的点滴部位、目标昆虫的饲养条件、前处理方式都会使测定结果不同。因此，必须选用生理状态、饲养方式一致的目标昆虫，其处理、操作方式也要相同，才会使测定结果更加符合实际情况。

具体操作方法为：将药剂配制成 5～7 个不同浓度的药液，用毛细管点滴器点滴到昆虫的胸部背面，如果虫体比较大，可以固定点滴到前胸背板上，点滴量根据虫体大小而定。如果是活动能力强的目标昆虫，如家蝇、叶蝉等，应先麻醉后再点滴药液以便更好地操作。实验设 3 次重复，每次重复 15 头试虫以上。处理后的实验将昆虫置于最适温度、湿度和光照条件下培养。

（2）喷雾（粉）法

喷雾法是将麻醉过的目标昆虫放在培养皿中，用小型喷雾器或喷雾塔将稀释成一定浓度的药液定量喷洒在培养皿中的虫体上，待药液稍干，将喷过药的目标昆虫移入干净的容器内或培养皿内，置于适合于目标昆虫发育的温度、湿度及通气良好的环境中稍作恢复，然后放入昆虫饲料，使其自然取食，于规定时间内（24 h、48 h）观察目标昆虫中毒及死亡情况。喷粉法则是用喷粉器将不同含量的药粉喷于昆虫体表，由于昆虫体表没有大量水分，不需晾干。喷粉法其他处理方式与喷雾法相同。

喷粉法与喷雾法的优点是简便易行，接近于田间实际情况，是目前最常用的触杀毒力测定方法。

（3）浸渍法

浸渍法是一种简单快速的毒力测定方法，不需要特殊仪器设备，常用于有效化合物的筛选实验，测定杀虫剂穿透表皮引起昆虫中毒致死的触杀毒力。被 FAO 推荐为蚜虫抗药性的标准测定方法。具体操作方法为：将药剂配制成 5～7 个不同浓度的药液，然后将试虫（如黏虫、家蚕）直接浸入各种药液中，或者将试虫放在铜纱笼中，再浸液；蚜虫、红蜘蛛及介壳虫等，可以连同植物寄主一起浸入药液。浸液一定时间后（3～10 s），将试虫取出晾干，或者用吸水纸吸去多余药液，再移入干净器皿中，置于合适的温度、湿度及通气良好的环境中，并给予合适的饲料，隔一定时间（5 h、24 h 或 48 h）观察记录死亡情况，计算死亡率（或校正死亡率）。

该种测定方法除药剂的触杀毒力起作用外，不能避免其他毒力作用方式，如胃毒毒力作用等。浸渍时，同一处理的不同重复可以同时浸入药液中，不能依次浸入，以免前后处理的目标昆虫体表的药剂量不一致；药液也不能重复使用。浸液后试虫体表上的多余药液应先除去，再移入干净器皿中，以免虫体周围湿度过大。

（4）浸玻片法

浸玻片法一般用于雌成螨的测定。被 FAO 推荐为螨类抗药性的标准测定方法。具体操作方法为：将药剂配制成 5～7 个不同浓度的药液，将双面胶带剪成 2 cm 长，贴在载玻片的一端，然后选取健康的、3～5 日龄的雌成螨，用小毛笔挑起雌成螨并将其背部贴在双面胶带上，将粘有雌成螨的玻片一端浸入待测的不同浓度的药液中，并轻轻摇动玻片，浸 5 s 后取出，用吸水纸吸去多余药液，置于 27℃ 条件下培养，24 h 时后，在双目解剖镜下检查雌螨总数及死亡数，计算存活率。

（5）浸苗法

在测定药剂对稻飞虱等小型昆虫的毒杀作用时，可以采用浸苗法。具体操作方法为：将药剂配制成 5～7 个不同浓度的药液，将株高 5 cm 左右的稻苗，用清水冲洗干净根部，15 株秧苗一束，稍微晾干。在配制的药液中浸渍 30 s，取出阴干，用 4 cm×4 cm 大小的洁净湿纱布包裹根部，放入烧杯保湿培养。将 30 头稻飞虱试虫接入烧杯中，并用细纱布盖严杯口，在稻飞虱最适温度、湿度、光照条件下培养，24 h、48 h 后观察稻飞虱的存活数，计算存活率，每浓度重复 3 次，并设空白对照和清水对照。这种方法得到的毒力测定结果并不只是触杀作用结果，还包括了胃毒毒力作用，如果药剂是内吸剂，还包括了内吸作用的结果。另外，该种测定方法的药剂对于试虫的作用剂量不定量，没有办法得到每一头试虫的受药量。

（6）药膜法

药膜法一般是将杀虫药剂配制成 5～7 个不同浓度的药液，然后使一定量的药液在滤纸、容器的表面形成一层药膜，使目标昆虫在药膜上爬行一段时间，让试虫足底充分接触药剂从而达到毒杀作用的触杀毒力测定方法。形成药膜有喷雾、点滴和黏附的方法；还可以以粉剂的形式在蜡纸上形成粉膜，不用稀释，只用在蜡纸上放置不同的粉剂量即可。药膜法适用性广，操作简单，测定结果比较接近实际防治情况。具体测定方法有滤纸药膜法、容器药膜法、蜡纸粉膜法。

1）滤纸药膜法

将定量的药液加到圆形滤纸上，使药液均匀润湿滤纸而不滴落为宜，晾干，放入培养皿底及皿盖各一张，使药膜相对，放入定量的目标昆虫（视目标昆虫的大小而定），任其爬行接触一定时间（30～60 min）后，再将目标昆虫移出，放入干净的器皿内，置于适于目标昆虫生长发育的环境条件下，给予其一定的食料，以免其因饥饿在观察期间死亡。24 h、48 h 后观察目标昆虫的存活数，计算存活率。实验重复 3 次，并设空白对照和清水对照。

2）容器药膜法

先用丙酮将原药溶解、稀释成一系列浓度的药液，再将一定量的丙酮药液（0.3～0.5 ml）加入干燥的指形管或其他容器，然后匀速地转动容器，使药液在容器中形成一层药膜，等药液干燥后（或丙酮挥发后），放入定量的目标昆虫（视目标昆虫的大小而定），任其爬行接触一段时间（30～60 min）后，最后将试虫移至正常环境条件下，于规定时间内观察昆虫死亡情况。

3）蜡纸粉膜法

将测试药剂制成粉剂，加到裁成一定大小的蜡纸上面，来回抖动，使蜡纸上的药粉均匀分布在纸面上。再倒去多余的药粉，放入一定数量的目标昆虫于粉膜上，让试虫在上面爬行一定时间后，取出移至正常环境中，观察粉剂对目标昆虫的致死情况。

2.3.1.3　熏蒸毒力测定

熏蒸毒力测定是利用一种熏蒸剂从昆虫气门进入气管系统到达微气管，直接毒杀昆虫的组织和器官，从而达到使昆虫致死目的的毒力测定方法。该测定方法主要靠药剂挥发为气体分子或药剂产生的气体分子扩散并充满整个测定空间，空间当中的目标昆虫由于呼吸作用，使药剂的气体分子进入其呼吸系统而起到毒杀作用。熏蒸剂的药量计算用单位容积内挥发的药量来表示。

熏蒸毒力测定同样要设置几个药剂浓度，在一定的时间内，测定对目标昆虫的毒力作用程度。测定内容包括：不同熏蒸剂的毒力作用程度测定；不同温度、湿度条件下熏蒸剂的毒力作用程度测定；同一熏蒸剂对不同昆虫的毒力作用程度测定，等等。

熏蒸作用的测定方法主要依据测定容器的不同，分成培养皿法、广口瓶或三角瓶法等。在计算熏蒸剂浓度时要依据容器的不同而采用不同的计算方法。

具体操作方法为：

1）培养皿法

将两只同样大小的培养皿对口放置在一起，在下面的培养皿中放入可以挥发的药剂（固体或液体），上面的培养皿中放入定量的昆虫（依目标昆虫大小而定，一般为10～15头），用纱网盖住，再盖至下面的培养皿上，使两只培养皿形成一个密闭的空间。每一药剂浓度重复3次，并设空白对照。置于昆虫最适生长发育条件下，24 h、48 h后检查昆虫存活情况。

2）广口瓶或三角瓶法

用一个玻璃广口瓶（如250 ml的广口瓶）或三角瓶，在瓶底部放入具有挥发性的定量药液、药粉或片剂，将10～20头目标昆虫放入小纱网袋中，悬挂于瓶口的下面，塞紧瓶塞，24 h、48 h后，观察目标昆虫存活情况。

另外还可以将目标昆虫放入广口瓶或三角瓶底，在瓶塞处粘贴一片滤纸，以目标昆虫不能碰到滤纸为宜，在滤纸上滴加可挥发性液体药剂，塞紧瓶塞，过24 h、48 h后，观察目标昆虫的存活情况。测定过程中每次处理同样要重复3次，并设空白对照。

如果进行熏蒸毒力测定的昆虫是储粮类害虫，如赤拟谷盗、米象等，可以不给其添加食料，但如果测定的昆虫是鳞翅目的幼虫等不耐饥昆虫，则需要在药剂熏蒸一定时间后，将目标昆虫从测定容器中移出，给其添加食料，以免目标昆虫因饥饿而死。

2.3.1.4　内吸毒力测定

内吸杀虫剂可以通过植物根、茎、叶及种子等部位渗入植物内部组织，随着植物体液传到整株,不妨碍植物的生长发育,但对害虫可以起到很好的毒杀作用。内吸杀虫剂主要的作用对象为吸收式口器的昆虫,如同翅目、半翅目、缨翅目昆虫和红蜘蛛等。

测定内吸杀虫剂的内吸毒力时,直接接受药剂的是植物体,目标昆虫不直接接受药剂,其测定方法有根系内吸法、叶部内吸法、茎部内吸法和种子内吸法等。

(1)根系内吸法

根系内吸法是植物根部吸收药剂,并将药剂运送至茎、叶及其他部位,杀灭取食茎、叶等部位汁液的害虫的毒力测定方法。具体做法为:将 5～7 个浓度梯度的药液或不同剂量的药粉定量施于土壤或培养液中,使药剂经植物根部吸收传导至茎、叶等部位。目标昆虫取食时,有毒汁液通过昆虫口腔进入消化道,从而到达作用靶标起到毒杀作用。可以使植物的根系连续吸收药液,直至目标昆虫产生反应,也可以在一段时间内(30～60 min),让植物的根系接触药液,随后将植物的根从药液中移开,移入清洁的环境中吸收水分和养料,再将目标昆虫(20～30 头)移到植物茎叶部分,使目标昆虫取食 24 h、48 h 后,观察其死亡情况。

(2)叶部内吸法

叶部内吸法主要用来测定内吸杀虫剂在植物体内的横向传导能力及传导速率。

具体方法为:将部分叶片全部浸于一定浓度的药液中或将一定浓度的药液喷洒于部分叶片,但保持该植物的另一部分叶片清洁,过一段时间后(2～4 h),将一定量的目标昆虫转移到清洁叶片上,并保证昆虫不会转移到施药叶片。24 h、48 h 后检查目标昆虫的死亡情况。

(3)茎部内吸法

茎部内吸法是将定量的药剂,涂于供试植株茎部的一定部位,测定上部枝叶的杀虫毒力。

具体方法为:将一定浓度的药液用毛笔或毛刷定量涂抹于植物茎部,将茎部涂抹药液的部位裹上塑料,以防目标昆虫接触。将目标昆虫释放于植物的上部茎叶部位,任其取食,24 h、48 h 后检查昆虫的死亡情况。

(4)种子内吸法

种子内吸法是利用浸种使药剂被吸收入种子内部或用拌种将药剂拌附于种子上,随种子吸收水分时,药剂进入种子内部,经过一段时间将种子取出,洗净,及时播种,待幼苗长出真叶后,接种一定数量的目标昆虫(如蚜虫、红蜘蛛等),24 h、48 h 后观察目标昆虫的死亡情况。

2.3.1.5　拒食作用测定

有些药剂对目标昆虫没有直接的毒杀作用,但可以导致目标昆虫拒绝再度取食,如银杏酚对菜粉蝶 3 龄、4 龄幼虫具有明显的拒食作用;大蒜、苦楝油、白花非洲山毛豆的提取物对稻飞虱成虫也有一定拒食效果。这说明利用害虫的拒食作用同样可以保护植物不受伤害。

拒食作用测定方法有两种，一种是选择性拒食作用测定，另一种是非选择性拒食作用测定。

（1）选择性拒食作用测定

1）离体叶片测定法

在直径 9 cm 的培养皿中铺两层滤纸，加少量水润湿，用打孔器将植物叶片打成圆形，分别浸于丙酮稀释的一系列浓度药液中 1 s，取出晾干，放置于培养皿的一侧，另一侧放置未经药液处理的对照叶片；将饥饿 3～4 h 的 1～2 头（视昆虫的大小而定）目标昆虫放于培养皿的中间，任其自由选择取食叶片，24 h、48 h 后检查处理及对照叶片的取食程度，计算取食面积，每一处理重复 6～8 次。

2）植株测定法

将药剂稀释成一系列浓度的药液，用小型喷雾器喷洒于长出 2～3 片真叶的盆栽植株叶片表面，与未喷洒药液的盆栽植株共同移至同一养虫笼中，再将有翅善飞的目标昆虫移入养虫笼中，任其自由选择取食植物，24 h、48 h 后观察处理及对照植株上的叶片取食程度，计算取食面积，每一处理重复 6～8 次。

（2）非选择性拒食作用测定

1）离体叶片测定法

其测定方法与选择性拒食作用测定的离体叶片测定法相似，但在培养皿中只放置经药液处理的叶片或对照叶片，使目标昆虫只能取食特定的植物叶片，一段时间后检查处理及对照叶片的取食程度，计算取食面积。

2）植株测定法

其测定方法与选择性拒食作用测定的植株测定法相似，但在养虫笼中只放置经药液处理的植株或对照植株，使目标昆虫只能取食特定的盆栽植株，一段时间后观察处理或对照植株上的叶片取食程度，计算取食面积。

2.3.1.6 忌避作用测定

忌避作用测定基本原理是将定量药剂均匀地施于植株或部分植株上，再接入一定量的目标昆虫，置于正常环境中，定期观察目标昆虫停落数量。可以根据不同种类的目标昆虫采用不同的施药方法，如浸渍法、喷雾法和喷粉法等。

以上所有目标昆虫都应置于该虫的最适温度、湿度和光周期，通风良好的室内条件下，一般采用温度 25℃，相对湿度 60%～70%，光周期 14 h∶10 h（L∶D），药剂作用于目标昆虫的时间依昆虫的生理状态、药剂发挥作用的快慢而定，一般为药剂作用 24 h、48 h 后检查测定结果。

在实验过程中要保证昆虫水分及食料的供应，以免试虫因食料不足而引起自相残杀、自然死亡、植株萎蔫及昆虫逃离植株（蚜虫、红蜘蛛）等现象。有些昆虫有假死现象，尤其是鞘翅目昆虫、部分鳞翅目夜蛾科昆虫，在检查昆虫存活情况时一定要仔细观察。

处于亚致死状态的昆虫由于其活动力很差，在拨动身体时，虽然该虫还处于活的状态，但外部表现接近于死亡，很难正确判断其存活状态，对于这些昆虫个体，需要在所有处理的昆虫记录死亡虫数时加以统一，不能有些处理判断其死亡，有些处理判断其存活，造成人为误差。

毒力测定一般需要设空白对照和溶剂对照（或标准药剂对照），以确定药剂的真实毒力。如果空白对照的自然死亡率超过 20%时，表明试虫群体的生活力太弱，应该重新测定。

2.3.1.7　利用昆虫细胞进行毒力测定

对于利用离体昆虫细胞进行毒力测定，Murphy 等曾于 1976 年首次应用苏云金杆菌晶体毒素对云杉卷叶蛾（*Choristoneura fumiferana*）细胞进行了毒力测定，1979 年，Endo 等又研究了毒素对粉纹夜蛾（*Trichoplusia ni*）细胞的毒理变化，随后甜菜夜蛾（*S. exigua*）、黏虫（*M. separate*）、家蚕（*B. mori*）等昆虫细胞也被用来进行毒力测定。

（1）利用 MTT 法测定杀虫剂对细胞的毒力（以毒死蜱对家蚕卵巢细胞的毒力测定为例）

其原理为活细胞线粒体中的琥珀酸脱氢酶能使外源性的 MTT 还原为难溶性的蓝紫色结晶物甲臜并沉积在细胞中，而已凋亡细胞却无此功能。用裂解液溶解细胞中的甲臜，在波长 570 nm 处测定其光吸收值，可间接反映活细胞数量。其使用方法为 ELISA 法，用来检测的仪器为酶标仪。

1）材料

细胞系：家蚕卵巢细胞（BmN）；供试细胞在 27℃条件下培养，每 2～3 d 传代一次，收集处于对数生长期的细胞供试。

杀虫剂：95.61%毒死蜱原药。

MTT（超纯）：[3-(4,5-二甲基噻唑-2-)-2,5-二苯基]四氮唑溴盐，用 0.01 mol/L 的 PBS（pH 为 7.4）缓冲液配制成 5 mg/ml，经 0.22 μm 微孔滤膜过滤后冻存于 -20℃冰箱，4℃避光保存备用（两周内使用）。

细胞裂解液：质量分数为 3%的十二烷基磺酸钠（SDS）水溶液，pH 为 4.5～4.7（用 0.1 mol/L HCl 调节）。

2）操作方法

取处于对数生长期细胞，细胞量为 $3×10^5$ 细胞/ml，于 96 孔细胞培养板中每孔各加入 100 μl 细胞悬液，留 2 列做对照，27℃培养过夜（使细胞贴壁）后，用

Tc-199-MK 培养基将药剂母液稀释成 5 个所需浓度梯度，每一浓度加 5 孔，加入量为 100 μl，使药剂最终浓度分别为 0.5%、1%、2%、3%和 4%。在含细胞列留 5 孔，各加入 100 μl Tc-199-MK 培养基作空白对照。27℃继续培养 24 h，在培养结束前 4 h 向每孔加入 20 μl MTT 母液（5 mg/ml）。培养结束后，将细胞培养板翻过来，轻敲或轻晃，弃去上清液，再向每孔加 200 μl pH 4.5 的 3% SDS 异丙醇溶液，置室温 30 min，期间轻敲细胞培养板数次。待蓝紫色结晶物完全溶解后，置 ELISA 仪上，在 570 nm 处读取光密度（OD）值，计算药剂对细胞的相对抑制率，用 DPS 数据处理系统求毒力回归式，并计算有效中浓度（EC_{50}）。

$$细胞抑制率 = \frac{OD_{对照} - OD_{样品}}{OD_{对照}} \times 100\%$$

（2）利用台盼蓝染色法测定杀虫剂对细胞的毒力（以苦皮藤素对黏虫胚胎细胞的毒力测定为例）

该测定法的测定原理是活细胞不能被台盼蓝染色剂染色，保持正常形态，有光泽，而死亡的细胞着浅蓝色并膨大，无光泽。被药剂处理过的细胞通过加入台盼蓝染液可在高倍的倒置显微镜下区分活细胞与死亡细胞，并且分别计算两类细胞的数量，从而算出细胞存活率。

1）细胞接种

将处于对数生长期的黏虫胚胎细胞用新鲜培养基悬浮，向 96 孔板每孔中加 100 μl 细胞悬液，在 28℃恒温培养箱中培养 3 d，使细胞处于稳定状态并贴壁。

2）细胞毒力测定

分别取 2 mg 苦皮藤素，先用 0.1 ml 二甲亚砜溶解配成 20 mg/ml 母液。设苦皮藤素 5 个深度处理，每处理重复 5 次。每处理药液中补加 Grace 培养液，使各浓度处理组中的二甲亚砜终体积浓度为 1%，并以含体积分数 1%二甲亚砜的 Grace 培养液作为空白对照。将药液添加到接种有胚胎细胞的 96 孔板中，100 μl/孔，培养 24 h 后，在显微镜下观察细胞中毒情况。

3）细胞染色

吸出培养液，加入 30 μl 质量分数为 0.2%的胰蛋白酶在 37℃消化 2 min，待细胞变圆并即将脱壁时加入 30 μl 台盼蓝染液，充分混匀并染色 10～15 min。用移液器取少量混合液按一定比例稀释后，在倒置显微镜下用血球计数板统计活细胞数，计算细胞死亡率和校正防效。

$$校正防效 = \frac{处理平均死亡率 - 对照平均死亡率}{1 - 对照平均死亡率} \times 100\%$$

用此法进行毒力测定时注意染色时间不能太长，否则活细胞也会逐渐积累染料而染成蓝色，使监测结果偏低。

2.3.2　杀菌剂毒力测定方法

杀菌剂毒力测定是指将杀菌物质作用于病原菌或感病植物，根据其作用大小或植物病害发展情况来判定药剂效果的实验方法。该项测定始于 1807 年，法国的 Prevost 用孢子萌发法对小麦黑穗病菌孢子进行研究；1907 年，Falck 在研究木材防腐时，发现真菌在固体培养基上生长速率与时间呈直线关系，这个发现后来成为测定杀菌剂毒力的标准方法之一。1939 年，Burlingghamc 和 Reddish 发明了抑菌圈法来测定杀菌剂的毒力，至今仍为杀菌剂毒力测定的标准方法。另外，近几十年来随着对病原菌作用机制研究的深入和分子生物学的发展，人们对杀菌剂的筛选得到了新的启示。如用离体玉米根冠细胞对玉米小斑菌（*Helminthosporium maydis*）T 小种毒素（HMT 毒素）进行生物测定；基于生理生化测定方法的呼吸强度法、比色法、酶活性法等。

目前根据目标测定的方式，将杀菌剂的毒力测定大致分为 3 种，即离体测定、活体测定、组织筛选法，通过观察靶标生物对新化合物在生长发育、形态特征、生理生化等方面的反应来判断新化合物的生物活性。

2.3.2.1　离体测定

利用药剂和病原菌接触，以抑制孢子萌发、菌丝生长，以及导致菌丝变色、变形等指标作为衡量毒力的标准。

1）孢子萌发法（spore germination method）

该方法是历史最悠久且被广泛采用的杀菌剂毒力测定方法，适用于人工培养基，容易产生大量孢子，而且孢子容易萌发、形状较大且容易着色，显微镜便于检查的病原菌。其原理是将药液附着于载玻片上或其他平面上，待药液干燥后滴加孢子液，然后保湿一定时间，镜检孢子萌发率，以抑制孢子萌发数量来比较药剂的毒力。如在实验室条件下，通过病原菌孢子萌发法测定戊唑醇（tebuconazole）、三唑酮（triadimefon）、多菌灵（carbendazim）、福美双（thiram）4 种杀菌剂对孢子萌发的抑制作用，从而筛选出抑制作用最强、防病效果最好的药剂。

在观察实验结果时，除要观察孢子萌发与不萌发这两种截然不同的形态外，更要注意萌发芽管的形态变化，即芽管是否有膨大现象，是否有附着器形成，以及附着器颜色的深浅、发芽管长度及侵入菌体形成情况，等等。孢子萌发法的突出优点是快速，实验当天即可获得结果，尤其适合于保护剂的筛选。

2）抑菌圈法（inhibition zone method）

抑菌圈法也称扩散法，此方法最早运用在药物的创制中，1937 年开始应用于农用杀菌剂的筛选和毒力测定。1944 年 Sherwood 发明了滤纸片法，该法精确度高，需药量少，可操作性强，目前广泛用于杀菌剂的毒力测定。

抑菌圈法的基本原理是将沾有药剂的滤纸片放于带菌的培养基平面上，在圈内滴加供试药剂。培养一定时间后测定抑菌圈大小来判定药剂的毒力。根据药剂施加方法的不同，抑菌圈法可分为管碟法、滤纸片法、孔碟法、滴下法和琼脂柱法。

该方法最大优点是精确度高，而且操作简单，能较快得出结果，尤其适用于在培养基中易于扩散的药剂，是国际上抗生素的效价测定方法。在进行抑菌圈法测定结果观察评价时，不仅可从抑菌圈大小来评价毒力大小，而且可通过抑菌圈透明程度及周边菌落形态和色素的变化，了解药物的作用特点。如果透明，一般为抑制孢子萌发或较强抑制菌丝体生长；如果有点模糊，在显微镜下观察一般孢子已萌发，但对菌丝体生长有一定抑制作用；有的孢子虽有萌发，但可见发芽管或菌丝体膨大等变态；周边菌落有的呈凹陷状，有的呈凸状；抑制黑色素合成的药物，则可使周边菌落色素变淡，有的呈红褐色等。这些不同的形态特征可以评价药物的活性作用。

3）生长速率法（growth rate method）

生长速率法也是杀菌剂毒力测定中常用的方法，其原理是用不同浓度带毒培养基培养病菌，以病菌生长速度的快慢来判定药剂的毒力大小。例如，采用该方法筛选出的几种杀菌剂中，烯唑醇（diniconazole）对玉米小斑菌（*Helminthosporium maydis*）菌丝生长抑制作用最强。

4）最低抑制浓度法（minimum inhibitory concentration method）

其基本原理是药剂按等比或等差级数系列浓度和培养基混合后接入供试菌，在恒温培养一定时间后，找出"终点"（明显地抑制供试菌生长发育的最高稀释倍数）的浓度，即为最低抑制浓度。通过比较几种不同药剂的最低抑制浓度即可比较其毒力。显然，最低抑制浓度最小的，其毒力最大。

5）高通量筛选法（high throughput screening method）

随着对病原菌作用机制研究的深入和分子生物学的发展，人们发展了农药的高通量筛选法。该方法主要应用于农药活性的初筛阶段，对新化合物的生物活性作第一次评价，有病原物活体筛选和病原物离体筛选之分。

病原物活体筛选用病原物全体做靶标，利用组织培养进行格式化、微型化、自动化和微量化，时间需要 5～7 d，容器缩小 1/50～1/100，需要化合物量为毫克或微克级，操作及数据处理全部自动化标准。筛选模型主要包括：①以各种真菌（如镰孢菌属、壳针孢属等）及细菌作为筛选靶标，直接筛选；②以酿酒酵母菌为模型菌，筛选化合物的杀菌或抗菌活性。

病原物离体筛选则采用从病原物中来的单细胞、酶、受体、细胞器或基因作为靶标，利用化合物对靶标所参与的生理生化反应的抑制来判断化合物有无活性。离体筛选的数据分析系统采用先进的生化及生物工程技术手段，如比色法、放射性同位素示踪法、全细胞启动基因记载法等，并实现了数据自动分析处理。离体筛选模型主要包括：①全细胞测试，用于筛选真菌甾醇生物合成抑制剂；②测定NADH（还原辅酶Ⅰ）的变化，可筛选线粒体呼吸作用中电子传递上复合体Ⅰ和复合体Ⅲ的抑制剂。例如，老牌杀菌剂代森锰、福美双、克菌丹等，新型杀菌剂氟啶胺、氟酰胺等均是干扰呼吸作用杀菌剂的代表。

　　杀菌剂的高通量筛选应用很普遍，大部分经济上重要的真菌种类都可以培养在特定的培养基上，并用很少量的药剂测定其杀菌活性。这种实验主要要求是在无菌条件下进行培养和操作。测定指标多用于生长抑制情况，比较处理和对照组培养基的相对透明度（抑制菌丝生长者培养基目测透亮度好）。许多放线菌、子囊菌、半知菌和担子菌的代表种类可以用于测试，如立枯丝核菌（*Rhizoctonia solani* Kühn.）、交链孢（*Alternaria* spp.）、灰葡萄孢菌（*Botrytis cinerea* Pers.）、疫病菌（*Phytophthora* spp.）、腐霉菌（*Pythium* spp.）、镰孢菌（*Fusarium* spp.）等。

　　另外比较常见的离体测定方法还包括附着法、对峙培养法和干重法等。以离体法对杀菌剂毒力进行测定，其优点是条件易于控制、操作简便迅速，适合大量样品的杀菌活性初筛；其缺点一是和大田实际病害防治相差甚远，二是可能造成在离体条件下无效而在活体条件下有效的样品"漏筛"。因此，为了避免误差，提高准确性，还应视具体的药剂而设置必要的活体测定。

2.3.2.2　活体测定

　　活体测定受到关注始于 1960 年以后日本理化学研究所用来防治水稻纹枯病及其他真菌病害的杀菌剂。活体测定一般是在温室里进行的，也称病原-寄主组合法。要根据不同病原菌、不同药剂的作用机制、不同植物寄主具体设计。常用的活体测定主要有：

　　1）叶片接种法

　　在附有药剂的叶片上接种病原菌，经过一定时间后观察发病情况，以判断药剂效果。例如，用蚕豆叶接种立枯丝核菌（*Rhizoctonia solani* Kühn.），再进行药剂处理，一定时间后调查发病情况，以判定药剂效果。

　　2）幼苗接种实验法

　　利用盆栽幼苗，接种病菌，进行药剂处理，判断药效。例如，用甘蓝幼苗接种黑斑病菌，药剂处理一定时间后，观察发病情况来判定药剂效果。

　　3）种子杀菌剂药效测定

　　将病菌接种在具有发芽力的植物种子上，使其接触药剂，在一定条件下培育一定时间后，观察种子发芽率和发病情况，以判断药剂效果。

　　4）果实防腐剂生物测定

　　将果实洗净，接种病原菌并施加药液，在一定条件下培养一定时间后，观察发病情况，以判定药效。

　　活体测定与实际情况结合紧密，结果更加可靠。但涉及因素较多，对寄主植物和实验条件要求较高，如光照、温度、湿度等。为了控制病原菌与寄主相互作用的条件，必须有适合的温室，而且耗工、耗资很大。因此，近年来又逐步减少了活体筛选，建立了组织筛选法。

2.3.2.3　组织筛选法

　　组织筛选法是利用植物部分组织或器官作为实验材料评价化合物杀菌活性的方法。由于它具有离体测定的快速、简便和微量等优点，又具有与活体植株效果相关性高的特点，所以近年来备受重视。以植物根、茎、叶等组织为实验材料，适合于多种病害的杀菌测定。例如，适用于病毒病害的叶片漂浮法和局部发病法，适用于水稻纹枯病的蚕豆叶片法，适用于多种空气传播病害的洋葱鳞片法，适用于稻瘟病的叶鞘内侧接种法，适用于蔬菜灰霉病的黄瓜子叶法，适用于细菌性软腐病的萝卜块根法，适用于柑橘树脂病的离体叶片法，以及适用于水稻白叶枯病的喷菌法，等等。这些方法简便、快速并与田间试验法具有很高的相关性，适于大规模筛选，为新农药研制提供了可借鉴的筛选模式。

　　在杀菌剂毒力测定的过程中，离体测定、活体测定和组织筛选法一般不单独使用，因为有些杀菌剂应用离体测定有效，活体测定无效；有些杀菌剂采用离体测定无效，活体测定药效很高。要针对病菌的侵染特点加以选择杀菌剂。在多数情况下需要三者相结合来验证其效力才可能进入市场。例如，水稻白叶枯病菌对不同杀菌剂敏感性的测定方法就是利用离体-活体模式。第一步是离体测定，用抑菌圈法、生长速率法等，以此评定该菌对杀菌剂的敏感性；第二步是活体测定，采用剪叶法或多针法进行接种，来观察叶片发病情况。

2.3.3　除草剂毒力测定方法

　　常规生物测定一般利用生物活体作靶标，通过观察除草剂对靶标生物的生长发育、形态特征、生理生化等方面的反应来判断除草剂的生物活性。除草剂毒力测定可在整株水平、组织或器官水平、细胞或细胞器水平及酶水平上进行测定。如果以高等植物为试材时，常是以植物地上部的鲜重、干重，芽鞘及茎、叶和幼根的长度，种子的萌发率及植物的形态变化，等等作为评判指标。若用低等植物作试材，一般以个体生长速率作为评判除草剂活性的指标。除草剂对植物的影响常是多方面的，各种器官均可以作为某一除草剂的活性评定指标。

2.3.3.1 种子萌发鉴定

种子萌发鉴定是将指示生物的种子置于药砂中（也称带药载体）让其萌发，不单看其萌发率，而是在萌发以后的 48～96 h 内，以根、茎的生长长度为指标。在一定的范围内，根和茎生长的抑制率和剂量呈正相关，故可作为定量测定，并且灵敏度高。一般激素型除草剂、氨基甲酸酯类和二硝基苯类的除草剂采用这种方法，如高粱法测定 2,4-D-丁酯对小麦种苗的活性。

1）黄瓜幼苗形态法

以黄瓜为实验靶标，利用黄瓜幼苗形态对激素型除草剂浓度之间的特异性反应，测定除草剂浓度和活性。主要适用于 2,4-二氯苯氧乙酸、2-甲基-4-氯苯氧乙酸等苯氧羧酸类、杂环类等激素型除草剂的活性研究。

2）小杯法

选择小烧杯或其他杯状容器，配置定量含药溶液，培养实验靶标植物，测定药剂对植物生长的抑制效果，评价其除草活性。可测定二苯醚类、酰胺类、氨基甲酸酯类、氯代脂肪酸类等大部分除草剂的活性，但对抑制植物光合作用的除草剂几乎不能采用此法。该法具有操作简便、测定周期短、范围较广的优点。

3）高粱法

以敏感指示植物高粱为试材，通过测试除草剂对高粱胚根伸长的抑制作用来评价其活性的高低。具体操作方法为：用直径 9 cm 的培养皿，装满干燥黄沙并刮平，每皿加入 30 ml 药液，刚好使全皿黄沙浸透，然后用有 10 个齿的齿板在皿的适当位置压孔（或用细玻棒均匀压 10 个孔）以便每皿能排 10 粒根长 1～2 mm（根尖尚未长出根鞘）的萌发高粱种子（一般于实验前一天在 25℃恒温培养箱内催芽）。为了缩短测试时间，在排种培养的前一天，将上述准备好的培养皿置于 34℃恒温培养箱中过夜，以提高沙温（室温低时尤为重要），排种工作在恒温室内进行，然后放在 34℃恒温培养箱内培养，隔 8 h 左右就可划道标记，记录每一株根尖位置起点，经 14～16 h，对照根长 30 mm 左右，即可测量，计算抑制生长 50%的除草剂浓度。

4）稗草中胚轴法

稗草中胚轴法为快速测定生长抑制型除草剂生物活性的方法，测定原理是利用稗草中胚轴（从种子到芽鞘节处的长度）在黑暗中伸长的特点，以药剂抑制中胚轴的长度来测定药剂的活性。类似的方法如燕麦芽鞘法。该方法适用于酰胺类除草剂的活性研究，如甲草胺、乙草胺等。具体方法是将稗草种子在 28℃恒温培养箱中浸种催芽露白。取 50 ml 的烧杯，每杯加 6 ml 各浓度待测液，选取刚露白的稗草种子放入烧杯内，每杯 10 粒，并在种子周围撒上石英砂使种子固定，编号标记后，将烧杯放入温度 28℃、相对湿度 80%～90%的植物生长箱中暗培养。处理 4 d 左右，取出稗草幼苗，用滤纸吸干表面水分后，测量各处理每株稗草的中胚轴长度。计算各处理对稗草中胚轴的生长抑制率，评价除草剂的生物活性。

2.3.3.2　植物生长量的测定

将供试生物在被药剂处理的土壤或混药的溶液中培养一定时间以后，测量植株的生长量。对单子叶的禾本科作物，可测定叶片长度，阔叶植物（双子叶）可以用叶面积表示。比较常用的方法是测定地上部分的质量，以质量作为评判指标。这种方法一般常用于抑制光合作用的除草剂，如均三氮苯类、有机杂环类、取代脲类等。

1）去胚乳小麦幼苗法

该方法适用于测定光合作用抑制剂，如均三氮苯类及取代脲类除草剂。选择饱满度一致的小麦种子，浸种催芽后，培养 3～4 d 至小麦幼叶刚露出叶鞘见绿时，用镊子及剪刀小心将小麦胚乳摘除，不要伤及根和芽，以断其营养来源，促使幼苗通过光合作用合成营养，供其进一步生长发育。在蒸馏水中漂洗后，胚根朝下垂直插入加好药液的烧杯中，每杯 10 株。然后将烧杯放入人工气候箱中培养[培养条件为温度 20℃、光照 5 000 lx、光周期 16 h：8 h（L：D）、相对湿度 70%～80%]。每天早晚 2 次定时补充烧杯中蒸发掉的水分。培养 6～7 d，取出烧杯中的小麦幼苗，放在滤纸上吸去表面的水分，测量幼苗长度（从芽鞘到最长叶尖端的距离），计算抑制率及 EC_{50} 或 EC_{90}，评价化合物的除草活性。

2）萝卜子叶法

以萝卜为实验靶标，利用子叶的扩张生长特性测定生长抑制或生长刺激作用的除草剂或植物生长调节剂的活性。取不锈钢盘或瓷盘，铺 2 张滤纸，用蒸馏水湿透，挑选饱满一致的露白种子放在滤纸上，然后薄膜封口，在 28℃人工气候箱中培养至 2 片子叶展开，剪取子叶放入蒸馏水中备用。取 9 cm 培养皿，底铺 2 张滤纸，放入 20 片大小一致的萝卜子叶，加各测试浓度的药液 10 ml 于烧杯中，使每片子叶均匀着药，加盖后置于人工气候箱中，在温度 28℃、光照 3 000 lx、光周期 16h：8h（L：D）、相对湿度 70%～80%的条件下培养 4 d。取出测定萝卜子叶鲜重，并计算抑制率及 EC_{50} 或 EC_{90}，评价除草剂生物活性。

3）番茄水培法

其原理是利用番茄幼苗的再生能力，测定生长抑制型除草剂的生物活性。首先用盆栽法培养番茄苗，待 2 片真叶时，作水培试材用。挑选生长健壮，大小、高度一致的番茄苗，将主根及子叶剪掉，留带有叶片的幼苗地上部用于实验，每 4 株 1 组插入装有 15 ml 系列浓度的待测药液的 30 ml 试管中，标记此时药液水平位置，然后置人工气候箱中培养，在温度 28℃、光照 5 000 lx、光周期 16h：8h（L：D）、相对湿度 70%～80%的条件下培养，培养期间定期向试管内补充水分，使药液到达标记位置。处理 96 h 后，反应症状明显时，取出各处理番茄幼苗，观察番茄幼苗下胚轴不定根的再生情况或称量幼苗鲜重，计算各处理对番茄幼苗的生长抑制率，评价除草剂的生物活性。该方法适用于取代脲类、均三氮苯类、酰胺类和磺酰脲类等除草剂活性测定。

2.3.3.3　生理指标的测定

将指示生物用药剂处理一段时间后，测定叶片或整株植物的光合性。可用 CO_2 的交换量作为指标。如果有褪绿作用，可以通过比色法测定叶绿素的含量作为评判指标。

1）小球藻法

小球藻属于绿藻类，其细胞中只有一个叶绿体，它与高等植物叶绿体相同，也能进行光合作用。经培养的小球藻个体间非常均一，因而是测定除草剂活性的适宜材料。以小球藻如蛋白核小球藻（*Chlorella pyrenoidosa*）为实验靶标，可以快速测定除草剂的生物活性，尤其适合于测定叶绿素合成抑制剂、光合作用抑制剂的生物活性，多用于除草剂定向筛选、作用机制筛选、活性或残留量测定等研究。选用合适培养基，在无菌条件下振荡培养（在温度25℃、光照5 000 lx、持续光照和100 r/min 旋转振荡）至藻细胞达到对数生长期后，定量接种到含有15 ml 测试化合物的培养基的50 ml 三角瓶中，使藻细胞初始浓度为 $8×10^5$ 个/ml。振荡培养4 d后，比色测定各处理藻细胞的相对生长量，评价除草活性大小。

2）浮萍法

以浮萍为实验靶标，可以快速评价化合物是否具有除草活性及除草活性的大小。选取整齐一致的浮萍植株，在含有除草剂的营养液中培养，观察萍体的反应与生长发育情况。该法材料易得，操作简单，适合于评价酰胺类、磺酰脲类、三氮苯类、二苯醚类、二硝基苯胺类除草剂的生物活性。

实验方法是将浮萍植株在 2%次氯酸钠水溶液中清洗 2～5 min，再在无菌水中清洗 3 次，放在培养液中培养备用。实验时在培养皿中加入 20 ml 用培养液配制的各浓度待测液，空白对照加 20 ml 培养液。然后向每个培养皿中移入已消毒的浮萍2～5株，加皿盖后置于人工气候箱或植物生长箱中培养[温度28℃、光照3 000 lx、光周期16h：8h（L：D）、相对湿度70%～80%]。培养5～10 d 左右，测定萍体失绿情况、生长量或叶绿素含量等指标，以评价除草剂生物活性。萍体失绿评价参考分级标准为：0级，与对照相同；1级，失去光泽的萍体占50%以下；2级，失去光泽的萍体占50%～100%；3级，100%失去光泽，但仍带有暗绿色；4级，全部失去光泽，部分失绿；5级，全部失绿或死亡。

3）黄瓜叶碟漂浮法

黄瓜叶碟漂浮法的测定原理是植物在进行光合作用时，叶片组织内产生较高浓度的氧气，使叶片容易漂浮，而若光合作用受抑制，不能产生氧气，则叶片难以漂浮。该方法是测定光合作用抑制剂快速、灵敏、精确的方法。摘取水培生长 6 周的黄瓜幼叶或生长 3 周的蚕豆幼叶（其他植物敏感度低，不易采用）。用打孔器打取 9 mm 直径的圆叶片（切取的圆叶片应立即转入溶液中，不能在空气中太久）。在 250 ml 的三角瓶中加入 50 ml 用 0.01 mol/L 磷酸钾缓冲溶液（pH 7.5）配制的不同浓度的除草剂或其他待测样品，并加入适量的碳酸氢钠（提供光合作用需要的 CO_2），然后每个三角瓶中加入 20 片圆叶片，再抽真空，使全部叶片沉底。将三角瓶内的溶液连同叶片一起转入一个 100 ml 的烧杯中，在黑暗下保持 5 min，然后在 250 W 荧光灯下曝光，并开始计时，记录全部叶片漂浮所需要的时间，计算阻碍指数（RI），阻碍指数越大，抑制光合作用越强，药剂生物活性越高。

2.3.3.4　温室条件下除草剂生物活性测定

温室条件下除草剂生物活性测定是最普遍、最具代表性、最直接、最便利的确定化合物除草活性的有无、大小，以及除草剂在田间的应用前景和应用技术等研究的重要手段，也是除草剂生物活性筛选研究最普遍和最成功的研究方法，被大部分从事除草剂创制研究的公司和除草剂应用技术研究部门采用。

温室生物测定的方法通常采用盆栽实验法，选择易于培养、遗传稳定的代表性敏感植物、作物或杂草进行实验。实验基质多采用无药剂污染的田间土壤或用蛭石、腐殖质、泥炭、沙子、陶土等复配制成的标准土壤，一般要求土壤有机质含量≤2%、pH 中性、通透性良好、质地均一、吸水保水性能好，为试材植物提供良好的生长条件。根据实验目的和除草剂作用方式的不同，常分为土壤处理和茎叶处理两种方式进行药剂处理。

1）土壤处理

杀死种子、抑制种子萌发或通过植物幼苗的根茎吸收的化合物可以通过土壤处理来发现除草活性。常用的方式是通过喷雾、混土或浇灌方式将化合物或测试除草剂施于土表。如果化合物或除草剂挥发性强，则需做混土处理，再播入供试植物种子，这种土壤处理方式称播前混土处理。多数情况下是在作物或杂草播种后，土壤保持湿润状态，将除草剂施于土表，作物或杂草种子在萌发出土过程中接触药土层吸收药剂来测试药剂生物活性，称为播后苗前处理或苗前处理。

2）茎叶处理

通过植物茎叶吸收后发挥生物活性的除草剂，通常在实验作物或杂草出苗后一定叶期进行除草剂处理，测定其生物活性，这种处理方法叫茎叶处理或苗后处理。通常采用喷雾方式在植株 1～2 片真叶期施药，但也可在子叶期或三叶期以后施药。作物和杂草的形态对除草剂的吸收有很大的影响，并且是其选择性的一个影响因子。大多数植物有不同的萌发和发育模式，因此，有时必须在不同的条件或时间播种，以便施药时植物处在适宜的生育时期。

2.3.3.5 新除草化合物的高通量筛选

高通量筛选（high through put screening，HTS）是在传统筛选技术的基础上，应用生物化学、分子生物学、细胞生物学、计算机、自动化控制等高新技术，使筛选样品微量（样品用量在几微升到几百微升或者微克至毫克级之间），样品加样、活性检测乃至数据处理高度自动化。

采用高通量筛选技术发现新农药的主要方法如下所述。

1）高效活体筛选

进行除草剂初筛时，在多孔板的每个微孔中注入琼脂糖培养基（含单一剂量待测化合物），将杂草种子放入微孔中。测试板封好放入生长培养箱，在合适的条件下培养 7 d，然后对植物的化学损伤和症状进行评价。

2）离体细胞悬浮培养法

用小麦、玉米和油菜的自由细胞进行异养悬浮培养，用微电极测培养基的电导率，电导率的减少与细胞生长量的增加成反比，结果以相对于对照组的生长抑制率表示。

3）离体酶筛选

大多数除草剂都是与生物体内某种特定的酶或受体结合发生生物化学反应而表现活性的，因此可以以杂草的某种酶为靶标，直接筛选靶标酶的抑制剂。

4）免疫筛选测试法

该方法是将选择性抗体与结合了酶的磁性固体微粒相结合，形成一个酶反应系统，用以测试、筛选农药。

2.4 毒力测定结果的统计与分析

2.4.1 农药毒力的常用表示方法

1）杀虫剂毒力的常用表示方法

半数致死量（median lethal dosage，LD_{50}）指杀虫剂杀死供试目标昆虫一半（或 50%）时所需要的药量。

半数致死浓度（median lethal concentration，LC_{50}）指杀虫剂杀死目标昆虫一半（或 50%）时所需的药剂浓度。

击倒中量（median knockdown dosage，KD_{50}）指杀虫剂击倒目标昆虫一半（或 50%）时所需要的药量。

击倒中时（median knockdown time，KT_{50}）指杀虫剂击倒目标昆虫一半（或50%）时所需要的时间。

一般在比较杀虫剂的毒力大小时，常以半数致死量（或半数致死浓度、击倒中量等）作为衡量毒力大小的标准，其结果比较稳定可靠。

2）杀菌剂毒力的常用表示方法

有效中量（median effective dose，ED_{50}）指抑制50%病菌孢子萌发所需要的剂量。

有效中浓度（median effective concentration，EC_{50}）指抑制50%病菌孢子萌发所需要的有效浓度。

3）除草剂毒力的常用表示方法

抑制中量（median inhibition dosa，ID_{50}）指抑制某杂草生长群体50%的生长量（或发芽率、出苗率、幼苗高度等）所需要的药剂剂量。

抑制中浓度（median inhibition concentration，IC_{50}）指抑制某杂草生长群体50%的生长量（或发芽率、出苗率、幼苗高度等）所需要的药剂浓度。

4）对鱼的毒力表示方法

忍受极限中浓度（median tolerance limit）指在一定条件下，一种农药与某种鱼接触一定时间，杀死50%的鱼所需的浓度。

同时，在毒力比较中还常常使用LC_{95}，即药剂杀死某生物种群体95%所需的浓度，其基本方法或数据处理都相似。

2.4.2　数据的采集与统计

2.4.2.1　杀虫剂生测数据的统计

1）毒杀作用统计公式

$$死亡率 = \frac{死亡虫数}{总虫数} \times 100\%$$

$$校正死亡率 = \frac{处理组死亡率 - 对照组死亡率}{1 - 对照组死亡率} \times 100\%$$

2）拒食作用统计公式

$$非选择性拒食率 = \left(1 - \frac{处理叶被食面积}{对照叶被食面积}\right) \times 100\%$$

$$选择性拒食率 = \frac{处理叶被食面积 - 对照叶被食面积}{处理叶被食面积 + 对照叶被食面积} \times 100\%$$

3）忌避作用测定公式

$$非选择性忌避率 = \frac{对照组平均落虫数-处理组平均落虫数}{对照组平均落虫数} \times 100\%$$

$$选择性忌避率 = \frac{对照组平均落虫数-处理组平均落虫数}{对照组平均落虫数+处理组平均落虫数} \times 100\%$$

2.4.2.2　杀菌剂生测数据的统计

1）以病原菌孢子作为生测对象

$$抑制萌发率 = \frac{对照萌发率-处理萌发率}{对照萌发率} \times 100\%$$

2）以菌落作为生测对象

$$生长抑制率 = \left(1 - \frac{处理菌落直径-菌饼直径}{对照菌落直径-菌饼直径}\right) \times 100\%$$

2.4.2.3　除草剂生测数据的统计

以受处理的杂草、作物的高度、重量、密度等指标与未处理的（对照）相比较来计算杂草抑制率或防治率：

$$抑制率 = \frac{对照区杂草_{(高度、重量等)}-处理区杂草_{(高度、重量等)}}{对照区杂草_{(高度、重量等)}} \times 100\%$$

还可以用药害综合指数来表示：

$$药害综合指数 = \frac{每盆或每杯各受害级别株数 \times 级别}{每盆株数 \times 最高级别} \times 100\%$$

2.4.3　毒力回归曲线的计算

2.4.3.1　用作图法求毒力回归曲线

测定半数致死量的方法有目测法，最小二乘法和机率值分析法。实验时需设计一系列的不同剂量（或浓度），一般是5～7个，对多组目标昆虫分别测得死亡率。剂量（或浓度）的设计所引起的死亡率应为10%～90%，对照组的死亡率不能超过 20%，否则视为无效实验，需要重做。对照组死亡率在 20% 以下时，需将各剂量引起的死亡率进行校正，在以下的计算中所用的值应为校正死亡率。如表 2-5 所示。

表 2-5　　鱼藤酮对蚜虫的毒力测定结果

浓度/(mg/L)	供试生物数/头	死亡数/头	死亡率/%	浓度对数(lg(x))	机率值
10.2	50	44	88	1.01	6.18
7.7	49	42	85	0.89	6.08
5.1	46	24	52	0.71	5.05
3.6	48	16	23	0.58	4.56
2.6	50	6	12	0.41	3.82
对照	49	0	0	—	—

　　根据不同剂量（或浓度）与相应的死亡率在坐标纸上作图，即可画出剂量（或浓度）-死亡率毒力曲线，它的累积死亡率与浓度的关系是一条不对称的 S 形毒力曲线，我们需将曲线转化为直线，以便更方便、准确地求得半数致死量。

　　将曲线转变成直线的方法是：①将剂量（或浓度）转变为对数；②将死亡率转换为机率值。不对称的 S 形曲线即变为一根直线，称剂量对数-死亡率机率值直线（此直线可用回归式 $y=a+bx$ 来表示）。

　　从机率值 5 处（即死亡率 50%）作一条与横坐标平行的直线与回归直线相交，找到与交点相对应的横坐标的对数值，查反对数，其反对数值即为半数致死量（或半数致死浓度）（图 2-1）。

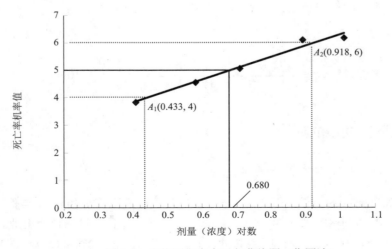

图 2-1　　生物测定毒力回归曲线图（作图法）

由图 2-1 中查得 LC_{50} 的对数值为 0.680，查反对数表得 4.786，即为 LC_{50}。

在图 2-1 中取曲线上任意两点的坐标，如 A_1（0.433，4）、A_2（0.918，6），将两点坐标代入公式 $y = a + bx$，即可求出 $a = 2.135$，$b = 4.211$。再将 a、b 值代入公式 $y = a + bx$ 中，即可得到回归方程：$y = 2.135 + 4.211x$。

2.4.3.2 用最小二乘法求毒力回归曲线

因为实际测得的数值与理论值不可能完全一致，往往有出入。为了使两者尽可能接近，可用最小二乘法的原理来求出最合适的能代表两个变数关系的直线方程式，即求 a 与 b 值时应以 $\Sigma(y-Y)^2$ 最小为原则。最小二乘法的回归式通过计算获得，较为精确。按下面的公式求 $y = a + bx$ 中的 a 和 b 值。

$$b = \frac{N\Sigma xy - \Sigma x\Sigma y}{N\Sigma x^2 - (\Sigma x)^2} \quad 或 \quad b = \frac{\Sigma(x-\overline{x})(y-\overline{y})}{\Sigma(x-\overline{x})^2}$$

其中，$\overline{x} = \dfrac{\Sigma x}{N}$，$\overline{y} = \dfrac{\Sigma y}{N}$，$a = \dfrac{\Sigma x^2\Sigma y - \Sigma x\Sigma xy}{N\Sigma x^2 - (\Sigma x)^2}$，式中，$N$ 为所用的测定浓度数；x 为浓度对数；y 为死亡机率值。

将 Σx、Σy、Σx^2 和 Σxy 分别代入上面的公式，即可求得 a 和 b，以表 2-5 数据为例，计算方法见表 2-6。

表 2-6　最小二乘法计算表

死亡机率值（y）	对数浓度（x）	x^2	y^2	xy
6.18	1.01	1.020 1	38.192 4	6.241 8
6.08	0.89	0.792 1	36.966 4	5.411 2
5.05	0.71	0.504 1	25.502 5	3.585 5
4.56	0.58	0.336 4	20.793 6	2.644 8
3.82	0.41	0.168 1	14.592 4	1.566 2
Σy =25.69	Σx =3.6	Σx^2 =2.820 8	Σy^2 =136.047 3	Σxy =19.45

$$b = \frac{N\Sigma xy - \Sigma x\Sigma y}{N\Sigma x^2 - (\Sigma x)^2} = \frac{5 \times 19.45 - 3.6 \times 25.69}{5 \times 2.8208 - 3.6^2} = \frac{97.25 - 92.484}{14.104 - 12.96} = \frac{4.766}{1.144} = 4.1661$$

$$a = \frac{\Sigma x^2\Sigma y - \Sigma x\Sigma xy}{N\Sigma x^2 - (\Sigma x)^2} = \frac{2.8208 \times 25.69 - 3.6 \times 19.45}{5 \times 2.8208 - (3.6)^2} = \frac{72.466 - 70.02}{14.104 - 12.96} = 2.138$$

将 a 和 b 值代入回归方程式 $y = a + bx$，即得回归方程式 $y = 2.138 + 4.1661x$。其毒力回归曲线图见图 2-2。

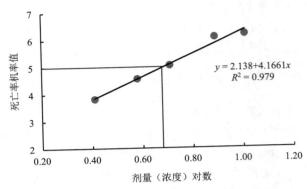

图 2-2　生物测定毒力回归曲线图（最小二乘法）

2.4.3.3　毒力回归式的可靠性分析

1）求卡方（chi square）值

LD-P 线是否符合实际情况尚不清楚，必须经卡方（x^2）测定后才能肯定。这种测定叫做卡方适合性测定。仍以表 2-5 的测定结果为例，计算步骤如下。

把所用的各个测定浓度 x（对数）代入机率值法求得的回归方程式 $y=2.138+4.1661x$，可分别求出其相应的理论机率值 y'、计算死亡率 p、np、$r-np$、$\dfrac{(r-np)^2}{np(1-p)}$。

再将各浓度的 $\dfrac{(r-np)^2}{np(1-p)}$ 相加，即为卡方值（表 2-7）。

表 2-7　卡方（x^2）值计算表

浓度 /(mg/L)	浓度对数 (x)	理论机率值 (y')	计算死亡率 (p/100)	供试虫数 (n)	测定死亡数 (r)	计算死亡数 (np)	相差(r−np)	$(r-np)^2/np(1-p)$
10.2	1.01	6.346	91.1	50	44	45.550	−1.55	0.593
7.7	0.89	5.846	80.1	49	42	39.249	2.751	0.969
5.1	0.71	5.096	53.9	46	24	24.748	−0.748	0.049
3.6	0.58	4.554	32.8	48	16	15.744	0.256	0.006
2.6	0.41	3.846	12.4	50	6	6.215	−0.215	0.008
对照				49	0	—	—	x^2=1.625

本例的 x^2 值为 1.625，在自由度 $n=3$ 时（剂量数 $n-2=3$），查 x^2 表，$P=0.05$ 时的 x^2 值为 7.82，计算出的 x^2 值小于 x^2 分布表（表 2-8）中水平（7.82），故证明此 LD-P 线是符合实际情况的。

2）半数致死量的 95%置信区间计算方法

通过取样求得的半数致死量，因受实验条件、供试材料、操作技术和环境条件的影响，它并不能完全代表整个群体真正情况，必定有偏差。在计量一个群体时需要有两个代表数值：一是表示代表性的均数（或中数），即半数致死量，二是代表差异程度的标准误差。因此，在毒力测定中，除了求出半数致死量以外，还要求出半数致死量的标准误差及其可靠范围的限度，即在一定机率的情况下的变动幅度，统计上要求要有95%可靠性或称95%置信区间。其计算方法为如下。

表 2-8　当机率（p）为 0.05 时的 t 与 x^2 值

自由度	t	x^2	自由度	t	x^2
1	12.7	3.84	8	2.31	15.5
2	4.3	5.99	9	2.26	16.9
3	3.18	7.82	10	2.23	18.3
4	2.78	9.49			
5	2.57	11.1	⋮	⋮	
6	2.45	12.6	∞	1.96	
7	2.36	14.1			

①将所测的浓度对数（x）代入求得的回归方程式，如 $y=2.138+4.1661x$，可求得相应的理论机率值（y'）。

②根据理论机率值求得相应的重量系数或叫权系数（weighting coefficients）。

③求得权重（权重 nw＝供试虫数 n×权系数 w）及其权重总和。

其具体计算方法见表 2-9。

表 2-9　致死中浓度的标准误差计算法

浓度对数（x）	理论机率值（y'）	供试昆虫（n）	权系数（w）	权重（nw）	nwx	nwx^2
1.01	6.346	50	0.336	16.800	18.665	18.851
0.89	5.846	49	0.503	24.647	21.936	19.523
0.71	5.096	45	0.634	29.164	20.706	14.702
0.58	4.554	48	0.601	28.848	16.732	9.704
0.41	3.846	50	0.37	18.500	7.585	3.110
			Σ	117.959	83.927	64.176

④求半数致死浓度（LC_{50}）的标准误差（S_m）。

$$V_m = \frac{1}{b^2}\left[\frac{1}{\sum nw} + \frac{(m-\bar{x})^2}{\sum nw(x-\bar{x})^2}\right]$$

$$S_m = \sqrt{V_m}$$

式中，m 为半数致死量（LD_{50}）对数值；b 为 LD-P 直线的坡度；$\bar{x}$ 为平均致死量；V_m 为 LD_{50} 的方差；S_m 为 LD_{50} 的标准误差。

先求得 $\overline{x}$，$\sum nw(x-\overline{x})^2$

$$\overline{x} = \frac{\sum nwx}{\sum nw} = \frac{83.927}{117.959} = 0.711 \text{（不同于 LD}_{50}\text{）}$$

$$\sum nw(x-\overline{x})^2 = \sum nwx^2 - \frac{\left(\sum nwx\right)^2}{\sum nw} = 64.176 - \frac{(83.927)^2}{117.959} = 4.463$$

代入上式，则

$$V_m = \frac{1}{4.16392^2}\left[\frac{1}{117.959} + \frac{(0.687-0.711)^2}{4.463^2}\right] = 0.000496$$

$$S_m = \sqrt{0.000496} = 0.0223$$

则 LC_{50} 的对数值及标准误差为：0.687 ± 0.0223，反算 LC_{50} 及标准误差则为：4.864 ± 1.053（mg/L）。

⑤确定半数致死量的置信区间。

求得标准误差后，即可求半数致死量的置信区间，计算方法为

$$LC_{50}\text{的95\%置信区间} = LC_{50} \pm 1.96\times S_m$$
$$= 0.687 \pm 1.96\times 0.0223$$
$$= 0.687 \pm 0.044$$
$$= 0.731\sim0.643$$

换算为浓度，查反对数则得 LC_{50} 的置信区间为 $5.378\sim4.399$ mg/L。

2.4.3.4　相对毒力指数（relative toxicity index）计算

在做几种杀虫药剂的毒力比较时，有时不可能同时进行实验，需分批在不同时间及不同条件下进行，受实验条件变化的影响，实验结果会在一定程度上产生差异。需利用相对毒力指数来比较毒力大小，即在每次实验时，都用一种标准药剂作对比，然后求出该杀虫药剂与标准杀虫药剂的毒力比值。在比较时，一般环境条件的影响就会彼此消除，如测定 A 杀虫药剂的毒力时，以 S（标准杀虫药剂）同时进行实验，A 的毒力指数为

$$A\text{的毒力指数} = \frac{S\text{的}LD_{50}}{A\text{的}LD_{50}} \times 100$$

在测定 B 杀虫药剂毒力时，也同样以 S 为标准同时进行，求得 B 的毒力指数

$$B的毒力指数 = \frac{S的LD_{50}}{B的LD_{50}} \times 100$$

因此，A 与 B 的毒力大小是通过比较 A 与 B 的毒力指数来判断，即相对毒力指数。S 的 LD_{50} 值在两次实验中可以不同，也可以相同。如果两次的实验方法不一样，环境条件不同，得出的值当然就不相同。但是，两次实验都以该药剂作为标准药剂，就消除了不同实验方法及不同环境条件的影响。这种毒力指数在生物测定中具有一定意义。

2.4.3.5 杀虫剂混用的联合作用

杀虫剂的混用在一定程度可以减少施用次数，恰当地混用还可以节省农药用量，提高药效，达到省工、省时、省费用的目的，是目前延缓害虫抗药性发展的有效措施之一。因此，正确地混用对于害虫防治有很大好处。但杀虫剂混用的联合作用结果有三种：增效作用、相加作用和拮抗作用。如何达到杀虫剂的合理混用，需进行杀虫剂混用的联合作用测定得出。

由于大田试验影响因素比较复杂，杀虫剂混用的联合作用难以判断，所以一般先在室内测定，再对增效明显的混配制剂进行田间试验，计算协同毒力指数，评价是否增效。

室内杀虫剂混用的联合作用计算方法如下。

1）Sakai 公式法

假如有两种杀虫剂 A 和 B，它们对某一种昆虫单独使用时的死亡率分别为 P_1 和 P_2。实际上，它们混用时的死亡率并不等于 $P_1 + P_2$，这是因为 P_1 中可能有一部分也是 P_2 中的一部分，即杀虫剂 A 能杀死的一部分中，也可能有杀虫剂 B 杀死的。因此，它们混用时的理论死亡率应该是

$$P = P_1 + P_2(1 - P_1)，即 P = 1 - (1 - P_1)(1 - P_2) \tag{2-1}$$

这是两种杀虫剂在独立联合作用时的基本公式。如果三种杀虫剂混用，则独立联合作用的基本公式是

$$P = 1 - (1 - P_1)(1 - P_2)(1 - P_3) \tag{2-2}$$

其测定步骤如下。

①分别测得两种杀虫剂的毒力曲线（LD-P），从直线上选择杀死5%～10%的剂量。

②测定这两个剂量混合后的死亡率（即实际死亡率，以 Me 表示）。同时，分别测定每个单剂的实际死亡率，即 P_1 和 P_2。

③根据公式（2-1）或（2-2）求出混用后的理论死亡率（即 P）。

④按式（2-3）求出增效效果（Me-P）。

$$Me\text{-}P = Me - [P_1 + P_2(1 - P_1)] \tag{2-3}$$

若求出的数为正值，即为增效作用，负值即为拮抗作用。

2）活性系数法

对于加入增效剂的药剂，如果已经测得单剂或混剂的半数致死量或半数致死浓度，则可以用活性系数来表示增效或拮抗作用大小。

$$活性系数 = \frac{杀虫剂单用的LD_{50}或LC_{50}}{杀虫剂加增效剂混用的LD_{50}或LC_{50}}$$

若活性系数 = 1，表示无增效；

活性系数＞1，表示增效作用；

活性系数＜1，表示拮抗作用。

3）共毒系数法

首先采用生物测定分别求出 A 剂、B 剂和 A+B 混合剂（简称 M）的毒力曲线，求出它们的半数致死量或半数致死浓度（LD$_{50}$ 或 LC$_{50}$）；然后根据下式求出毒力指数（toxicity index，TI）；最后算出共毒系数（cotoxicity coefficient，简称 CTC），来表示混用的结果。

$$毒力指数（TI）= \frac{标准杀虫剂的LD_{50}或LC_{50}}{测试药剂的LD_{50} 或LC_{50}} \times 100$$

$$实测混剂M的毒力指数（ATI）= \frac{A剂单用的LD_{50}或LC_{50}}{M的LD_{50} 或LC_{50}} \times 100$$

$$理论混剂M的毒力指数（TTI）= A 的毒力指数 \times A 在混用中的含量（\%）$$
$$+B 的毒力指数 \times B 在混用中的含量（\%）$$

$$混剂的共毒系数（CTC）= \frac{实测混剂的毒力指数}{理论混剂的毒力指数} \times 100$$

若共毒系数远大于 100，表明有增效作用；若共毒系数明显低于 100（80 以下），表明为拮抗作用；若共毒系数接近 100，表明为相加作用。

上述方法中，以共毒系数法应用较普遍，因为它是根据毒力回归线计算的，能正确反映昆虫群体与剂量之间的关系，不仅能对联合作用作定性分析，还能作定量分析，确定增效或拮抗程度，所以其在目前已被广泛采用。但采用此法筛选混合剂时，工作量很大。所以其最好先用公式求出增效效果，当有明显增效作用时，再测定共毒系数，明确增效结果较为妥当。

2.4.3.6 电子计算机在毒力测定中的应用

计算机的计算功能强大,毒力测定的实验数据统计分析,包括毒力回归方程、半数致死量、x^2 值、LD_{50} 的标准误差及可靠程度等都可以用计算机进行计算。

1. Excel 在毒力回归计算中的应用

Excel 可以进行公式编辑和插入函数,并且具有连环计算的能力。在单元格中输入公式或插入函数后,Excel 可以将毒力回归中的所有结果计算出来,并且计算方法简单和快捷。在 Excel 中建立好计算系统后,只需输入实验浓度、供试虫数、死虫数、某一单剂在混剂中的比例,Excel 就可将 LC_{50}、a、b、相关系数、LC_{50} 的标准误差、LC_{50} 的 95%置信区间和共毒系数等数据一次性计算出来。下面将详细介绍这个计算系统的制作过程。

(1)制作计算系统所采用的主要公式

毒力回归方程为 $y = a + bx$,相关系数为r。

$$Z = (2\pi^{-1/2}) \times e^{-(y-5)/2} \tag{2-4}$$

$$w = \frac{Z^2}{pQ} \tag{2-5}$$

式中,w ——权重系数;
p ——死亡率,$Q = 1 - p$ 。

$$S_m = \frac{1}{b} \times \left[\frac{1}{\sum nw} + \frac{(m - \overline{x})^2}{\sum nw(x - \overline{x})^2} \right]^{-1/2} \tag{2-6}$$

式中,S_m ——m 的标准误差;
m ——$\lg(LC_{50})$;
$\overline{x}$ ——浓度对数平均值;
n ——某浓度供试总虫数。

$$斜率 b = \frac{\sum nw \times \sum nwxy - \sum nwx \times \sum nwy}{\sum nw \times \sum nwx^2 - (\sum nwx)^2} \tag{2-7}$$

$$截距 a = \overline{y} - b\overline{x}$$

式中,$\overline{x}$ 、$\overline{y}$ 为均值,$\overline{x} = \dfrac{\sum nwx}{\sum nw}$, $\overline{y} = \dfrac{\sum nwy}{\sum nw}$ 。

$$\text{致死中浓度}\,LC_{50} = \lg^{-1} m \quad (\text{式中}\, m = \frac{5-a}{b}) \tag{2-8}$$

$$LC_{50}\text{的 95\%置信区间：}\ FL_{0.95} = \lg^{-1}(m \pm 1.96 \times S_m) \tag{2-9}$$

$$\text{相关系数}\, r = \frac{\sum(x-\bar{x})(y-\bar{y})}{\sqrt{\sum(x-\bar{x})^2 \times \sum(y-\bar{y})^2}} \tag{2-10}$$

（2）毒力测定的计算方法

当 Excel 中公式输入或函数插入完毕后，只要在显色单元格中输入数据，如图 2-3 所示，其他单元格中的数据立即就会自动显示出来，未显色单元格中显示出来的是数据，但实际上是所在单元格公式的计算结果。现将以上计算系统的编制过程介绍如下。

下文中的“i”均表示第 i 行。

$B_2 \sim B_6$： B_i 单元格中的数据为浓度。

$C_2 \sim C_6$： C_i 表示浓度 B_i 的对数，C_i 单元格中的公式为“$=\text{LOG10}(A_i)$”。

$D_2 \sim D_6$： D_i 表示 i 行浓度处理的实验总虫数。

$E_2 \sim E_6$： E_i 表示 i 行浓度处理的实验死虫数。

$F_2 \sim F_6$： F_i 单元格中为死亡率，公式为“$=\dfrac{D_i}{C_i}\times 100$”。

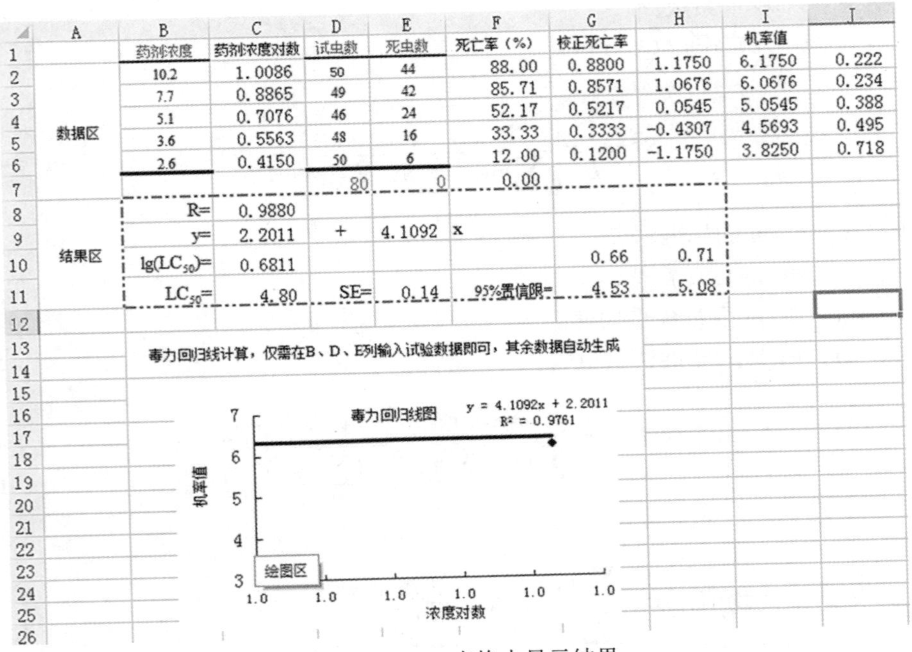

	A	B	C	D	E	F	G	H	I	I
1		药剂浓度	药剂浓度对数	试虫数	死虫数	死亡率（%）	校正死亡率		机率值	
2		10.2	1.0086	50	44	88.00	0.8800	1.1750	6.1750	0.222
3		7.7	0.8865	49	42	85.71	0.8571	1.0676	6.0676	0.234
4	数据区	5.1	0.7076	46	24	52.17	0.5217	0.0545	5.0545	0.388
5		3.6	0.5563	48	16	33.33	0.3333	-0.4307	4.5693	0.495
6		2.6	0.4150	50	6	12.00	0.1200	-1.1750	3.8250	0.718
7				80	0	0.00				
8		R=	0.9880							
9		y=	2.2011	+	4.1092	x				
10	结果区	lg(LC50)=	0.6811				0.66	0.71		
11		LC50=	4.80	SE=	0.14	95%置信限=	4.53	5.08		
12										
13		毒力回归线计算，仅需在B、D、E列输入试验数据即可，其余数据自动生成								

图 2-3　Excel 表格中显示结果

$G_2 \sim G_6$：G_i 单元格中为校正死亡率，公式为" $\dfrac{F_i - F_7}{100 - F_7}$ "，F_7 为对照死亡率。

$H_2 \sim H_6$：H_i 单元格中为校正死亡率的正态等差，公式为" $= \text{NORMSINV}(G_i)$ "。" $\text{NORMSINV}()$ "函数本意是为了返回括号中数值的正态分布区间点，当把校正死亡率放在括号中时，得出的结果正好等于校正死亡率的正态等差。

$I_2 \sim I_6$：I_i 单元格中为校正死亡率机率值，公式为" $= 5 + H_i$ "。

$J_2 \sim J_6$：J_i 单元格中的公式为" $= 1 / \text{POWER}(\text{PI}() \times 2, 1 / 2) \times \text{EXP}(-1 / 2 \times (I_i - 5)\,\hat{}\,2)$ "，此列是为了计算权重系数公式中的参数" Z "，见公式（2-4）。

$K_2 \sim K_6$：K_i 单元格中为权重系数" w "，公式为" $= J_i \times J_i / G_i / (1 - G_i)$ "，见公式（2-5）。

$L_2 \sim L_6$：L_i 单元格中为权重系数与 i 行浓度下供试虫数的乘积，即公式（2-6）中的" nw "，公式为" $= D_i \times K_i$ "。L_7 单元格中的公式为" $= \text{SUM}(L_2 : L_6)$ "，即公式（2-6）中的" $\sum nw$ "。

$M_2 \sim M_6$：M_i 单元格中为公式（2-6）中的" $nw(x - \bar{x})^2$ "，公式为" $= L_i \times (C_i - \text{AVERAGE}(C_2 : C_6))\,\hat{}\,2$ "，M_7 单元格中的公式为" $= \text{SUM}(M_2 : M_6)$ "，即" $\sum nw(x - \bar{x})^2$ "。

N_2 为" $S_m{}^2$ "，公式为" $= 1 / E_9 / E_9 \times 1 / (1 / L_7 + (C_{10} - \text{AVERAGE}(C_2 : C_6))\,\hat{}\,2 / M_7)$ "（公式（2-6）），其中：" E_9 "为 b 值，" C_{10} "为 $\lg(LC_{50})$。

N_3：此单元格为 N_2 的平方根，即" S_m "，公式为" $= \text{POWER}(N_2, 1 / 2)$ "。

C_8：此单元格为相关系数 r，公式为" $= \text{CORREL}(C_2 : C_6, I_2 : I_6)$ "。

C_9：即 a 值，公式为" $\text{INTERCEPT}(I_2 : I_6, C_2 : C_6)$ "。

E_9：即 b 值，公式为" $= \text{SLOPE}(I_2 : I_6, C_2 : C_6)$ "。

C_{10}：即 $\lg(LC_{50})$，公式为" $= (5 - C_9) / E_9$ "。

C_{11}：即 LC_{50}，公式为" $= \text{POWER}(10, C_{10})$ "。

E_{11}：即 LC_{50} 的标准误" $S_m(10)$ "，公式为" $= C_{11} \times \text{LN}(10) \times N_3$ "[公式（2-7）]。

G_{10} 和 H_{10} 中的公式分别为" $= C_{10} - 1.96 \times N_3$ "和" $= C_{10} + 1.96 \times N_3$ "，即公式（2-9）中" $\lg(LC_{50}) \pm 1.96 \times S_m$ "。

G_{11} 和 H_{11} 分别为 LC_{50} 的 95%置信限的上限和下限，公式分别为" $= \text{POWER}(10, G_{10})$ "和" $= \text{POWER}(10, H_{10})$ "（公式（2-9））。

2. 利用 SPSS19.0 软件计算杀虫剂的 LC_{50}

（1）数据输入

打开 SPSS19.0 软件，进入主页面（图2-4）。

输入表 2-5 鱼藤酮对蚜虫的毒力测定实验数据的过程如下：首先单击窗口左

下角"变量视图"标签定义变量，在第 1、2、3 行的变量名中输入浓度、总虫数、死亡数（图 2-5）。然后再单击窗口左下角"数据视图"标签进入数据视图窗口，依次输入各组数据（图 2-6）。

图 2-4　SPSS19.0 主界面

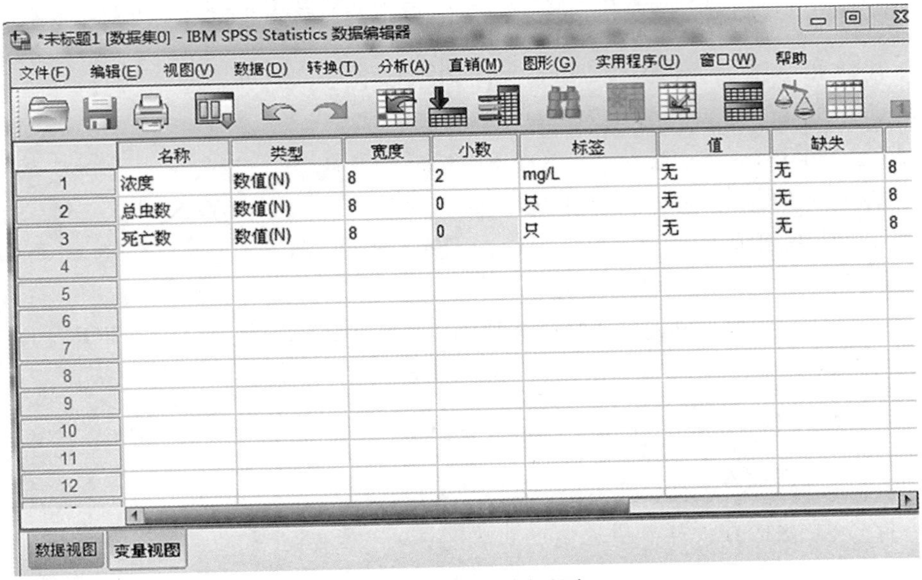

图 2-5　变量视图界面

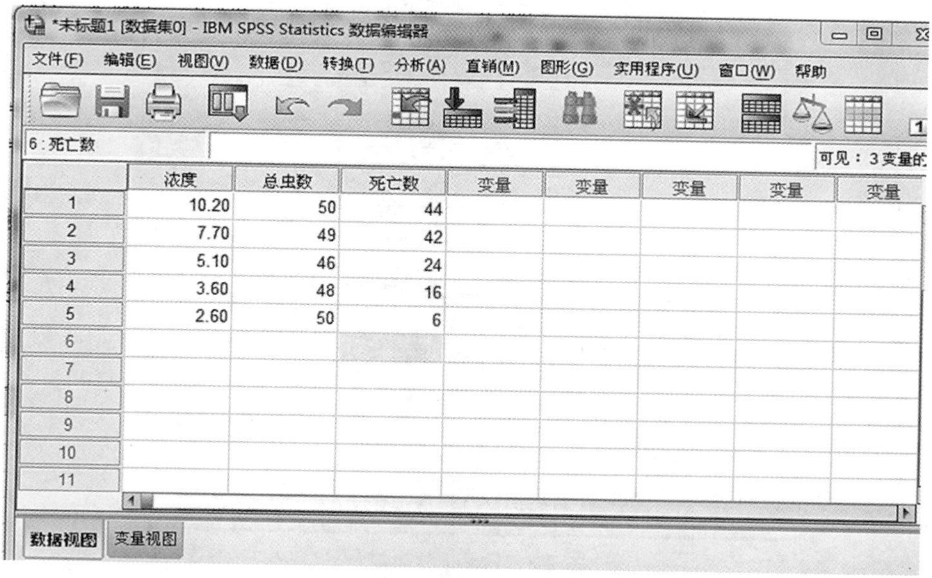

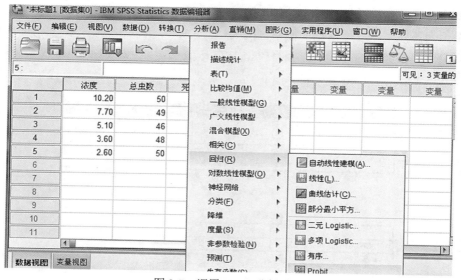

图 2-6 数据视图界面

（2）参数选择

在数据视图主菜单中，选择分析→回归→Probit（图 2-7），调出"Probit 分析"对话框（图 2-8），将浓度选入协变量栏中，总虫数选入"观测值汇总"栏中，死亡数选入"响应频率"栏中，在"转换"栏中选择"对数底为 10"选项，其他保持默认选项，然后单击"确定"按钮完成整个操作过程。

图 2-7 调用 Probit 分析过程

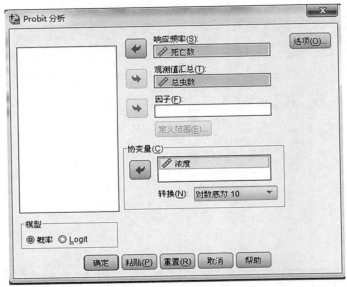

图 2-8　Probit 分析过程

（3）结果

完成上述操作，SPSS19.0 会立即在 "SPSS statistics" 窗口自动显示全部分析结果，其中包括：回归参数估计及回归方程、卡方检验表（图 2-9），不同浓度的观测值和期望值（图 2-10），从 0.01 到 0.99 死亡率的浓度（包括 0.50，即 LC_{50}）及 95%置信区间（图 2-11），由图 2-9 可以写出概率单位模型方程为 $PROBIT(P) = -2.801 + 4.123x$，Pearson 模型拟合优度检验 $x^2 = 1.981$，$P = 0.576$，表明模型拟合良好。对于该法所得到的模型方程与前面计算所得的回归方程有些区别，这是因为该模型建立所依据的概率区间为 $-5.0 \sim +5.0$，所以如果要得到与前面所得的回归方程相类似的方程，需要将模型中的 a 值+5，即 $-2.801 + 5 = 2.199$，模型则改为：$y = 2.199 + 4.123x$。

参数估计值						95% 置信区间	
	参数	估计	标准误	z	Sig.	下限	上限
PROBIT[a]	mg/L	4.123	.467	8.839	.000	3.209	5.038
	截距	-2.801	.339	-8.260	.000	-3.140	-2.462

a. PROBIT 模型: PROBIT(p) = 截距 + BX（协变量 X 使用底数为 10.000 的对数来转换）

卡方检验		卡方	df[a]	Sig.
PROBIT	Pearson 拟合度检验	1.981	3	.576[b]

a. 基于单个个案的统计量与基于分类汇总个案的统计量不同。
b. 由于显著性水平大于 .150，因此在置信限度的计算中未使用异质因子。

图 2-9　完成选项的 Probit 分析对话框

单元计数和残差

	数字	mg/L	主体数	观测的响应	期望的响应	残差	概率
PROBIT	1	1.009	50	44	45.640	-1.640	.913
	2	.886	49	42	39.378	2.622	.804
	3	.708	46	24	25.141	-1.141	.547
	4	.556	48	16	14.695	1.305	.306
	5	.415	50	6	6.897	-.897	.138

图 2-10　不同浓度的观测值和期望值

因篇幅所限，在图 2-11 中只列出了部分反映死亡率所需的浓度，由此可查得 LC_{50}=4.778（即 Prob=0.50 时），95%置信区间为（4.294～5.291）。

置信限度

	概率	mg/L 的 95% 置信限度			log(mg/L) 的 95% 置信限度[a]		
		估计	下限	上限	估计	下限	上限
PROBIT	.010	1.303	.874	1.692	.115	-.059	.228
	.020	1.518	1.060	1.920	.181	.025	.283
	.030	1.671	1.198	2.081	.223	.079	.318
	.040	1.797	1.314	2.212	.255	.119	.345
	.050	1.907	1.416	2.324	.280	.151	.366
	.060	2.005	1.509	2.424	.302	.179	.385
	.070	2.096	1.595	2.516	.321	.203	.401
	.080	2.180	1.676	2.602	.338	.224	.415
	.090	2.260	1.754	2.682	.354	.244	.428
	.100	2.336	1.828	2.758	.368	.262	.441
	.150	2.678	2.168	3.101	.428	.336	.492
	.200	2.986	2.480	3.408	.475	.394	.533
	.250	3.278	2.780	3.701	.516	.444	.568
	.300	3.565	3.074	3.991	.552	.488	.601
	.350	3.853	3.370	4.287	.586	.528	.632
	.400	4.147	3.670	4.597	.618	.565	.662
	.450	4.454	3.977	4.929	.649	.600	.693
	.500	4.778	4.294	5.291	.679	.633	.724
	.550	5.125	4.625	5.694	.710	.665	.755
	.600	5.504	4.974	6.151	.741	.697	.789
	.650	5.925	5.348	6.679	.773	.728	.825
	.700	6.403	5.759	7.303	.806	.760	.863
	.750	6.963	6.224	8.061	.843	.794	.906
	.800	7.644	6.770	9.018	.883	.831	.955
	.850	8.523	7.451	10.300	.931	.872	1.013
	.900	9.773	8.387	12.204	.990	.924	1.086
	.910	10.101	8.628	12.718	1.004	.936	1.104
	.920	10.471	8.896	13.302	1.020	.949	1.124
	.930	10.892	9.200	13.976	1.037	.964	1.145
	.940	11.384	9.551	14.772	1.056	.980	1.169
	.950	11.971	9.966	15.737	1.078	.999	1.197
	.960	12.700	10.475	16.955	1.104	1.020	1.229

图 2-11　不同死亡概率所对应的浓度及 95%置信区间

注：图中置信限度即为置信区间

3 农药田间药效试验

农药田间药效试验是在大田条件下进行的，可以人为地控制田间种植的作物品种、水肥条件，也可以采取人工接种的办法。它在室内毒力测定的基础上，检验某种农药防治有害生物的实际效果，是评价农药是否具有推广应用价值的重要环节。

3.1 农药田间药效试验的设计

农药田间药效试验可分为小区试验、大区试验和大面积示范试验。小区试验一般来说主要是测定以药剂为主体的试验，包括不同农药品种的田间药效评价、杀灭范围、对有益生物的影响等。在药剂施用方面，采用农药田间药效试验，可以筛选出最佳的施用剂型、施用剂量、施药次数、施药时期及施药方法等。

3.1.1 小区试验设计的基本原则

正确的试验设计可以有效地减少误差，有利于提高药效试验的精确性。农药田间药效试验设计必须遵循以下基本原则。

1. 试验地的选择

一般来说，试验地选择土地比较平整，土壤肥力比较一致、作物长势均衡，病虫害偏重且发生比较一致的田块，不要过于靠近路边，以免出现不必要的干扰因素。

2. 小区面积和形状的确定

小区面积依作物种类而定，长得比较密集的作物，如水稻、小麦等，小区面积可小些；长得比较高大的植物，如玉米、棉花等，小区面积可大些；害虫活动性强或密度小时，小区面积可大些。一般小区面积可在 $15\sim30\ \mathrm{m}^2$，果树等树木一般以株为单位，每小区 $2\sim5$ 株。小区形状根据试验地的形状、作物的栽培方式、株行距大小而定。

3. 设置重复

在田间药效试验中，每个处理都必须设置适当的重复次数。除了系统性误差外，设置适当的重复次数可减少其他因素引起的误差。一般来说,重复次数愈多,试验误差愈小,试验结果愈可靠。但是重复次数太多,耗费人力物力大,工作中易引起差错或调查时间延长而致结果不准确等,因此重复次数一般以4~5次为宜。

4. 采用随机排列

可以采用抽签,或者查随机数字表来安排小区排列。随机排列可减少人为或田间自然条件等造成的误差。

当然,由于田间肥力或其他因素不一致明显表现出田间病虫害密度不同,可以采用局部控制办法来消除各处理之间病虫害密度等的差异,从而大大减少试验误差。

5. 设立对照区及保护行

对照分为空白对照、溶剂对照和标准药剂对照3种。空白对照不进行任何处理。设立空白对照可以消除自然死亡个体校正药效;溶剂对照可以消除溶剂对试验结果的影响;标准药剂指当地常用的一种有效药剂,与标准药剂对比,可以根据试验结果明确试验药剂的应用可行性。

在试验地周围一般要设置保护区,对试验作物起保护作用,以免受外来动物及其他因素的干扰。小区与小区之间要设保护行,以避免各处理小区之间的相互干扰和影响。

3.1.2 试验设计方法

3.1.2.1 对比法设计

在小区试验中,为了减少或消除试验区害虫分布不均匀、地力条件不同等造成的误差,需在不同处理间设空白对照加以对比。排列的方式可以采取顺序排列。

顺序排列就是将各个处理的小区在田间不同重复中都是按相同的顺序来排列的一种排序方式。这种排列方式的特点是简单,调查时不容易出现混淆,试验结果分析也比较方便(图3-1)。

| 西 | 1 | 2 | 3 | 对照 | 4 | 5 | 东 |
| | 5 | 4 | 对照 | 3 | 2 | 1 | |

图3-1 单对照顺序排列法

在顺序排列设计中,如果在同一个重复内有多个对照,即为多对照的顺序排列,这样的排列方式有助于消除土壤肥力、病虫害密度不均造成的误差(图3-2)。

对照	1	2	3	对照	4	5	6	对照	
对照	6	5	4	对照	3	2	1	对照	

西　　　　　　　　　　　　　　　　　　　　　　　　　　　东

图 3-2 多对照顺序排列法

3.1.2.2 随机区组设计

随机区组设计是各个处理在重复内的位置是随机排列的。这种排列方式使得任何一个处理出现在任一个位置的机会均等，可以避免系统误差；对照与各个处理一起按随机法进行排列，在各重复中出现的机会均等，而且试验设计简单，容易操作，是目前应用最广泛的田间试验设计之一（图 3-3、图 3-4）。

1	2	4	3	对照
4	3	对照	1	2
2	对照	1	4	3

图 3-3　田间随机排列（三重复）

1	2	3	4	对照	5		4	2	3	对照	5	1
3	4	2	对照	1	5		对照	5	1	2	3	4

图 3-4　田间随机排列（四重复）

3.1.2.3 拉丁方设计

拉丁方设计的重复次数一定要与试验处理数相等，从试验的两个方向来看，均可互为重复（又称双重局部控制），这种排列设计对减少土壤差异特别有效。试验精确度高，对防治病虫害的药效试验最为适用，这是因为病虫害往往在地边较严重，它能使各试验处理受到均匀的影响。但是适用范围小，对地形要求较严格，比较费工，而且不能设计太多的试验处理，小区排列的伸缩性较差（图 3-5）。

1	2	3	4	对照
2	3	4	对照	1
3	4	对照	1	2
4	对照	1	2	3
对照	1	2	3	4

图 3-5　拉丁方田间排列

3.1.2.4 正交试验设计

正交试验设计（orthogonal design of experiment）是研究多因素，多水平的一种设计方法，它是根据正交性从全面试验中挑选出部分有代表性的点进行试验，这些有代表性的点具备了"均匀分散，齐整可比"的特点。正交试验设计是分式析因设计的主要方法，是一种高效率、快速、经济的试验设计方法。

1. 正交试验设计的原理

比如，作一个 4 因素 3 水平的试验，分别设 A、B、C 3 个因素，A 因素设 A_1、A_2、A_3 3 个水平；B 因素设 B_1、B_2、B_3 3 个水平；C 因素设 C_1、C_2、C_3 3 个水平；D 因素设 D_1、D_2、D_3 3 个水平。按全面试验要求，需进行 27 种组合的试验，并且尚未考虑每一组合的重复数。全面试验包含的水平组合数较多，工作量大，在有些情况下无法完成。

若按 $L_9(3^4)$ 正交表安排试验，只需作 9 次，显然大大减少了工作量，如表 3-1 所示。

表 3-1　3 水平 4 因素正交试验设计

9 处理 4 因素 3 水平	A 因素	B 因素	C 因素	D 因素
处理号				
1	1	1	1	1
2	1	2	2	2
3	1	3	3	3
4	2	1	2	3
5	2	2	3	1
6	2	3	1	2
7	3	1	3	2
8	3	2	1	3
9	3	3	2	1

正交表用 $L_n(t^k)$ 来表示，L 代表正交表，n 代表试验次数，t 代表试验水平数，k 代表试验因素数。例如，$L_9(3^4)$ 表示需作 9 次试验，最多可观察 4 个因素，每个因素观察 3 水平。

正交表具有正交性，代表性，综合可比性。

任一因素中，各水平都出现，且出现的次数相等。例如，$L_9(3^4)$ 正交表中，3 个水平都出现，它们各出现 3 次。任意两个因素之间各种不同水平出现所有的排列组合，且仅出现一次。

2. 用 SPSS 软件生成正交试验设计

以 $L_9(3^4)$ 正交表为例，讲解正交设计的各个因素设定过程。

①打开 SPSS19.0 汉化版的软件，在最上面的工具栏，找到"数据"图标，点击进入（图 2-4）。

②点击"数据—正交设计—生成",进入正交设计界面(图3-6、图3-7)。

图 3-6　进入正交设计界面操作步骤

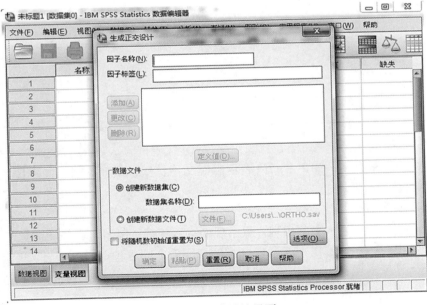

图 3-7　正交设计界面

③在正交设计界面可以给因子命名,最好用字母表示,如果想要代表其实际含义,在第二行标签上说明,再点击添加。以此类推,即可将 3 个因素+空白

添加（图 3-8）。

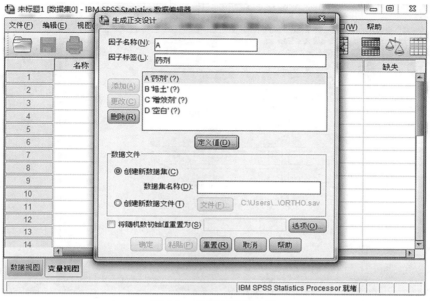

图 3-8　各因素添加方法

④添加好各因素之后，需要对其水平进行定义，点击选中一个因素，在点击下角的定义值之后，进入弹窗（图 3-9）。

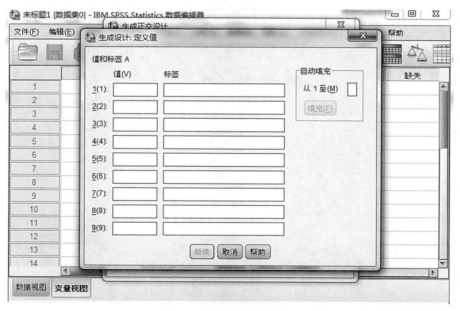

图 3-9　各水平添加界面

⑤在弹窗第一行的空格上面输入编号，在第二行输入该水平的具体数值。以此类推，逐项添加因素值各水平到表标签中（图 3-10、图 3-11）。

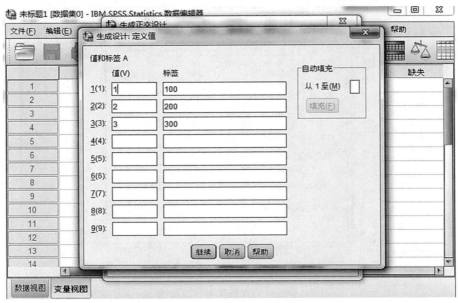

图 3-10　各水平添加方法

图 3-11　各水平添加完成界面（1）

⑥定义完成之后，在"在创建新数据库"上为该文件进行命名，然后在"将

随机数初始值重置为（S）"前面的方框打钩，输入设定的数字（图 3-12）。

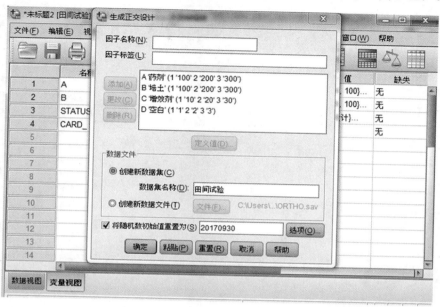

图 3-12 各水平添加完成界面（2）

⑦设置完成之后，点击确定，正交设计表生成，输入结果，即可进行方差分析（图 3-13、图 3-14）。

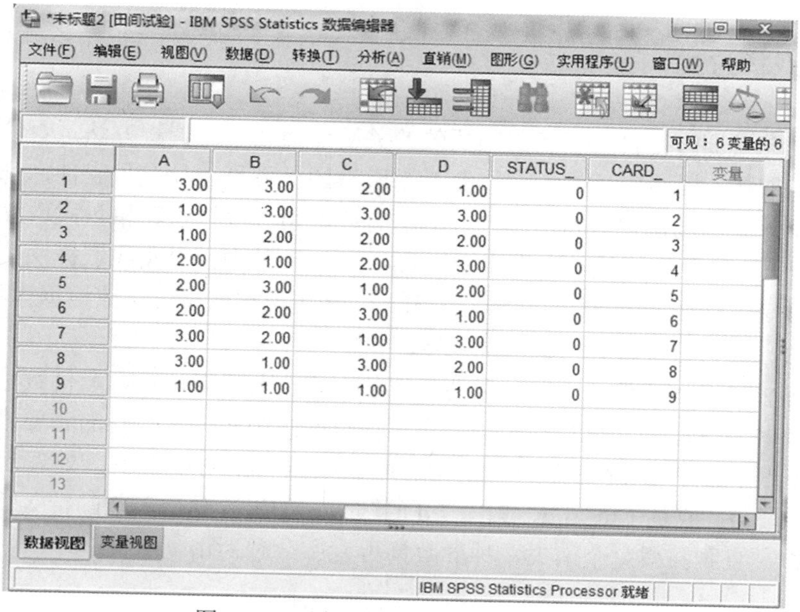

图 3-13 正交试验方差分析界面（1）

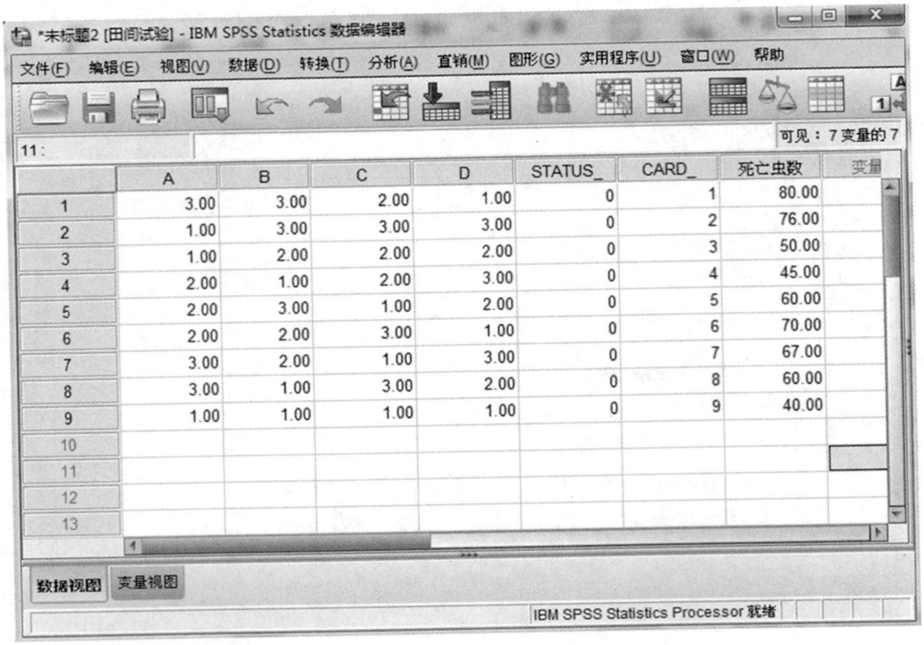

	A	B	C	D	STATUS_	CARD_	死亡虫数	变量
1	3.00	3.00	2.00	1.00	0	1	80.00	
2	1.00	3.00	3.00	3.00	0	2	76.00	
3	1.00	2.00	2.00	2.00	0	3	50.00	
4	2.00	1.00	2.00	3.00	0	4	45.00	
5	2.00	3.00	1.00	2.00	0	5	60.00	
6	2.00	2.00	3.00	1.00	0	6	70.00	
7	3.00	2.00	1.00	3.00	0	7	67.00	
8	3.00	1.00	3.00	2.00	0	8	60.00	
9	1.00	1.00	1.00	1.00	0	9	40.00	
10								
11								
12								
13								

图 3-14　正交试验方差分析界面（2）

3.2　农药田间药效试验结果的统计分析

3.2.1　取样方式

药剂药效调查是检查农药田间药效的关键步骤之一。调查方法是否恰当，是否为随机取样，是否有适当的取样数量，取得的样品是否具有代表性，都能直接影响试验结果的准确性。常用的取样方法有：对角线取样法、棋盘式取样法、平行线取样法、Z 形取样法等（图 3-15～图 3-18），其中，对角线取样法又分单对角线取样法、双对角线取样法、五点取样法，采用何种取样方法应根据作物种类，以及病虫分布、习性及其为害情况来定。

取样单位可按植株、叶片、果穗、枝条、单位面积等计算。取样数量根据病虫种类及其生活习性、作物种类等决定。调查次数则根据试验目的和要求决定，进行农药田间药效试验应先调查施药前病虫数量和作物被害率，处理后再调查 1 d、2 d、3 d，或是 1 d、3 d、5 d、7 d 的药效。如果要观察药剂的持久性，则需连续调查，直到药效完全消失，种群数量再度上升时为止。

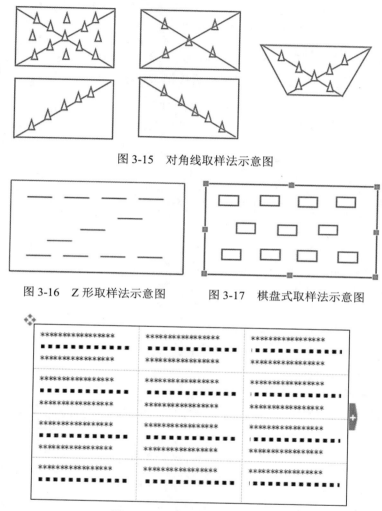

图 3-15　对角线取样法示意图

图 3-16　Z 形取样法示意图　　　图 3-17　棋盘式取样法示意图

图 3-18　平行线取样法示意图

3.2.2　统计方法

3.2.2.1　数据统计

1. 杀虫剂统计方法

杀虫剂药效试验结果的调查统计一般根据防治前后取样调查虫口数量的变化，计算害虫死亡率或虫口减退率表示药效。但有的害虫繁殖快，药剂处理后在短时内也可能有繁殖。尤其是对照区的害虫自然增长很快（如蚜、螨），则应对药效加以校正，计算更正药效或防治效果。杀虫剂的药效表示常因防治对象而异，下面介绍几种主要害虫的药效表示方法。

（1）叶部害虫调查

①对于个体较大的昆虫，可以采用直接记录虫子数量的方法。计算公式为

$$虫口减退率 = \frac{防治前活虫数 - 防治后活虫数}{防治前活虫数} \times 100\%$$

如果在对照区害虫有自然死亡情况时，应分别计算处理区与对照区的虫口减退率，再按下面公式计算校正虫口减退率。

$$校正虫口减退率 = \frac{防治区虫口减退率 - 对照区虫口减退率}{100 - 对照区虫口减退率} \times 100\%$$

②对调查个体小、密度大、繁殖量大的蚜虫或红蜘蛛时，可以采用以下方法。首先把调查叶片上的虫口按一定数量分成几个等级：

0 级——调查叶片上无虫；

1 级——调查叶片上有 1～5 头虫；

2 级——调查叶片上有 6～10 头虫；

3 级——调查叶片上有 11～20 头虫；

4 级——调查叶片上有 21～50 头虫；

5 级——调查叶片上有 51 头虫以上。

然后根据各个处理区和对照区施药前后每次分级调查的数据，计算出"虫情指数"。

$$虫情指数 = \frac{\sum(虫级叶数 \times 该虫级数)}{调查总叶数 \times 最高级数} \times 100$$

最后将各个处理区和对照区施药前后的虫情指数，代入下列公式求出药效。

$$药效 = \left(1 - \frac{T_1 \times CK_0}{T_0 \times CK_1}\right) \times 100$$

式中，T_1——处理区施药后的虫情指数；

T_0——处理区施药前的虫情指数；

CK_0——对照区施药前的虫情指数；

CK_1——对照区施药后的虫情指数。

③以卵为调查对象，则

$$杀卵率 = \frac{不孵化的卵粒数}{总卵粒数} \times 100\%$$

$$卵量减退率 = \frac{施药前卵量 - 施药后卵量}{施药前卵量} \times 100\%$$

（2）钻蛀性害虫为害及防治效果调查

$$枯心或白穗率 = \frac{总枯心数（或总白穗数）}{调查总株数} \times 100\%$$

$$防治效果 = \frac{对照区枯心（或白穗）率 - 处理区枯心（或白穗）率}{对照区枯心（或白穗）率} \times 100\%$$

$$蕾铃被害率 = \frac{被害蕾铃数}{总蕾铃数} \times 100\%$$

$$防治效果 = \frac{施药前蕾铃被害率 - 施药后蕾铃被害率}{施药前蕾铃被害率} \times 100\%$$

$$保蕾铃效果 = \frac{对照区蕾铃被害率 - 处理区蕾铃被害率}{对照区蕾铃被害率} \times 100\%$$

（3）对地下害虫为害及防治效果调查

$$幼苗被害率 = \frac{幼苗被害数}{总苗数} \times 100\%$$

$$保苗效果 = \frac{对照区幼苗被害率 - 处理区幼虫被害率}{对照区幼苗被害率} \times 100\%$$

2. 杀菌剂统计方法

$$病情指数 = \frac{\sum（病级叶数 \times 该病级值）}{检查总叶数 \times 最高级值} \times 100\%$$

$$相对防治效果 = \frac{对照区病情指数 - 处理区病情指数}{对照区病情指数} \times 100\%$$

3. 除草剂统计方法

$$除草效果 = \frac{施药前杂草数量 - 施药后杂草数量}{施药前杂草数量} \times 100\%$$

这种统计方法适用于初生杂草。

$$除草效果 = \frac{对照区杂草数量或鲜重 - 处理无杂草数量或鲜重}{对照区杂草数量或鲜重} \times 100\%$$

这种统计方法适用于各种情况下的杂草防治，适用面较广。

3.2.2.2　田间药效试验结果数据分析

在田间药效试验中采用较多的统计分析方法是方差分析，以方差作为测量各变异量的尺度，作出数量上的估计。

1. 方差分析中的数据转换

在田间药效试验中，试验数据可分为两类：一类是计量数据，即以作物产量、株高等作为药效评价指标，作物产量、株高之类的数据为计量；另一类是计数数据，即以单株虫量、百株虫量作为药效评价指标。计量数据可直接进行方差分析，计数数据必须经过数据转换才可进行方差分析。常用的数据转换方法如下所述。

（1）平方根转换

随机分布型数据要进行平方根转换。转换方法为：设原数为 X，转换后为 X'，当大多数 X 大于 10 时，用 $X' = \sqrt{X}$。当大多数 X 小于 10，并有 0 出现时，可用 $X' = \sqrt{X+1}$。

（2）对数转换

核心分布型或嵌纹分布型数据要进行对数转换。转换方法为：设原数据为 X，转换后数据为 X'，如数据中没有 0 出现，并且大多数 X 大于 10 时，可用 $X' = \lg X$ 转换；如资料中多数 X 小于 10，且有 0 出现时，则用 $X' = \lg(X+1)$ 转换。

（3）反正弦转换

百分数资料，如死亡率、虫口减退率、被害率等，尤其是当资料中有小于 30% 和大于 70% 的数据时，应进行反正弦转换，即将百分数的平方根值取反正弦值。设 P 为百分数，则转换后的值为 $X' = \sin^{-1}\sqrt{P}$。

2. 数据分析

（1）传统分析法

例如，某种药剂不同浓度防治稻纵卷叶螟试验，设 600 倍、1 000 倍、2 000 倍三种浓度，以不施药为对照，重复 3 次，随机区组设计。小区面积 30 m²，用喷雾器喷施，每小区药剂喷施后，洗净桶内残余药液，再喷施下一小区；施药前用 5 点取样法取样，每点调查 5 株稻苗，统计虫口基数，并挂牌标记，药后 7 d 按防治前调查方法调查药后虫口数量，并计算虫口减退率和校正防效。最后利用方差分析法对药后 7 d 的校正防效进行显著性分析。其试验结果如表 3-2 所示。

根据杀虫剂统计方法中的公式计算虫口减退率和校正虫口减退率。因为虫口减退率为百分数，将计算的虫口减退率进行反正弦转换，再将转换的数值填入表 3-3，统计各处理的总和。其表格填写如表 3-3 所示。

表 3-2　某药剂不同施用浓度对稻纵卷叶螟幼虫的试验结果

稀释倍数	虫口数量/头					
	I		II		III	
	施药前	施药后	施药前	施药后	施药前	施药后
600 倍	105	12	29	4	146	24
1 000 倍	85	16	93	17	129	32
2 000 倍	91	50	81	63	107	41
对照	141	110	108	82	122	109

表 3-3　虫口减退率及反正弦值转换

稀释倍数	原数据 X			$X' = \sin^{-1}\sqrt{P}$			T_t	$\bar{x}$
	I	II	III	I	II	III		
600 倍	88.57	86.21	83.56	70.24	68.20	66.08	204.52	68.17
1 000 倍	81.18	81.72	75.19	64.29	64.69	60.13	189.10	63.03
2 000 倍	45.05	41.30	56.12	42.16	39.99	48.52	130.67	43.56
对照	21.99	24.07	10.66	27.96	29.38	19.05	76.40	25.47
T_r	—	—	—	204.65	202.26	193.78	$T=600.69$	$\bar{x}=50.06$

矫正数 $C = \dfrac{T^2}{nk} = \dfrac{600.69^2}{3 \times 4} = 30069.42$

总变异平方和 $SS_T = \sum X^2 - C = 70.24^2 + 68.20^2 + \cdots + 19.05^2 - 30069.42 = 3554.15$

处理间平方和 $SS_t = \dfrac{\sum T_t^2}{n} - C = \dfrac{204.52^2 + 189.10^2 + 130.67^2}{3} - 30069.42 = 3430.78$

区组间平方和 $SS_r = \dfrac{\sum T_r^2}{k} - C = \dfrac{204.65^2 + 202.26^2 + 193.78^2}{4} - 30069.42 = 16.33$

误差平方和 $SS_e = SS_T - SS_t - SS_r = 3554.15 - 3430.78 - 16.33 = 107.04$

总变异自由度 $df_T = nk - 1 = 3 \times 4 - 1 = 11$

处理间自由度 $df_t = k - 1 = 4 - 1 = 3$

区组间自由度 $df_r = n - 1 = 3 - 1 = 2$

误差自由度 $df_e = (k-1)(n-1) = (4-1)(3-1) = 6$

将以上结果填入表 3-4。然后计算各变异因素的变量，计算区组间、处理间的 F 值。

表 3-4　方差分析表

变异因素	自由度	平方和	变量	F	$F_{0.05}$	$F_{0.01}$
处理间	3	3 430.78	1 143.59	64.10	4.76	9.78
区组间	2	16.33	8.17	0.40	5.14	10.92

变异因素	自由度	平方和	变量	F	$F_{0.05}$	$F_{0.01}$
误差	6	107.04	17.84	—	—	—
总变异	11	3 554.15	—	—	—	—

$$处理间的 MS = \frac{处理平方和}{处理自由度} = \frac{3430.78}{3} = 1143.59$$

$$区组间的 MS = \frac{区组间平方和}{区组间自由度} = \frac{16.33}{2} = 8.17$$

$$误差的 MS = \frac{误差平方和}{误差自由度} = \frac{107.04}{6} = 17.84$$

$$处理间的 F 值 = \frac{处理间的 MS}{误差的 MS} = \frac{1143.59}{17.84} = 64.10$$

$$区组间的 F 值 = \frac{区组间的 MS}{误差的 MS} = \frac{8.17}{17.84} = 0.40$$

从 F 表中查出 $F_{0.05}(3,6)=4.76$，$F_{0.05}(2,6)=5.14$，$F_{0.01}(3,6)=9.78$，$F_{0.01}(2, 6)=10.92$，方差分析结果说明，在 0.05 和 0.01 水平上，各重复间的差异不显著，但各处理间的差异极显著。

（2）利用 SPSS 进行方差分析

①打开 SPSS19.0，在变量视图中输入要处理的自变量和因变量（图 3-19）。

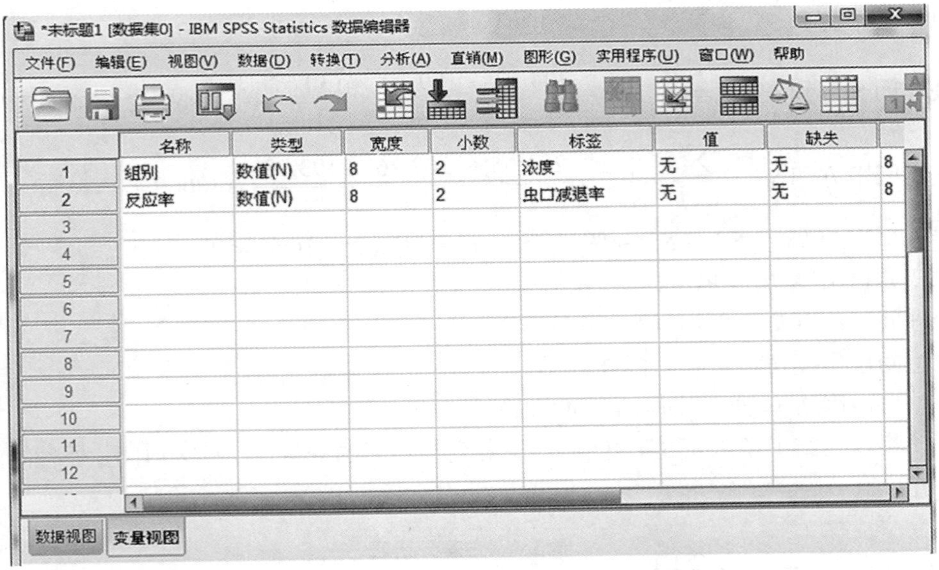

图 3-19　方差分析界面图

②返回数据视图中，输入要处理的数据，在菜单栏上执行：分析—比较均值—

单因素 ANOVA，打开单因素方差分析对话框（图 3-20）。

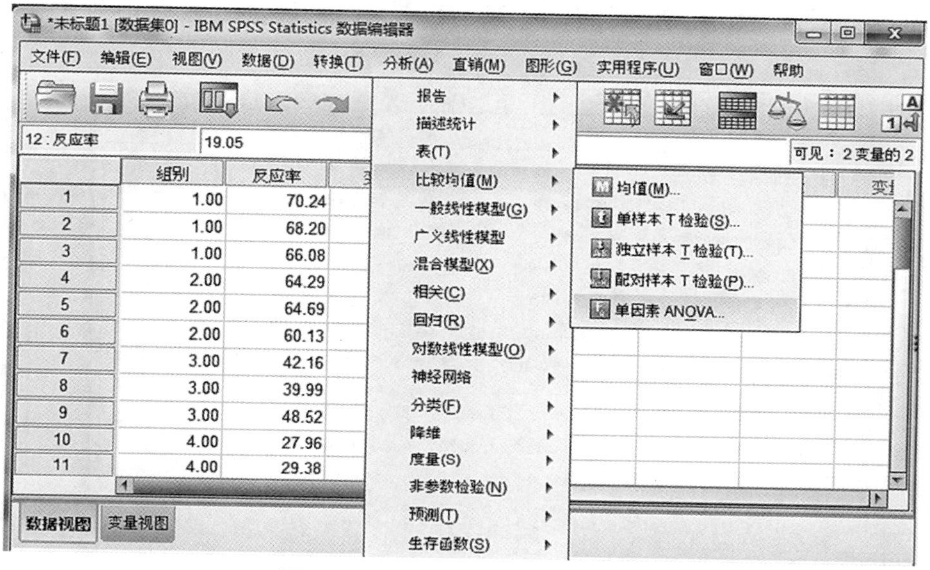

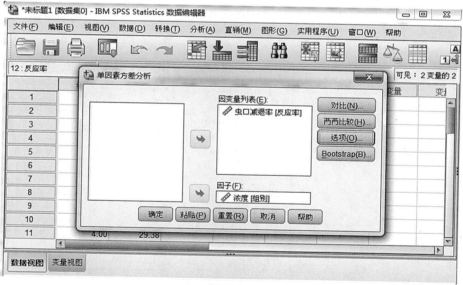

图 3-20　进入方差分析对话框步骤

③在这个对话框中，将虫口减退率放到因变量列表中，将浓度放到因子中（图 3-21）。

图 3-21　方差分析对话框

④点击两两比较，打开一个对话框，设置事后检验的方法。在这个对话框中，

方差齐性的方法选择"Tukey"和"R-E-G-W Q",方差不齐性的方法选择"Dunnett's",点击"继续"(图3-22)。

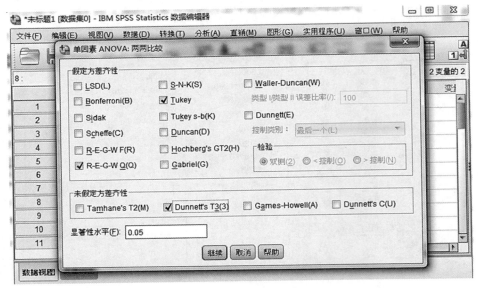

图 3-22 单因素两两比较界面

⑤回到单因素方差分析对话框,点击"选项"按钮,设置要输出的基本结果(图3-23)。

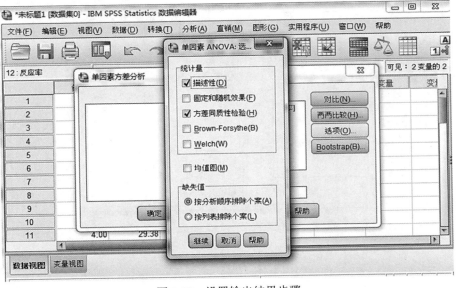

图 3-23 设置输出结果步骤

⑥选择描述性和方差同质性检验，点击继续按钮，再返回单因素方差分析菜单，点确定按钮，即出现统计的结果。

显示的结果中，第一个输出的表格就是描述统计，在这个表格里可以看到均值和标准差（图3-24）。

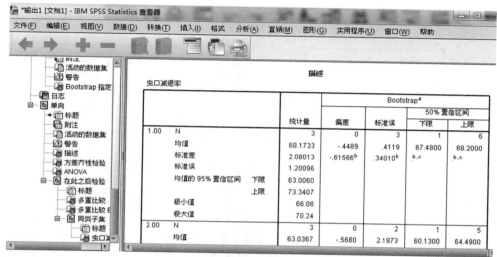

图 3-24　结果输出界面（1）

接着看方差齐性检验，若方差不齐性则不能够用方差齐性的方法来检验，这里显示，显著性没有达到最小值 0.05，所以是不显著的，这证明方差是齐性的（图3-25）。

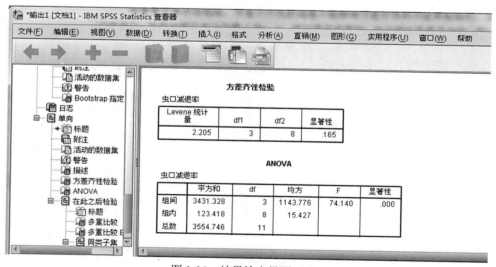

图 3-25　结果输出界面（2）

看单因素方差分析表，反应时显著性值为 0.000，达到了显著的水平。

在事后检验中，我们只看方差齐性检验结果，不用看 dunnet 方法给出的方差不齐性检验结果。即第 4 组和第 1～第 3 组都有显著的差异，而第 1 组和第 2 组没有显著差异（图 3-26）。

多重比较

因变量:虫口减退率

	(I) 浓度	(J) 浓度	均值差 (I-J)	标准误	显著性	95% 置信区间	
						下限	上限
Tukey HSD	1.00	2.00	5.13667	3.20700	.429	-5.1333	15.4066
		3.00	24.61667*	3.20700	.000	14.3467	34.8866
		4.00	42.71000*	3.20700	.000	32.4401	52.9799
	2.00	1.00	-5.13667	3.20700	.429	-15.4066	5.1333
		3.00	19.48000*	3.20700	.001	9.2101	29.7499
		4.00	37.57333*	3.20700	.000	27.3034	47.8433
	3.00	1.00	-24.61667*	3.20700	.000	-34.8866	-14.3467
		2.00	-19.48000*	3.20700	.001	-29.7499	-9.2101
		4.00	18.09333*	3.20700	.002	7.8234	28.3633
	4.00	1.00	-42.71000*	3.20700	.000	-52.9799	-32.4401
		2.00	-37.57333*	3.20700	.000	-47.8433	-27.3034
		3.00	-18.09333*	3.20700	.002	-28.3633	-7.8234
Dunnett T3	1.00	2.00	5.13667	1.88887	.208	-3.2739	13.5472
		3.00	24.61667*	2.82726	.014	9.1914	40.0419
		4.00	42.71000*	3.44863	.008	22.0695	63.3505
	2.00	1.00	-5.13667	1.88887	.208	-13.5472	3.2739
		3.00	19.48000*	2.94561	.023	4.6731	34.2869
		4.00	37.57333*	3.54630	.009	17.9020	57.2447
	3.00	1.00	-24.61667*	2.82726	.014	-40.0419	-9.1914
		2.00	-19.48000*	2.94561	.023	-34.2869	-4.6731
		4.00	18.09333	4.12333	.054	-.4245	36.6112
	4.00	1.00	-42.71000*	3.44863	.008	-63.3505	-22.0695
		2.00	-37.57333*	3.54630	.009	-57.2447	-17.9020
		3.00	-18.09333	4.12333	.054	-36.6112	.4245

*. 均值差的显著性水平为 0.05。

图 3-26　结果输出界面（3）

4 农药毒力作用机制

4.1 不同农药作用机制概述

4.1.1 杀虫剂作用机制

杀虫剂的毒力作用机制多种多样，与杀虫剂的结构及害虫的种类密切相关。杀虫剂要起到对害虫的毒杀作用，首先要进入虫体内，到达作用靶标，在害虫体内经过一系列解毒、活化、积累及与作用点发生反应，最后抑制靶标酶，干扰或破坏正常生理活动而造成害虫死亡。

在了解杀虫剂毒力作用机制之前，需要先了解杀虫剂是如何到达作用靶标的。

杀虫剂施药后，药剂可以通过昆虫的口腔、体壁及气门进入虫体内。通过昆虫接触、吞食药剂，或者通过呼吸使药剂的气体分子进入气管系统，到达作用靶标，经过一定时间，昆虫就会出现一系列的中毒症状，如兴奋、不停地运动、痉挛、呕吐、腹泻、麻痹等，直至死亡。

4.1.1.1 杀虫剂进入虫体的方式

1. 杀虫剂穿透昆虫体壁

这类杀虫剂为触杀剂。昆虫体积小，相对表面积大，体壁接触药剂的机会多。昆虫可由体表受药，表皮层穿透，再经过底膜，通过血液循环到达作用靶标。表皮的结构、药剂的成分与制剂组成决定了该杀虫剂是否通过穿透昆虫体壁起到毒力作用。

昆虫体壁的上表皮具有不透水的蜡层，因此需要药剂具有一定的脂溶性；在蜡层下为含有大量几丁质-蛋白质复合体及水分的内表皮，极性成分容易穿透，因此需要药剂具有一定的水溶性。许多药剂还能沿着内表皮中的孔道直接进入皮细胞层，这些孔道往往成为药剂快速进入细胞的通道。因此，药剂的穿透能力与其在脂水中两相的分配系数有很大关系。

昆虫体表的节间膜、触角、足的基部及部分昆虫的翅是未经骨化的膜状组织，药剂容易通过这些部分侵入；口器、触角、跗节是感觉器集中的部位，部分药剂也容易进入。

药剂在穿透表皮后，可经由血液循环运送至神经系统，也可在穿透表皮时扩散至气管系统，由气管系统进入中枢神经系统起到毒力作用。

此外，药剂在穿透表皮后，到达作用靶标之前，还会受到皮细胞内解毒酶的作用、血液中解毒酶的作用、脂肪细胞的储藏作用等降低毒性。

2. 杀虫剂穿透消化道

昆虫的取食活动会使药剂通过昆虫的口腔进入消化道，从而穿过消化道进入虫体。要完成药剂进入昆虫口腔，昆虫必须对药剂没有忌避或拒食作用。药剂进入口腔之后，随后进入消化道，经消化道吸收进入血液，运转到达作用靶标从而起到毒力作用。乐果、克百威、吡虫啉等内吸剂施用以后被植物吸收，随植物汁液在植物体内运转，当害虫，尤其是刺吸式口器的昆虫取食植物时，药剂也进入口腔、消化道，穿透肠壁到达血液，随血液循环到达作用靶标从而起到毒力作用。

药剂在进入昆虫消化道并进入血液的过程中，消化道的酶促反应可影响药剂的活性。多功能氧化酶对许多类型的杀虫剂起氧化作用，改变它们的化学结构，影响其穿透力和毒性。昆虫血液中马氏管的排泄作用和脂肪体的吸收、多功能氧化酶的代谢也影响药剂发生效力。围心细胞也可能有相应的代谢作用。

另外，部分药剂可能会对肠壁组织造成损伤。蛋白质在围食膜中含量最高，约占围食膜的 35%～55%，蛋白质种类有 2～30 种，主要以黏蛋白和糖蛋白等形式存在。正常的昆虫围食膜表面致密光滑，无缝隙和孔洞，而一些胃毒剂可破坏围食膜结构的完整性，使围食膜中几丁质组分降解，导致围食膜穿孔甚至阻止其形成，帮助昆虫病毒、细菌等微生物杀虫剂快速入侵中肠上皮细胞，进而提高幼虫死亡率；可破坏中肠细胞的离子泵，扰乱中肠细胞的正常生理功能，阻碍昆虫的营养吸收，使昆虫的生长发育受阻。

3. 杀虫剂进入呼吸系统

气管系统是绝大多数陆栖昆虫的呼吸系统，它由气门和气管组成。气门是体壁内陷时气管的开口，也是昆虫呼吸时气体的进出口。熏蒸毒剂如磷化氢、氯化苦、溴甲烷等可以在昆虫呼吸时随空气进入气门，沿着气管到达微气管，最后进入昆虫的组织和细胞，从而对组织和细胞直接产生毒力作用；也可以进入血液，到达神经系统产生毒力作用。

矿物油乳剂进入气门后，随气管向里扩展，最后堵塞气管，阻碍昆虫的气体交换，使昆虫窒息而死。

杀虫剂进入昆虫体后，可以经过多种渠道输送到相应靶标，起到毒力作用。

其作用机制可分为代谢毒力作用和神经毒力作用。前者又可分为能量代谢抑制作用、几丁质合成抑制作用、激素代谢抑制作用及药物代谢抑制作用；后者则是对昆虫的神经系统的某个方面造成影响。目前应用的杀虫剂多作用于神经系统的各个方面，特异性杀虫剂则是作用于代谢系统的某些方面。

4.1.1.2 杀虫剂的作用机制

1. 杀虫剂分类

按杀虫剂的作用部位区分，可分为以下几类。

（1）干扰代谢毒剂

这类毒剂的作用是：①破坏能量代谢（如鱼藤酮、氰氢酸、磷化氢等）；②抑制几丁质合成（如苯基脲类）；③抑制激素代谢（如保幼激素类似物）；④抑制毒物代谢酶系，如可以抑制多功能氧化酶（如增效醚）、水解酶（如三磷甲苯磷酸酯、正丙基对氧磷）、转移酶（如杀螨醇）、酯酶（如苦皮藤素Ⅳ）等。

（2）肌肉毒剂

可以作用于肌肉细胞膜的 Ca^{2+} 通道，如邻苯二甲酰胺类和邻甲酰氨基苯甲酰胺类杀虫剂，比较常见的杀虫剂有氯虫苯甲酰胺和氟虫双酰胺等。

（3）物理作用毒剂

包括一些堵塞昆虫呼吸通道的植物精油或矿物油类。

（4）神经系统杀虫剂

这类毒剂的作用是：①作用于突触部位的乙酰胆碱受体（氯化烟酰类如烟碱、吡虫啉，噻虫嗪、呋虫胺、啶虫脒、噻虫啉、噻虫胺、烯啶虫胺等）；②作用于乙酰胆碱酯酶（如有机磷、氨基甲酸酯类）；③作用于神经纤维膜（如拟除虫菊酯类、DDT）；④作用于神经肌肉接点[如氟虫腈和丁烯氟虫腈、阿维菌素（作用于 γ-氨基丁酸受体）、蜂毒（philanthotoxin）、软骨藻酸（作用于谷氨酸受体）、杀虫脒（作用于章鱼胺受体）]等。

2. 呼吸代谢药剂作用机制

昆虫细胞内的呼吸代谢首先是食物中的糖、脂肪、蛋白质代谢，大部分转变为乙酰辅酶 A，然后进入三羧酸循环，由三羧酸循环产生的氢原子通过 NAD-NADH 系统转移给黄素蛋白及细胞色素系统，在电子转移的同时偶联进行氧化磷酸化作用。在氧的参与下，把食物中的能量转变为 ATP，ATP 分解释放化学能，提供昆虫生命活动的能量（图 4-1、图 4-2）。

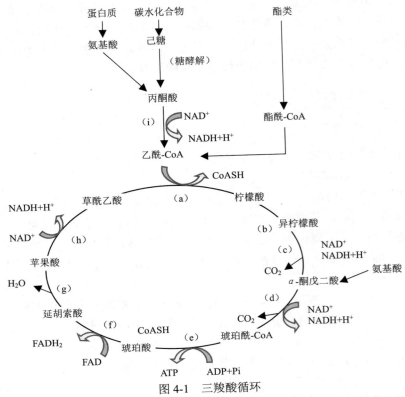

图 4-1　三羧酸循环

（a）柠檬酸合成酶；（b）乌头酸酶——氟乙酸、氟乙酸钠、氟乙酰胺；（c）异柠檬酸脱氢酶；
（d）α-酮戊二酸脱氢酶——砷制剂；（e）琥珀酸硫激酶；（f）琥珀酸脱氢酶；（g）延胡索酸酶；
　　　（h）苹果酸脱氢酶；（i）丙酮酸脱氢酶——砷制剂

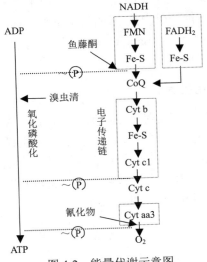

图 4-2　能量代谢示意图

砷素杀虫剂、氟乙酰胺、鱼藤酮、磷化氢等杀虫剂都是进入能量代谢中的三羧酸循环,影响电子传递系统和氧化磷酸化,致使昆虫死亡,但它们的作用位点有所不同。

目前已很少使用的砷素杀虫剂作用于丙酮酸脱氢酶及 α-酮戊二酸脱氢酶,与酶形成复合体,使酶失去作用。

鱼藤酮是线粒体呼吸作用的抑制剂,使线粒体中的呼吸链被切断,被切断的部位在 NADH 与辅酶 Q 之间。鱼藤酮的作用影响到 ATP 产生。

HCN 是细胞色素 C 氧化酶的抑制剂。HCN 不是专一的抑制剂,有 40 种酶可以被 HCN 抑制,细胞色素氧化酶最敏感。HCN 是熏蒸杀虫剂,可由 NaCN、KCN、$Ca(CN)_2$ 与无机酸反应获得。

虫螨腈(也叫溴虫腈)为吡咯类杀虫剂,它可以阻断呼吸链的氧化磷酸化过程,使 ADP 无法转换为 ATP。

螺虫乙酯、螺螨酯(spirodiclofen)和螺甲螨酯主要抑制螨的脂肪合成,阻断螨的能量代谢,对害螨的卵、幼螨、若螨具有良好的杀伤效果,对成螨无效,但具有抑制螨卵孵化的作用。

3. 几丁质合成抑制剂作用机制

苯甲酰苯脲类和噻二嗪类杀虫剂属于昆虫生长调节剂。主要的作用是抑制昆虫表皮的几丁质合成,如敌草腈、伏虫脲等。这类化合物主要是胃毒剂,只对咀嚼式口器昆虫有效。昆虫的表皮由几丁质和蛋白质形成。伏虫脲抑制了几丁质前体物尿苷二磷酸乙酰氨基葡糖向几丁质转化,从而抑制了几丁质的生物合成,使新表皮变薄,不能硬化。

灭幼脲类不仅干扰昆虫表皮几丁质的合成,还可以干扰昆虫体内 DNA 合成而导致昆虫绝育,即具有不育作用。

噻嗪酮也是作用于几丁质合成,使昆虫中毒不能蜕皮和羽化。

灭蝇胺被认为是直接或间接影响了昆虫蜕皮酶的代谢作用,干扰昆虫蜕皮而导致死亡。

4. 肌肉毒剂作用机制

邻苯二甲酰胺类和邻甲酰氨基苯甲酰胺类杀虫剂,如氟虫双酰胺和氯虫苯甲酰胺作用于鱼尼丁(一种肌肉毒剂)受体,激活 Ca^{2+}通道,引起 Ca^{2+}的持续释放,导致昆虫肌肉松弛性麻痹,是一种肌肉毒剂。倍半萜类的苦皮藤素Ⅳ也可以作用于神经-肌肉接头处,明显抑制兴奋性接点电位,兴奋性传导被阻断,昆虫表现为肌肉松弛,虫体瘫软,由神经-肌肉控制的运动(如呼吸运动、心脏搏动)受到影响。

5. 消化道毒剂作用机制

苦皮藤素Ⅳ、Ⅴ作用于昆虫的消化系统，抑制中肠肠壁细胞对围食膜的分泌。实验证明，苦皮藤素并不破坏肠细胞，但导致围食膜不完整，甚至消失。

吡啶类杀虫剂吡蚜酮的杀虫作用被称作口针穿透阻塞，而不是拒食作用。即该杀虫剂对昆虫没有相接毒性，而是昆虫口针接触到该化合物，会立刻停止取食。

6. 解毒酶毒剂作用机制

苦皮藤素Ⅳ可以抑制昆虫体内的酯酶同工酶。其他可以抑制解毒酶系的还有增效醚、三磷甲苯磷酸酯、正丙基对氧磷、杀螨醇等。

7. 激素代谢抑制剂作用机制

昆虫生长调节剂有保幼激素、抗保幼激素、蜕皮激素等。保幼激素可以抑制变态，使虫体保持幼体形态。抑制胚胎发育的机制很难和抑制变态分开，刚产下的卵或产卵前的雌成虫接触药剂，则抑制胚胎发育，卵不能孵化。在幼虫后期或变态时期接触药剂则引起形态异常。

蜕皮激素类物质，如虫酰肼等，具有天然蜕皮激素的特性，它直接作用于靶标组织，诱导昆虫产生更多的蜕皮激素，从而使昆虫产生分泌上表皮的活动，上述物质处理昆虫 6 h 后，即形成皮层剥离。但昆虫体内有大量的保幼激素存在，变态过程不可能发生，因此昆虫出现不正常蜕皮现象。

早熟素Ⅰ和早熟素Ⅱ能促进大龄若虫向成虫转变，越过一些龄期出现早熟状态，但早熟的雌成虫，卵巢发育不良，不能产卵。对正常的雌虫给药，卵的成熟也受到抑制。早熟素的作用主要是影响咽侧体的机能，抑制保幼激素的生物合成，在较高浓度下还有杀卵作用，但它们对完全变态的昆虫无效。

8. 物理作用毒剂作用机制

精油或矿物油类杀虫剂的作用机制：通过在昆虫体表形成油膜，切断昆虫的呼吸通道，使其窒息而死。对卵而言，可以进入卵膜孔引起卵内原生质凝结沉淀；对昆虫体而言，可以溶解昆虫体壁的上表皮，破坏蜡质层，从而破坏昆虫体壁的保水作用，使昆虫因体内的水分过度蒸发而死亡。油类的分子质量越小，体内水分损失越严重。

另外，9～11 碳的脂肪酸可以使昆虫产生拒食作用，昆虫因不取食而致饥饿死亡。

9. 神经系统药剂作用机制

神经系统由无数个神经元构成，神经元是一个细胞单位，具有若干个树状突和长的轴状突，神经元之间的连接部位叫突触。神经元与肌肉功能器官间的连接点称为神经肌肉连接部。神经冲动传导分轴突传导和突触传导。

（1）轴突的结构与冲动传导方式

昆虫的神经膜为半透性膜结构，神经细胞具有跨膜电位，在神经细胞的外周液体中，含有高浓度的 Na^+、低浓度的 K^+，以及以 Cl^- 为主的阴离子。在细胞内有低浓度的 Na^+、高浓度的 K^+，以及除 Cl^- 外的其他一些有机阴离子。当神经膜处于静息状态时，K^+ 可以自由进出，但 Na^+ 不能通过。当神经膜的某一部位受到刺激，就会产生兴奋，兴奋使神经膜的通透性发生改变。体液内的 Na^+ 进入膜内，使神经膜表面的电位下降，神经膜内外的电位差减小，甚至内外电位反过来，造成神经膜的去极化，形成脉冲型的动作电位。神经膜外的电流由兴奋部位流向未兴奋部位，就产生脉冲型神经冲动，这个过程在神经膜上反复连续的传导就产生了动作电位在轴突上的传导。在轴突神经膜上有允许离子进出的离子通道，根据通道开关的调控机制不同，离子通道可分为：Na^+ 通道、K^+ 通道、Ca^{2+} 通道、Cl^- 通道等。而 DDT 可作用于轴突神经膜的 Na^+ 通道，使 Na^+ 通道延迟关闭；拟除虫菊酯类杀虫剂除作用于 Na^+ 通道，延迟 Na^+ 通道关闭外，还可能同时抑制了 Na^+-K^+-ATP 酶的活性。

（2）突触结构与冲动传导方式

神经突触由两个神经元的神经末梢组成，包括突触前膜、突触间隙和突触后膜。乙酰胆碱（ACh）是昆虫体内中枢神经传导的介质，它存在于前突触的小泡中。当神经元接受的刺激传导到突触前膜时，小泡破裂，迅速将 ACh 通过突触前膜释放到突触间隙，扩散到突触后膜，与突触后膜上的受体结合，改变突触后膜对离子的通透性，使突触后膜电位发生变化，引起轴突膜的去极化作用，完成神经冲动由前神经元到后神经元的传导。ACh 完成传导作用后，立即被突触后膜上的乙酰胆碱酯酶水解成乙酸和胆碱。收回到突触前膜，重新合成乙酰胆碱。其神经冲动传导过程如图4-3所示。

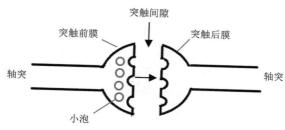

图 4-3 神经突触结构

神经与肌肉连接处为其他化学传导物质，可能是一种一元胺化合物。突触处冲动传导速度很快，一般只需 1～5 ms。在突触与神经肌肉连接处的神经膜上，也有其他类型的门控机构，如受体控制性通道（Ach 受体、GABA 受体等）、环核苷酸门控（CNG）通道（这类通道在视觉和嗅觉方面的信号传导中相当重要）、机械力敏感的离子通道等 。

有机磷类和氨基甲酸酯类杀虫剂特异性地与乙酰胆碱酯酶结合，抑制了它的活性，从而使昆虫的呼吸受到影响，造成窒息，引起死亡。

沙蚕毒素类杀虫剂作用于乙酰胆碱受体，与乙酰胆碱发生竞争，减少乃至完全阻断兴奋性突触后电位，使神经兴奋传导中断。烟碱及类似物在低浓度时刺激乙酰胆碱烟碱型受体，使突触后膜产生动作电位。但在高浓度时，对受体产生脱敏性抑制，神经冲动传导受阻。

阿维菌素类杀虫剂，如阿维菌素和伊维菌素，可以作用于昆虫运动神经活动。在昆虫和其他非脊椎动物体内，运动神经活性是由 γ-氨基丁酸（GABA）或谷氨酸盐来调节的，并且具有一族谷氨酸门控的 Cl^- 通道达到昆虫的 GABA 或谷氨酸受体。阿维菌素类杀虫剂可以通过谷氨酸门控加强 Cl^- 的传导性，从而刺激释放大量 GABA，使中毒昆虫麻痹、瘫痪而死。

氟虫腈和丁烯氟虫腈也通过 γ-氨基丁酸调节的 Cl^- 通道干扰氯离子的通路，作用于 γ-氨基丁酸受体，破坏正常中枢神经系统的活性。

茚虫威作用于昆虫神经细胞失活态电压门控 Na^+ 通道，不可逆阻断昆虫体内的神经冲动传递，破坏神经冲动传递，导致害虫运动失调、不能进食、麻痹并最终死亡。

当然，一种杀虫剂对害虫的毒力作用靶标可能不止一个，例如，拟除虫菊酯类杀虫剂除可以抑制延迟 Na^+ 通道关闭，抑制 Na^+-K^+-ATP 酶的活性；同时也对多种不同受体产生不同的作用，如烟碱受体、乙酰胆碱受体、GABA 受体-氯离子载体系统、Ca^{2+}-ATP 酶、谷氨酸受体等可能都受到了拟除虫菊酯类杀虫剂的作用。

4.1.2　杀菌剂作用机制

杀菌剂抗性对策委员会（Fungicide Resistance Action Committe，FRAC），为了抵御杀菌剂抗性的产生，将目前世界领域已知的杀菌剂作用机制总结为 15 类，即 A、B、C、D、E、F、G、H、I、J、M、P、U、O、BF（表 4-1）。以上 15 类又可划分为五大类：①影响细胞结构和功能；②影响细胞能量生成——呼吸作用；③干扰细胞代谢物质的合成及功能；④诱导植物自身调节；⑤其他。

4.1.2.1　影响细胞结构和功能

此类作用机制包括影响真菌细胞壁的形成（如葡萄糖的合成等）和真菌质膜的生物合成（如抑制甾醇生化合成等）。

表 4-1　杀菌剂作用机制及主要化合物类别

分类	作用机制
A	抑制核酸合成
B	抑制病原菌有丝分裂和细胞分裂
C_a	抑制呼吸作用（对呼吸链复合物 I、II、III 的阻碍）
C_b	抑制呼吸作用（Ca 以外）
D	阻碍氨基酸、蛋白质的生化合成
E	阻碍信号传递
F	抑制脂质和膜的合成
G	抑制甾醇生化合成
H	阻碍葡萄糖的合成
I	阻碍黑色素的合成
J_1	阻碍 SH 酶（无机铜盐）
J_2	阻碍 SH 酶（有机铜）
J_3	阻碍 SH 酶（二硫代基甲酸酯类）
M	多位点作用点
P	诱导全株抗性
U	作用机制不清
O	其他
BF	生物杀菌剂

1. 影响真菌细胞壁的形成

真菌细胞壁是真菌和周围环境的分界面，起着保护和定型的作用。真菌细胞壁主要成分是几丁质，几丁质是由数百个 N-乙酰葡萄糖胺分子以 β-1,4-葡萄糖苷键连接而成的多聚糖。几丁质的合成由 3 个几丁质合成酶（Ghs）来调节，Ghs1 的作用是修复细胞分裂造成的芽痕及初生隔膜的损伤；Ghs2 用于初生隔膜中几丁质的合成；Ghs3 合成孢子壁中的脱乙酰几丁质及芽痕和两侧细胞壁中 90%的几丁质。在三者的作用下，N-乙酰葡萄糖胺被合成为几丁质。不同的多糖链相互缠绕组成粗壮的链，这些链构成的网络系统嵌入蛋白质及类脂和一些小分子多糖的基质中，这一结构使真菌细胞壁具有良好的机械硬度和强度。细胞壁受影响后的中毒现象通常表现为芽管末端膨大或扭曲、分枝增多等异型。

杀菌剂通过抑制真菌细胞壁中多糖的合成，或者通过抑制多糖及糖蛋白结合的机制破坏细胞壁结构，达到抑制或杀灭真菌的目的。抑制几丁质的生物合成的药剂有稻瘟净、异稻瘟净、灰黄霉素、甲基托布津、克瘟散、多抗霉素、青霉素等。异稻瘟净通过抑制 N-乙酰葡萄糖胺的聚合而抑制几丁质的合成，影响稻瘟病菌细胞壁的形成。多抗霉素是作用于真菌细胞壁的抗生素，使细胞壁变薄或失去完整性，造成细胞膜暴露，最后由于渗透压差导致原生质渗漏，两者结构上属于核苷肽类，是几丁质合成底物 UDP-N-G1cNAa 的结构类似物，因此是几丁质合成酶的竞争性抑制剂。多抗霉素抑制几丁质合成酶；青霉素则是阻碍了细胞壁上胞壁质（黏肽）的氨基酸结合，使细胞壁的结构受到破坏，表现为原生质体裸露，继而瓦解。

2. 影响真菌质膜的生物合成

菌体细胞膜的主要化学成分为脂类、蛋白质、糖类、水、无机盐和金属离子等。杀菌剂对菌体细胞膜的破坏及对膜功能的抑制分为物理性破坏和化学性抑制。

物理性破坏指膜的亚单位连接点的疏水链被杀菌剂击断，导致膜上出现裂缝，或者杀菌剂分子中的饱和烃侧链溶解膜上的脂质部分，使之出现空隙，这样杀菌剂分子就可以从不饱和脂肪酸之间挤出去，使其分裂开来。

化学性抑制指与膜性能有关的酶的活性及膜脂中的固醇类和甾醇的生物合成受到抑制。抑制与膜性能有关的酶的活性的杀菌剂，一类是有机磷类化合物，另一类是含铜、汞等重金属的化合物。有机磷类化合物除了抑制细胞壁组分几丁质的合成外，还能抑制细胞膜上糖脂的形成。含铜、汞等重金属的化合物中金属离子可以与许多成分反应，甚至直接沉淀蛋白质。

甾醇合成抑制剂也属于细胞膜组分合成抑制剂。甾醇是菌体细胞膜的重要组成成分，如果甾醇合成受阻，膜的结构和功能就会受到损害，最后导致菌体细胞死亡。与杀菌剂有关的主要是麦角甾醇。麦角甾醇是植物细胞膜的重要组分，其合成受阻将间接地影响细胞膜的通透性功能。麦角甾醇生物合成的步骤很多，其合成抑制剂的种类和数量也很多，但大部分是抑制 ^{14}C 上的去甲基反应，故也称为脱甲基化反应抑制剂，其抑制过程被认为是在多功能氧化酶的催化下进行的。该酶系中辅助因子细胞色素 P-450 起着重要作用。细胞色素 P-450 中的重要结构单元——铁卟啉环可以结合氧原子形成铁氧络合物，脱甲基化是氧化脱甲基化过程，该过程甲霜卟啉铁氧络合物将活泼的氧转移到底物上，如羊毛甾醇的 ^{14}C 的甲基上。

目前至少有几十个杀菌剂品种的作用机制是抑制麦角甾醇合成。从化学结构上来看，这类杀菌剂包含嘧啶类、吡啶类、哌嗪类、咪唑类、三唑类、吗啉类和哌啶类等化合物。抑制麦角甾醇生物合成的杀菌剂有哌嗪类的嗪氨灵、乙环唑、三环唑、三唑酮、三唑醇、双苯三唑醇、氟唑醇；吡啶类的敌灭啶；嘧啶类的嘧菌醇、烯唑醇、烯效唑、多效唑、氯苯嘧菌醇、氟苯嘧菌醇；唑类的灭菌特、抑霉唑，等等。

4.1.2.2 影响细胞能量生成——呼吸作用

此类杀菌剂主要作用于：①复合体Ⅰ、Ⅱ、Ⅲ；②氧化磷酸化解偶联；③抑制氧化磷酸化中 ATP 合成酶，阻碍 ATP 合成；④抑制信号传递和葡萄糖合成等。

菌体所需的能量来自体内的糖类、脂肪、蛋白质等营养物质的氧化分解，最终生成二氧化碳和水，其中伴随着脱氢过程和电子传递的一系列氧化还原反应，故此过程也称为细胞生物氧化或生物呼吸。根据与能量生成有关的酶被抑制的部位或能量生成被抑制的不同过程，可分为巯基（—SH）抑制剂、糖酵解和脂肪酸 β-氧化抑制剂、三羧酸循环抑制剂、电子传递和氧化磷酸化抑制剂等。

1. 抑制巯基（—SH）

生物体内进行的各种氧化作用，均受到各种酶的催化，其中起着重要作用的许多脱氢酶系中都含有巯基。因此，能与巯基发生作用的药剂必然会抑制菌体的生物氧化（呼吸）。巯基在菌体呼吸中有普遍性的作用，而几乎所有的经典杀菌剂，即保护性杀菌剂，都对巯基有抑制作用。

巯基是许多脱氢酶活性部位不可缺少的活性基团。现已知道一些重金属化合物、有机锡制剂、有机砷制剂、有机铜制剂、二硫代氨基甲酸类杀菌剂、醌类化合物等均是巯基抑制剂。取代苯类杀菌剂以百菌清为代表，其主要机制在于其与含—SH 基团酶反应，抑制了含—SH 基团酶的活性，特别是磷酸甘油醛脱氢酶的活性。

2. 抑制糖酵解和脂肪酸 β-氧化

（1）杀菌剂阻碍糖酵解途径

糖是菌体重要的能量和碳源。糖分解产生能量，以满足菌体生命活动的需要，糖代谢的中间产物又可变成其他含碳化合物，如氨基酸、脂肪酸、核苷等。糖酵解是糖分解代谢的共同途径，也是三羧酸循环和氧化磷酸化的前奏。糖酵解生成的丙酮酸进入菌体的线粒体，经三羧酸循环彻底氧化生成二氧化碳和水。

杀菌剂（如克菌丹等）作用于糖酵解过程中的丙酮酸脱氢酶中的辅酶——焦磷酸硫胺素，阻碍了糖酵解的最后一个阶段的反应。另外，催化糖酵解过程的一些酶，如磷酸果糖激酶、丙酮酸激酶等，要由 K^+、Mg^{2+} 等离子来活化。而有些铜、汞杀菌剂，能破坏菌体细胞膜，使一些金属离子，特别是 K^+ 向细胞外渗漏，导致酶得不到活化而阻碍糖酵解的进行。

（2）杀菌剂阻碍脂肪酸 β-氧化

脂肪酸氧化受阻主要是脂肪酸 β-氧化受阻。所谓 β-氧化是不需要氧的氧化，其特点是从羧基的 β-位碳原子开始，每次分解出二碳片断。这个过程是在菌体的线粒体中进行的。脂肪酸的 β-氧化需要一种叫辅酶 A（以 CoA-SH 表示）的酶来催化。杀菌剂（如克菌丹、二氯萘醌、代森类）与 CoA-SH 中的—SH 发生作用，使酶失活，从而抑制了脂肪酸的 β-氧化。

3. 抑制三羧酸循环

乙酰辅酶 A（以 CH_3-SCoA 表示）中的乙酰基在生物体内受一系列酶的催化，经一系列脱羧，最终生成 CO_2 和 H_2O 并产生能量的过程叫三羧酸循环，简写作 TCA。在真核细胞中 TCA 循环是在线粒体中进行的，催化每一步反应的酶也都位于线粒体内。由于乙酰辅酶 A 可来源于糖、脂肪或氨基酸的代谢分解，所以 TCA 循环也是糖、脂肪及氨基酸氧化代谢的最终通路。因此，它是生物氧化的重要过程。

杀菌剂对 TCA 循环的抑制，已发现 4 个过程。

①阻碍乙酰辅酶 A 和草酰乙酸缩合成柠檬酸的过程，抑制的药剂有：二硫代氨基甲酸类，如福美锌、福美双、代森锌；醌类，如二氯萘醌；酚类；三氯甲基和三氯甲硫基类，如克菌丹、灭菌丹，等等。其机制是辅酶 A 中的巯基与杀菌剂发生反应，从而使该酶的活性被抑制。

②阻碍柠檬酸异构化生成异柠檬酸的过程，抑制的药剂有：8-羟基喹啉，其作用机制是 8-羟基喹啉与（顺）-乌头酸酶（含铁的非铁卟啉蛋白）生成络合物而抑制其产生作用。

③阻碍 α-酮戊二酸氧化脱羧生成琥珀酸的过程，上述反应过程受阻的原因是 α-酮戊二酸脱氢酶复合体的活性受到杀菌剂的抑制。这种抑制机制要涉及与硫胺素焦磷酸（TPP）和硫辛酰胺等辅酶组分的反应，抑制药剂有克菌丹、砷化物、叶枯散等。

④阻碍琥珀酸脱氢生成延胡索酸及苹果酸脱氢生成草酰乙酸的过程，琥珀酸脱氢酶是三羧酸循环中唯一掺入线粒体内膜的酶，它直接与呼吸链相联系。琥珀酸脱氢生成的还原型黄素腺嘌呤二核苷酸（FADH2）可以转移到酶的铁-硫中心，继而进入呼吸链。抑制的药剂有：以氧硫杂环二烯为主的羧酰苯胺类，以及噻吩、噻唑、呋喃、吡唑、苯基等衍生物，代表品种有萎锈灵、氧化萎锈灵、邻酰胺、氟酰胺、硫黄、5-氧吩嗪等。

4. 抑制电子传递和氧化磷酸化

菌体内的生物氧化进入三羧酸循环后，并没有完结，而是要继续进行最后的氧化磷酸化，即将生物氧化过程中释放的自由能转移而使腺苷二磷酸（ADP）形成高能的腺苷三磷酸（ATP）。氧化磷酸化为菌体生存提供所需的能量 ATP，所以这一过程一旦受到抑制，就会对菌体的生命活动带来严重影响。氧化磷酸化被抑制的情况有两种：一是其电子传递系统受阻；二是解偶联作用。

（1）电子传递系统受阻

还原型辅酶通过电子传递再氧化，这一过程由若干电子载体组成的电子传递链（也称呼吸链）完成。能够阻断呼吸链中某一部位电子传递的物质称为电子传递阻断抑制剂。这类药剂按其阻断的部位可分为以下几类：①鱼藤酮、敌克松、十三吗啉、杀粉蝶菌素、安密妥等，它们阻断 NADH 至辅酶 Q 的电子传递；②抗生素 A、硫黄、十三吗啉，它们阻断细胞色素 b 和细胞色素 c 之间的电子传递；③氰化物、叠氮化物、硫化氢、一氧化碳等，它们阻断细胞色素和氧之间的电子传递；④莠锈灵、8-羟基喹啉等，它们阻断琥珀酸脱氢酶至辅酶 Q 之间的电子传递。

甲氧基丙烯酸酯类杀菌剂来源于具有杀菌活性的天然抗生素，Strobilurin A 是一类作用机制独特、极具发展潜力和市场活力的新型农用杀菌剂，现已被商品化为很多品种，均为能量生成抑制剂，其作用机制是键合在细胞色素 b，从而抑制线粒体的呼吸作用。细胞色素 b 是细胞色素 bc 复合物的一部分，位于真菌和其他真核体的线粒体内膜，一旦某个抑制剂与之键合，它将阻止细胞色素 b 和细胞色素 c 之间的电子传递，阻止 ATP 的产生而干扰真菌内的能量循环，从而杀灭病原菌。

（2）解偶联作用

解偶联的含义是使氧（电子传递）和磷酸化脱节，或者使电子传递和 ATP 形成这两个过程分离，中断它们之间的密切联系，使电子传递所产生的自由能都变为热能而得不到储存。氟啶胺是一种强有力的解偶联剂，破坏氧化磷酸化，推测是分子中氨基基团的质子化作用引起的。此外，五氯硝基苯也是解偶联剂。

4.1.2.3 干扰细胞代谢物质的合成及功能

其主要作用机制为：①影响核酸合成和功能；②影响真菌蛋白质合成和功能；③影响真菌体内酶的合成和活性；④影响真菌细胞有丝分裂。

1. 影响核酸合成和功能

核酸在菌体中有很重要的作用，一旦核酸合成受到抑制，真菌的生命将会受到严重影响。核酸是重要的生物大分子化合物，其基本结构单位是核苷酸，核苷酸由核苷和磷酸组成。核苷由戊糖和碱基组成，碱基分为嘌呤碱和嘧啶碱两大类。

药剂对核酸合成的影响，按核酸合成的过程划分，主要有两个方面：其一是抑制核苷酸的前体组分结合到核苷酸中的过程；其二是抑制单核苷酸聚合为核酸的过程。如果按照抑制剂作用的性质不同划分，则可分 3 类：①碱基嘌呤和嘧啶类似物，它们可以作为核苷酸地下拮抗物而抑制核酸前体的合成；②通过与 DNA 结合而改变其模板功能；③与核酸聚合酶结合而影响其活力。

（1）嘌呤和嘧啶类似物

有些人工合成的碱基类似物（杀菌剂或其他化合物）能抑制和干扰核酸的合成，如 6-巯基嘌呤、硫鸟嘌呤、6-氮尿嘧啶、5-氟尿嘧啶、8-氮尿嘌呤等。这些碱基类似物在菌体细胞至少有两方面的作用。它们既可以作为代谢拮抗物直接抑制核苷酸生物合成有关的酶类，又可以通过掺入核酸分子中，形成"掺假的核酸"，形成异常的 DNA 或 RNA，从而影响核酸的功能而导致突变。这类杀菌剂多为碱基类似物，它们都要变成核苷酸形式后才能发挥作用，可能通过负反馈抑制了正常核苷酸途径中的某种限速酶的活性，如苯菌灵、多菌灵等苯并咪唑类杀菌剂与菌体内核酸碱基的化学结构相似，而代替了核苷酸的碱基，造成"掺假的核酸"，核苷酸聚合为核酸的阶段受阻。曾经作为防治水稻白叶枯病的药剂——叶枯散，也是抑制 ^{14}C 腺苷向枯草杆菌 DNA 部分的摄入，抑制 DNA 的合成。

（2）DNA 模板功能抑制剂

有些杀菌剂或其他化合物能够与 DNA 结合，使 DNA 失去模板功能，从而抑制其复制和转录。有 3 类起这种作用的药剂：①烷基化试剂，如二（氯乙基）胺的衍生物和磺酸酯等，它们带有一个或多个活性烷基，能使 DNA 烷基化。②抗生素类，如放线菌素 D、灰黄霉素、丝裂霉素等，直接与 DNA 作用，使 DNA 失去模板功能。③某些具有扁平结构的芳香族发色团的染料可以插入 DNA 相邻碱基之间，如吖啶环，其大小与碱基相差不大，可以插入双链使 DNA 在复制中缺失或增添一个核苷酸，从而导致移码突变。它们也抑制 RNA 链的起始及质粒复制。

（3）核酸合成酶的抑制

核酸由单核苷酸聚合而成，这种聚合需要聚合酶的催化。有些杀菌剂能够抑制核苷酸聚合酶的活性，导致核酸合成被抑制。如抗生素利福霉素和利链霉素等均能抑制细菌 RNA 聚合酶的活性，抑制转录过程中链的延长反应。

此类杀菌剂主要有酰基丙氨酸类、丁内酯类、硫代丁内酯类和噁唑烷酮类，其中以酰基丙氨酸类（以甲霜灵为代表）、噁唑烷酮类（以恶霜灵为代表）最重要。这类杀菌剂广泛用于藻菌纲病害（如霜霉病）的防治。关于苯基酰胺类的作用机制，一般认为是抑制了病原菌中核酸的生物合成，主要是 RNA 的合成。甲霜灵、恶霜灵主要是抑制了对 α-鹅膏蕈碱不敏感的 RNA 聚合酶 A，从而阻碍了rRNA 前体的转录。

2. 影响真菌蛋白质合成和功能

蛋白质的合成在细胞代谢中占有十分重要的地位。蛋白质合成在核糖体上进行，它的合成原料是氨基酸，其能量由 ATP 和 GTP 提供。杀菌剂抑制蛋白质合成的作用机制大致分 3 种情况。

（1）杀菌剂与核糖体结合，从而干扰 tRNA 与 mRNA 的正常结合

氨基酸按遗传规律组成蛋白质，在这个过程中参与的多种因子分别在各种核糖体的特定部位起作用，如果杀菌剂干扰了这一过程的某种作用，必然会影响蛋白质的合成。如放线菌酮的分子与核糖核蛋白体结合，使携带氨基酸的 tRNA 不

能与核糖核蛋白体结合；春雷霉素与多聚尿苷酸结合，阻碍苯丙氨酸-tRNA 与核糖体的结合，还强烈地阻碍核糖体 30S 亚基与甲酰化甲硫氨酸(fMet)-tRNA 的结合，从而阻抑肽链合成的起始。氯硝胺、灭瘟素等均具有这种类似功能。

（2）蛋白质合成酶的活性受到抑制

如果催化蛋白质合成酶的活性受到杀菌剂的抑制，必然也会影响蛋白质的合成。例如，异氰酸酯类化合物能与某些蛋白质合成酶的—SH 作用，结果抑制了酶的活性。还有一些与氨基酸类似的化合物也会影响蛋白质的合成，如对氟苯基丙氨酸，这很可能也是一种负反馈调节作用的结果。

嘧啶胺类杀菌剂在离体条件下对病菌的抗菌性很弱，但用于寄生植物上却表现出很好的防治效果。该类药剂能抑制病原菌甲硫氨酸的生物合成和细胞壁降解酶的分泌，而甲硫氨酸是菌体细胞蛋白质合成的起始氨基酸，从而影响病菌侵入寄主植物。嘧菌胺的作用机制是抑制病原菌蛋白质的分泌，包括降低一些水解酶水平，据推测这些酶与病原菌进入寄主植物并引起寄主组织的坏死有关。

（3）间接影响蛋白质合成

杀菌剂与 DNA 作用，阻碍 DNA 双链分开。萎锈灵由于抑制菌体细胞内的生物氧化而引起 ATP 的减少，破坏了蛋白质合成的必要条件之一——能量供给，所以阻碍了蛋白质的合成。

（4）原料的"误认"影响正常蛋白质的合成

青霉素与丙氨酰丙氨酸主体结构很相似，后者是细胞壁重要组分黏肽的前身化合物分子结构中的一部分。由于相似结构的青霉素被误认而掺入"错误的"合成蛋白质中，结果影响正常的蛋白质合成。

3. 影响真菌体内酶的合成和活性

酶是一切生物的催化剂，控制着微生物生化反应，酶一旦失活，引起催化效率降低或性能丧失，从而使其所催化的生化反应无法正常进行，并影响相关的生化反应，导致微生物的能量代谢和物质代谢受阻，从而达到抗菌的目的。目前研究较多的菌体内酶包括：黑色素合成还原酶、β-1,3-葡聚糖合成酶、多功能氧化酶、几丁质合成酶、丙酮酸脱羧酶、琥珀酸脱氢酶。

黑色素合成还原酶抑制剂（如三环唑和四氯苯酞等）已被用于防治水稻稻瘟病。稻瘟病的病原菌附着胞是黑色素为致病侵染过程中所必需的细胞结构，抑制病原菌黑色素的生物合成便成了控制该病害的一种有效途径。黑色素的生物合成过程是在还原酶和脱水酶的催化下进行的，其中的小柱孢酮脱水酶抑制剂是一类作用靶标新颖的杀菌剂，只抑制病原菌的侵染而不影响病原菌及其他非靶向生物的生长。巴斯夫公司发现的氰菌胺也属于黑色素合成还原酶抑制剂，该药剂能有力地抑制稻瘟菌丝的附着胞进入水稻植株体内，同时还能抑制病灶部位致病孢子的释放，从而阻止稻瘟病菌的侵染。

吡咯类抗菌剂来源于天然产物硝吡咯菌素，是非内吸性的广谱抗菌剂，其作用机制是通过抑制葡萄糖磷酰化有关的转移酶，并抑制真菌菌丝体的生长，最终导致病菌死亡。克菌丹抑制丙酮酸脱羧酶的反应，把辅酶氧化为二硫化硫胺素，从而使酶失活。噻呋酰胺是琥珀酸脱氢酶抑制剂，在三羧酸循环中抑制琥珀酸脱氢酶的合成。对丝核菌属、柄锈菌属、腥黑粉菌属、伏革菌属和核腔菌属等致病真菌均有活性，对担子菌引起的病害有特效。

此外，重金属能使大多数酶失活，有人认为原因是正价的重金属离子与蛋白质的 N 和 O 元素络合后，破坏酶蛋白分子的空间构象；也可能是重金属离子与—SH 基反应，置换出质子，甚至置换维持酶活力所必需的金属离子，如 Mg^{2+}、Fe^{3+} 和 Ca^{2+} 等。进入细胞内的金属离子也可以与核酸结合，破坏细胞的分裂繁殖能力，Ag^+ 可使氧活化为过氧离子、过氧化氢和氢氧基，从而起到杀菌作用。

4. 影响真菌细胞有丝分裂

有丝分裂后期，细胞内产生的纺锤丝会拉着染色体单体移向两极，从而将染色体平均分配到两个子细胞中，若这一步受到阻碍，则会使一个细胞中形成多核，从而影响菌体的生长。例如，灰黄霉素在核分裂时阻止纺锤丝的形成，诱导产生多极性分裂，并产生大小不同的多核，有时会在一个细胞内产生巨大的核。细胞膜由单位膜组成，主要含脂类、蛋白质，还有甾醇和一些盐类，是细胞的选择性屏障。某些杀菌剂作用于细胞质膜，从而破坏其选择性屏障作用，造成细胞内物质的泄漏。

多菌灵能与纺锤丝的组成成分微管蛋白结合而导致不完全分裂，在一个细胞中形成多核，染色体不完全分离，形成不规则的染色体。菌丝的生长往往受到抑制，分枝弯曲，使得生长中的菌丝先端几丁质的形成受到妨碍。苯并咪唑类杀菌剂是使细胞分裂不正常的典型，它通过干扰病原菌的有丝分裂中纺锤体的形成，从而影响病原菌的细胞分裂过程。喹诺酮渗进细菌细胞内抑制 DNA 旋转酶，这种酶能保持 DNA 的超螺旋结构。

4.1.2.4　诱导植物自身调节

该类杀菌剂多数是被寄主植物吸收或参与代谢，产生某种抗病原菌的特异性"免疫物质"；或者进入植物体内被选择性病原菌代谢，产生对病原菌有活性的物质（称为"自杀合成"物质）来发挥杀菌作用。这种杀菌剂又被称为抗原剂或抑菌剂。目前发现该类杀菌剂应用后可诱导植物产生系统抗性，即植物被环境中的非生物或生物因子激活，产生了抵抗随后的病原菌侵染的特征。系统可诱导植物产生与防卫病程相关的蛋白质（PR-蛋白），如几丁质酶、β-1,3-葡聚糖酶、SOD

酶等，同时也会引起 PR-蛋白的活性增加、植保素的积累、木质素的增加等。由于不直接作用于病原菌，抗药性发展的风险大大降低。

有枯草芽孢杆菌的培养滤液可以诱导大麦产生抵御白粉病侵染的特性，并使其产量增加；农抗 120 是一种碱性核苷类农用抗生素，能显著提高西瓜幼苗体内的过氧化氢酶活性和叶绿素含量，过氧化氢酶活性的高低与西瓜抗枯萎病能力成正相关，因此农抗 120 通过提高植物自身免疫力起到抗病作用。井冈霉素 A 可以刺激水稻植株未喷药部位产生防御水稻纹枯病的作用，并且能持续诱导植物防御反应相关酶——过氧化氢酶和苯丙氨酸酶的活性增高，这种防御作用是其自身的抑菌作用和诱导植株产生抗性防卫反应协同作用的结果，表明该药剂具有激发水稻抗性防卫反应表达的特性。

4.1.3　除草剂作用机制

除草剂的作用机制比较复杂，有些比较单一，但多数涉及植物的多种生理生化过程，还有一些尚不明确。深入了解除草剂的作用机制，对科学使用除草剂和开发除草剂新品种有重要指导意义。

4.1.3.1　除草剂的吸收与传导

1. 除草剂的吸收

除草剂必须进入植物体才能发挥效果，不同除草剂进入植物体的途径不同，有的通过叶，有的通过根，有的通过芽，还有的可以通过多种途径进入植物体。除草剂进入植物体的途径决定着除草剂的有效使用方法，叶部吸收的除草剂只能作叶处理，根部、芽部吸收的除草剂只能作土壤处理。

（1）叶部吸收

除草剂可通过叶面表皮、气孔进入植物体。叶面表皮由多层组成，外层为蜡质层，内层为角质层，角质层与细胞壁相连接。除草剂完全靠渗透进入叶片内部。由于药剂的亲水性与亲脂性的差别，渗入的部位也有差别。亲水性强的药剂只能在表皮蜡质层薄的地方渗入，而脂溶性药剂则易由蜡质层厚的部位或通道进入叶内。

叶部吸收除草剂的程度受药剂、作物和环境条件的影响。药剂因素主要是它的水溶性、挥发性及使用的助剂性质；作物因素主要是叶面形态、表皮构造、叶的老嫩；环境条件因素主要是气温、湿度大小等。

（2）根部吸收

根是植物吸收水分和营养的器官，表面缺乏蜡质和角质，对极性强的除草剂极易吸收，而对非极性除草剂吸收则较困难。除草剂从根部进入植物体内有 3 种途径：质外体系、共质体系与质外-共质体系。质外体系，主要是在细胞壁中移动，中间经过凯氏带而进入木质部；共质体系，最初为穿过细胞壁，然后进入表皮层与皮层的胞间连丝在细胞间移动，经内皮层、中柱到达韧皮部；质外-共质体系是质外体系和共质体系皆有。影响植物根从土壤中吸收除草剂的主要因素是药剂的水溶性、土壤的质地、有机质含量和土壤含水量。药剂水溶性强、土壤沙性、含有机质少、含水量高，有利于植物根从土壤中吸收除草剂。

（3）芽部吸收

有些除草剂是在杂草种子萌动过程中，经胚芽鞘或幼芽吸收而发挥杀草作用。如氟乐灵、甲草胺等都主要通过芽部吸收，根部吸收的药量很少。

2. 除草剂的传导

除草剂在植物体内是否传导也影响着除草剂的药效及对杂草根除的程度。除草剂进入植物体内，如果不传导，则只能杀死接触到的部分。作叶处理，则只能杀死杂草的地上部分，对于多年生宿根杂草不能根除。有传导作用的除草剂，特别是向下传导作用强的除草剂，能根除宿根杂草。因此了解除草剂在植物体内是否传导，以及传导的途径和特点，对科学使用除草剂有重要意义。

（1）通过共质体系传导

除草剂在共质体系传导的途径是在植物有生命的韧皮部随营养流进行，传导的方向是由制造营养或储存营养的部位流向消耗营养的部位。由于除草剂在共质体系传导在植物活组织中进行，当使用作用快的除草剂时，若单次用药量偏大，会很快将传导除草剂的活组织杀死，使传导系统堵塞，除草剂的进一步输导受阻，所以对彻底杀死多年生宿根杂草造成不利影响。

影响除草剂在共质体系传导的因素很多，其中主要包括除草剂的性质和用量、植物的生长发育阶段及光照、温湿度等条件。一般地，植物生长旺盛阶段较衰老阶段传导除草剂能力更强；温度高、光照强有利于同化作用进行，也有利于在共质体系传导的除草剂的运转。

（2）通过质外体系传导

除草剂在质外体系的传导是在植物无生命的木质部随蒸腾流进行，传导的方向沿水分移动的方向运转。一般通过根吸收进入木质部向上传导，特殊条件下，如土壤特别缺水，植物体内水分不足，除草剂也可能通过木质部向下传导。由于质外体系是植物的无生命部分，所以即使使用速效性的除草剂，若单次用药量较大时，也不影响除草剂的传导。

除草剂的极性、土壤水分含量、气温、湿度、光照强度和植物生长旺盛程度都影响着除草剂在质外体系的传导。除草剂极性大、土壤水分含量多、气温高、光照强、植物生长旺盛等，有利于除草剂在质外体系传导。

（3）通过质外-共质体系传导

有些除草剂不仅能在植物的共质体系传导，也能在植物的质外体系传导。传导的方向可向上亦可向下，对除草剂的药效发挥非常有利。

4.1.3.2　除草剂的作用机制

植物的正常生长发育是其体内一系列生理生化反应与外界环境条件相协调统一的结果，是一个非常复杂的生命过程和系统。除草剂之所以能够杀死杂草，是因为它可以干扰或破坏植物的正常生理生化反应。由于除草剂的类型很多，品种庞杂，其作用机制也十分复杂。有些除草剂主要有一种作用机制，但多数除草剂涉及多种作用机制。这里仅将除草剂的主要作用机制做简要介绍。

1. 抑制光合作用

光合作用是绿色植物特有的、赖以生存的关键生化反应，它的本质是将光能转变为化学能储藏的过程。这一过程可分为两类反应，一类是光能固定的过程，称为光反应，形成还原辅酶Ⅱ（NADPH）和腺苷三磷酸（ATP）；另一类是 CO_2 的固定过程，称为暗反应，形成碳水化合物。除草剂的作用主要表现在光反应过程。

除草剂对光合作用的抑制，有 3 种类型。

①大部分除草剂作用于光系统Ⅱ，钝化电子传递中的载体，使光合作用的电子传递受到抑制。如取代脲类、三氮苯类、尿嘧啶类、酰胺类、三嗪酮类、二苯醚类等的作用皆是如此。

②有些除草剂抑制光和磷酸化反应。如苯氟磺胺属解偶联剂，影响磷酸化作用，抑制 ATP 的形成。二硝基酚类、2,6-二硝基苯胺类、卤代苯腈类与 N-苯基氨基甲酸类等兼有抑制磷酸化与电子传递的作用。除草醚等可直接抑制 ATP 的形成，称为能量转换抑制剂。

③有些除草剂可作为电子受体与植物体内电子受体竞争，使正常的电子传递受阻。如季铵盐类除草剂中的敌草快和百草枯，可以与光系统Ⅰ中的电子受体铁氧化还原蛋白竞争，截获电子传递链中的电子而被还原，还原态的季铵盐除草剂，又可被 O_2 再氧化，形成过氧化物，从而使生物膜受到损伤。同时由于电子传递受到影响，辅酶Ⅱ的光还原也被抑制。

2. 抑制类胡萝卜素的生物合成

类胡萝卜素可以保护叶绿素分子免受光氧化的破坏。有些除草剂可以抑制类胡萝卜素合成，从而使叶绿素遭到破坏，引起植物失绿死亡。如杀草强、三氧吡啶酚、二氯苄草酯、伏草隆、卤草啶、哒草伏等，都是抑制类胡萝卜素生物合成的除草剂。

3. 破坏植物的呼吸作用

植物的呼吸作用是植物体内碳水化合物等基础物质的氧化过程，即通过糖酵解与三羧酸循环进行的一系列酶催化的有机酸氧化和氧化磷酸化反应，将产生的能转变为 ATP，以供生命体的各种需要。

除草剂通常不影响植物的糖酵解与三羧酸循环的呼吸链，主要影响氧化磷酸化偶联反应，导致不能生成 ATP，而使 ADP 积累，呼吸作用进一步加强，代谢失常，造成植物死亡。五氯酚钠、二硝酚、地乐酚、碘苯腈等除草剂就是这种作用机制。

4. 干扰植物激素作用

植物体内含有多种激素，虽然含量少，但作用很大，对协调植物生长、发育、开花、结果等都有重要作用。它们在植物不同组织中的含量和比例都有严格要求，否则植物就不能正常生长，甚至死亡。有些除草剂，如苯氧酸类、苯甲醚类等，具有天然植物激素的作用，一旦进入植物体内，就会打破原有天然植物激素的平衡，使植物受害或者死亡。

5. 干扰核酸代谢和蛋白质合成

有些除草剂能干扰 DNA 和 RNA 成倍数地增加及蛋白质的合成。激素类除草剂（如 2,4-二氯苯氧乙酸）主要影响遗传信息的转录和蛋白质的合成，使 mRNA 的活性增强，也使蛋白质合成增加，并刺激细胞和组织的生长。由于核酸合成蛋白质的过度增长，使植物生长失衡，最终导致植物死亡。在双子叶植物的维管束形成层中，韧皮部组织被挤破，同化物通道被阻断，也可使植物死亡。

除草剂氯草烯胺、氯苯胺灵、地乐酚、五氯酚等对蛋白质中亮氨酸的形成有抑制作用，毒草胺对蛋白质中氨基酸的形成有干扰作用。氯苯胺灵、敌稗、氯炔草灵、地乐酚及五氯酚等抑制 ATP 的供给，从而抑制 RNA 和 DNA 的形成。磺酰脲类除草剂抑制缬氨酸与异亮氨酸的合成，氯磺隆能抑制玉米根部 DNA 的合成，草甘膦能降低亮氨酸结合至蛋白质内，从而抑制蛋白质的合成。

一些除草剂，例如，氨基甲酸酯类中的燕麦灵、苯胺灵、氯苯胺灵和磺草灵；二硝基苯胺类中的氟乐灵、地乐胺、戊乐灵；磷酰胺类中的甲基胺草膦、丁胺草膦；磺酰脲类中的氯磺隆，等等，可以干扰 ATP 与 DNA 的合成，从而影响细胞分裂。

6. 除草剂对脂类合成的干扰

脂肪酸、磷酸甘油酯与蜡质等脂类，分别是组成细胞膜、细胞器膜与植物角质层的重要成分，对植物的代谢有着十分重要的意义。脂类结构的变化或含量的不足，对生物膜的渗透性和功能影响重大。硫代氨基甲酸酯类除草剂，如菌达灭、丁草特、禾草敌与灭草猛等，不仅抑制植物的蜡质产生，也影响脂肪酸的合成，特别是影响超长链脂肪酸（含 18 个以上 C 原子的脂肪酸）的合成。乙氧呋草磺可抑制叶面角质层中蜡质的形成。

4.2 农药作用机制研究方法

农药作用机制是研究农药对靶标生物（害虫、病原菌和杂草等）致毒（损害）机制的科学，是药理学的一个分支。现代药理学和毒理学的特点不仅是描述一个特定物质所产生的作用，而且要深入研究这种作用的机制。农药作用机制的研究可为研制新的高效、低毒、低残留的农药奠定基础，为农药的合理使用和有害生物抗性治理提供理论依据。

人们对农药作用机制的认识由浅入深，可以从不同水平来认识，遵循从整体到器官、细胞、亚细胞及分子水平的认识过程。从分子水平研究农药的作用机制是最终的目的，它能解释农药的启动作用，从其他水平解释作用机制只能解释现象。但当人们在尚无阐明作用机制化学基础（生化方面）的任何线索时，在某种意义上可将观察到的靶标生物某种组织的功能障碍或某种特殊细胞的结构变化作为其作用机制来看待。

从作用机制探究的规律可知，靶标生物对农药作用的生物反应是作用机制研究的起始，逐步深入，直至分子水平。因此，作用机制的研究也是与不同认识阶段的研究相关联的。以下简单介绍在农药作用机制研究中常用的一些方法。

4.2.1 生物测定

通过生物测定进行症状学观察是研究农药作用机制最初的一步，也是最重要的一步，从中毒症状可以推测可能的作用机制，增强作用机制研究的靶向性。

就神经毒剂而言，无论是有机氯的 DDT、六六六，还是有机磷类、拟除虫菊酯类杀虫剂，中毒试虫均表现出从兴奋、痉挛、抽搐到麻痹、死亡的过程。这些中毒现象说明，作为神经毒剂的杀虫剂，尽管它们对于神经生理的影响可能不同，但产生的症状在很大程度上是相似的，症状是作用机制的外在表现，通过症状可以大致推测农药可能作用的部位。

同理，在杀菌剂、除草剂作用机制的研究过程中也是如此。一般情况下，生物氧化或生物呼吸受到影响，能量供应受阻，孢子就不能萌发。如果抑制孢子萌发不明显，抑制菌丝生长受阻，则可能影响病原菌的生物合成。在除草剂作用下，如果出现白化苗，则可推知叶绿素被破坏，并可进一步推测除草剂通过抑制类胡萝卜素的形成从而导致叶绿素因过量光能而被破坏。

4.2.2　组织学观察

最基本的方法是通过光学显微镜及电子显微镜（以下简称电镜）观察。一般而言，通过光学显微镜和电镜可以观察农药在细胞、亚细胞水平对靶标生物的作用。利用透射电镜，可以观察到杀虫剂是否对昆虫的中肠、肌肉等组织产生毒理作用；杀菌剂对病原菌直接作用的显微观察，可研究其对菌丝生长、附着胞和侵入丝形成与侵染过程的抑制情况及病原菌细胞内结构，如线粒体、中心体、核仁等的细微病变；除草剂对杂草的作用同样可以通过组织学观察发现作用部位。

4.2.3　生理生化研究

结合症状学和组织学观察的结果，可粗略推测样品作用于靶标生物的某个部位，如昆虫的神经系统、呼吸系统、消化系统或体壁结构等，在此基础上，针对某一系统与药剂毒理学密切相关的一些生理生化问题进行深入研究。

4.2.3.1　酶活测定

生物酶可以在机体十分温和的条件下，高效率地催化各种生物化学反应，促进生物体的新陈代谢。生命活动中的消化、吸收、呼吸、运动和生殖都是酶促反应过程。酶是细胞赖以生存的基础，细胞新陈代谢包括的所有化学反应几乎都是在酶的催化下进行。与杀虫剂作用机制研究相关的酶主要有乙酰胆碱酯酶、羧酸酯酶、细胞色素 P-450 多功能氧化酶系等；与杀菌剂作用机制研究相关的酶主要有琥珀酸脱氢酶、苹果酸脱氢酶、丙酮酸脱氢酶系等；而在除草剂作用机制研究中常常涉及超氧化物歧化酶、过氧化氢酶、过氧化物酶、原卟啉原氧化酶、对-羟苯基丙酮酸双氧化酶等。

4.2.3.2　结构化合物测定

许多农药通过破坏靶标生物细胞结构或干扰机体结构化合物的形成而产生毒理作用，因此可通过测定这些结构化合物的含量变化来推测农药可能的作用机制。

与杀虫剂作用机制相关的结构化合物主要有体壁几丁质、血淋巴中酪氨酸含量等；与杀菌剂相关的菌体细胞结构化合物主要有胞壁肽聚糖、几丁质、黑色素、卵磷脂、甾醇等；与除草剂作用相关的化合物有叶绿素、类胡萝卜素、生长激素等。

4.2.3.3 生理功能测定

由于农药的作用，常常导致靶标生物正常生理功能的丧失，通过检测这些正常的生理功能，可以指明作用机制研究的方向。如果认为杀虫剂作用于呼吸系统，则首先应进行呼吸节律和呼吸强度的测定；作用于神经系统，则可进行神经电生理的测定。同样地，菌体组织受到伤害时，由于膜的功能受损或结构破坏，而使其通透性增大，细胞内各种水溶性物质包括电解质将有不同程度的外渗，将菌体组织浸入无离子水中，水的电导率将因电解质的外渗而加大，伤害愈重，外渗愈多，电导率的增加也愈大。一些除草剂在作用于受体植物后，也常通过测定电解质的漏出作为药剂是否破坏膜结构的判定指标之一，并与活性氧的形成与诱导相关联。

4.2.4 药剂在体内的分布与受体研究

研究农药在靶标生物体内的分布，最常用的方法可能是同位素示踪的方法。利用放射性同位素不断地放出特征射线的核物理性质，就可以通过核探测器随时追踪它在体内或体外的位置、数量及其转变等。放射性同位素作为示踪剂具有灵敏度高、测量方法简便易行、能准确地定量的特点。

在药物受体的定位研究中，可采用受体放射自显影技术，该技术中受体与放射性药物特异结合，其射线使核乳胶曝射后显示受体部位和数量。受体放射自显影技术能在正常生理条件下提供组织或细胞水平的结构与功能相关的信息，可免受在制样过程中受体变性的影响，保持受体在组织或细胞中的原样，能在组织和细胞水平上显示受体存在的部位、数量及受体特性。受体放射自显影技术的特点是定位精确、灵敏度高、分辨率好、直观。

4.2.5 化学方法分析农药在体内的代谢

农药作为一种外源物质进入生物体后，通过多种酶对这些外源化合物产生的化学作用，影响并改变农药化学结构，药物的这些变化过程称为代谢。通过药剂代谢分析以研究靶标物体的作用机制、抗性机制、选择性机制。常用的研究手段有采用液-液萃取（LLE），经 HPLC、HPLC-MS 及 NMR 等确定药剂在生物体内的代谢产物，可进一步研究代谢产物与活性的关系，寻找新的活性先导，进行仿生合成，等等。

5 有害生物抗药性机制

农药的使用对有效控制有害生物的为害，对农、林、牧业的生产起到了积极的作用，但也给人类和自然界带来了负面影响，其中之一是有害生物抗药性。长期多施、滥施农药，以及同一作用机制的农药连续施用和单纯依赖农药杀灭有害生物的做法使得有害生物的抗药性越来越严重。至今已有 500 多种昆虫及螨类、150 多种植物病原菌、185 种杂草生物型、2 种线虫、5 种鼠和 1 种柳条鱼产生抗药性。有些有害生物已对多种农药产生抗药性。本章主要讲述有害生物的抗药性产生机制，并列举相应的研究方法，以便正确地评估抗药性产生程度。

5.1 害虫抗药性机制

昆虫忍耐杀死正常种群大部分个体的药量的能力，并在其种群中发展起来的能力，称为害虫抗药性。害虫对杀虫剂的抗药性产生机制主要包括两种：对杀虫剂解毒作用的增强，即代谢抗性（metabolic resistance）；杀虫剂作用的靶标部位的敏感性降低，即靶标抗性（target resistance）。

5.1.1 害虫抗药性产生机制

5.1.1.1 表皮穿透性降低

表皮穿透性的降低延缓了杀虫剂到达靶标部位的时间，使得抗性昆虫个体具有更多的时间降解杀虫剂，从而减少到达靶标部位的剂量，提高了昆虫的存活率。

表皮穿透性降低引发的抗药性，在不少害虫的抗药性研究中得到了证实和深化。敏感种群比抗性种群的表皮穿透量高 1～1.5 倍，表皮穿透因子在昆虫的抗药性中可对其他抗性因子起强化作用。穿透表皮的部位有：昆虫的体壁，体壁上的附属器官，如触角、感觉器，跗节的爪间体，等等。

5.1.1.2 解毒代谢能力增强

昆虫体内具有分解代谢外来有毒物质的多种酶，可以将农药分解为毒性低、水溶性强的代谢物，排出体外。涉及杀虫剂解毒代谢的酶系主要有微粒体多功能氧化酶系（MFOs）、酯酶系（EST）、谷胱甘肽 S-转移酶系（GSTs）和 DDT-脱氯化氢酶系（DDT 酶）。在许多情况下，抗药性是水解酯酶、细胞色素 P-450 及谷胱甘肽 S-转移酶等代谢酶系代谢活性提高造成的。

（1）MFOs

MFOs 是位于某些细胞的光滑内质网上的一种多酶复合体，它由细胞色素 P-450、黄素蛋白 NADPH-P-450 还原酶、黄素蛋白-NADH-细胞色素 b_5 还原酶和磷脂等组成，其中细胞色素 P-450（简称 P-450）在 MFOs 中起末端氧化酶的作用，以可溶性和膜结合两种形式存在，被认为与杀虫剂抗性关系最密切。MFOs 存在于绝大多数生物中，在昆虫中主要分布于中肠、脂肪体和马氏管，其中以中肠的活力最高，这种分布使其最大限度地发挥作用。

P-450 介导昆虫抗性的可能机制包括：P-450 可以同时代谢不同类型或作用机制的杀虫剂类型，因此赋予昆虫产生交互抗性的能力，这使得可使用的用于控制害虫的杀虫剂种类在以后的害虫防治中受到了限制；在同一昆虫中可能包含多个 P-450，形成该昆虫的 P-450 库，每一种 P-450 都对昆虫的抗药性产生形成选择压力，因此表现出 P-450 介导的抗药性具有进化可塑性；涉及昆虫抗药性的解毒酶基因不止 1 个，因此在昆虫受到药剂的筛选时，抗性昆虫常常表现为解毒酶过量表达的现象，同时 P-450 介导的抗药性也可能涉及酶活性的增强，因此高水平抗性有可能是酶量的增加和酶活性增强共同作用的结果。

MFOs 具有的对杀虫剂的代谢作用，包括以下几种。

①O-、S-、N-脱烷基作用。在杀虫剂中，O-、S-、N-与烷基相连接时是微粒体氧化酶攻击的靶标，其结果是具有 O-、S-、N-与烷基相连接的杀虫剂在 MFOs 的作用下脱掉烷基。

②烷基、芳基羟基化作用。

③环氧化作用。将碳碳双键变成为三碳环。

④增毒氧化代谢作用。如硫代磷酸酯类化合物氧化为磷酸酯，有机磷杀虫剂及其他杀虫剂中的硫醚（—S—）被氧化为亚砜及砜的化合物。

（2）酯酶

能水解羧酸酯键和磷酸酯键的水解酶统称为酯酶（EST），它可以通过水解酯类毒性化合物的酯键，或者与亲脂类有毒化合物结合来降低有毒化合物的毒性。例如，它们可以代谢有机磷（OP）和拟除虫菊酯（Py）等杀虫剂，这是引起杀虫剂抗性的一个重要因素。

（3）谷胱甘肽 S-转移酶

谷胱甘肽 S-转移酶在杀虫剂的解毒过程中及在昆虫的抗性中起着重要的作用，尤其是许多有机磷化合物能被此酶解毒。根据底物的性质，该酶可分为谷胱甘肽 S-烷基转移酶、谷胱甘肽 S-芳基转移酶、谷胱甘肽 S-环氧化转移酶、谷胱甘肽 S-

烯链转移酶等，对有机磷农药的去毒反应也包括去甲基反应和去芳基反应。

（4）硝基还原酶及 DDT 酶

在有机磷杀虫剂中有硝基结构的化合物，如对硫磷、杀螟硫磷及苯硫磷等，可被硝基还原酶代谢为无毒化合物。脱氯化氢酶则能将 DDT 分解为 DDE。

5.1.1.3　靶标敏感性下降

杀虫剂在昆虫神经系统中的作用靶标主要有乙酰胆碱酯酶（AChE）、乙酰胆碱受体（AChR）、神经膜 Na^+ 通道、γ-氨基丁酸（GABA）受体等，这些靶标的敏感性下降将导致害虫产生抗药性，如乙酰胆碱酯酶（AChE）变构引起昆虫对有机磷及氨基甲酸酯类杀虫剂产生抗药性，这类抗药性通常为交互抗性，但也有比较专一的现象存在。神经 Na^+ 通道的改变引起害虫对杀虫剂敏感度下降。其他靶标部位，如 γ-氨基丁酸受体不敏感造成对环戊二烯及氟虫腈、阿维菌素等杀虫剂的抗性等。

昆虫上皮细胞纹缘膜上受体是苏云金杆菌的作用靶标位点，苏云金杆菌杀虫毒素蛋白与中肠该位点亲和力下降，导致昆虫对苏云金杆菌杀虫毒素蛋白的抗性。

5.1.1.4　行为抗性

这种抗性是昆虫可以选择减少或避免与杀虫剂接触，这种行为有两类：一类是依赖刺激的行为回避；另一类是非依赖刺激的行为回避。前者指昆虫依赖自身感觉对于刺激产生的回避；后者则是指群体中的部分昆虫对某种环境或寄主自然具有的回避性。前者的回避是基于此类昆虫较大多数个体对杀虫剂的刺激更敏感，而趋向于减少或不接触杀虫剂；后者则是基于在昆虫种群中本身对某种环境或寄主具有回避性个体的存在，在杀虫剂的作用下，杀灭了对某种环境或寄主不具有回避性的个体后，遗留下来的就是具有回避性的个体群，这是杀虫剂筛选的结果。

5.1.2　抗药性测定方法

5.1.2.1　抗药性检测基本测定方法

1. 测定方法

杀虫剂防效差或降低的原因很多，如农药质量、施药技术、环境条件、虫态、龄期等，并不一定是产生抗性，必须经过抗性生物测定后才能确定。抗性生物测定与昆虫的毒力测定方法很相似，同样要测定昆虫的 LD_{50} 或 LC_{50}，抗性品系（R）和敏感品系（S）的 LD_{50} 或 LC_{50} 相互比较，得出抗性倍数，才能判断所测定昆虫是否为抗性昆虫。

测定抗药性必须使用相同方法。1957 年起，FAO 制定了一系列害虫抗药性的测定方法，以下列举了 5 种方法可供参考。

（1）浸叶法

将供试农药用水配制成一系列浓度的药液，把叶片分别浸入药液中，5 s 后取出并自然晾干；将晾干的叶片放入生测瓶中，依试虫大小接入一定量试虫。每一处理至少 5 张叶片，并重复 6 次，以清水处理为对照，如果药液中需加入有机溶剂溶解原药，则需设置溶剂对照。

（2）浸渍法

该方法简单快速，不需要特殊仪器设备，常用于有效化合物的筛选实验，被 FAO 推荐为蚜虫抗药性的标准测定方法。同样将供试农药用水配制成一系列浓度的药液，把试虫分别浸入各浓度药液中，3～8 s 后取出并晾干虫体表面；放入生测瓶中，并饲以清洁食料。每一处理至少 15 头试虫，并重复 4 次，以清水处理为对照，如果药液中需加入有机溶剂溶解原药，则需设置溶剂对照。

（3）点滴法

各药剂以丙酮为溶剂，先配制成母液，再用等比法稀释成 5 个浓度，每个浓度处理 20 头，重复 3 次。如果试虫比较活泼，先将试虫放入试管内用 CO_2 或乙醚麻醉 15 s（麻醉时间以虫体大小而定），试虫不活泼可以不麻醉，然后用微量点滴器将药液迅速点滴到试虫的指定部位上，每头 0.2～1 μl。对照点滴丙酮。试虫处理后放入生测瓶内，饲以清洁食料。

（4）药膜法

各药剂以丙酮为溶剂，先配制成母液，再用等比法稀释成 5 个浓度，每浓度重复 3 次。吸取 0.5 ml 药液于小指行管或锥形瓶中，待瓶底药液均匀后将瓶横放，不停地转动瓶子，使药液浸润瓶底和瓶壁，至丙酮全部挥发，使药剂在瓶内形成一层均匀的膜。将个体均匀的试虫装入药膜瓶中，每瓶放 10～30 头（视虫体大小而定），加上瓶盖，让试虫自由爬行 2 h，然后移出到清洁生测杯中，饲以清洁食料。

（5）滤纸药膜法

将原药用丙酮配制成一系列不同浓度的溶液，取两张直径 9 cm 的中性滤纸，分别置于直径 9 cm 培养皿的上下皿内表面，分别吸取 0.8 ml 的药液，均匀点滴于滤纸上，使药液随丙酮扩散并在滤纸表面形成一层药膜。待滤纸自然风干后，往培养皿中接入 10～30 头试虫，让其自由爬行 2 h，再将试虫转移到干净的生测瓶中，饲以清洁食料。每浓度重复 3 次，以丙酮处理为对照。

根据抗药性基本测定方法，测定昆虫抗性种群（R）和敏感种群（S）的 LD_{50} 或 LC_{50}，通过以下公式计算昆虫的抗性倍数。

$$抗性倍数 = \frac{抗性种群的 LD_{50}（或 LC_{50}）}{敏感种群的 LD_{50}（或 LC_{50}）}$$

2. 抗药性指标

（1）抗药性程度

抗性倍数为 3～5，正常现象，可继续使用，不说产生抗性，而说具耐药性；

抗性倍数为 5～10，低抗，小心控制使用；

抗性倍数为 10～40，中抗，停用或间歇使用；

抗性倍数为 40～160，高抗，停用。

（2）交互抗性

利用某种农药培育出的昆虫的抗性，研究该昆虫是否对于其他未参与抗性选育的农药具有交互抗性，具体做法为：分别用不同药剂测定敏感种群和抗性种群的 LD_{50} 或 LC_{50}，利用以下公式计算交互抗性倍数。

$$交互抗性倍数 = \frac{对抗性种群测得的LD_{50}或LC_{50}}{对敏感种群测得的LD_{50}或LC_{50}}$$

5.1.2.2　神经系统抗药性检测方法

神经系统抗药性检测方法与药剂对神经系统的作用机制检测方法相同。不同的地方是作用机制的检测对象是被处理对象与未被处理对象的神经系统靶标部位对药剂的敏感性差异，而抗药性检测是敏感种群与抗性种群的神经系统靶标部位对药剂的敏感性差异。相同的地方是二者的检测手段和检测对象。

1. AChE 敏感性测定方法

正常神经冲动传导的机制，AChE 分解乙酰胆碱成乙酸和胆碱，但有机磷或氨基甲酸酯类农药作用于昆虫体后，昆虫体内 AChE 受到抑制，不能继续水解乙酰胆碱，造成昆虫突触部位乙酰胆碱大量积累，阻碍昆虫正常神经活动，造成昆虫死亡。

具有抗药性的昆虫，突触部位 AChE 对有机磷或氨基甲酸酯类农药的敏感度降低。原因是 AChE 的结构发生了改变，从而使得 AChE 对有机磷和氨基甲酸酯类农药的亲和力降低。有机磷和氨基甲酸酯类农药到达神经突触部位后不能再有效地抑制 AChE 分解乙酰胆碱为乙酸和胆碱的活动，昆虫神经活动正常进行。

实验室测定 AChE 敏感性的方法是应用碘化硫代乙酰胆碱（ATCh I）为底物，在胆碱酯酶作用下水解为碘化硫代胆碱及乙酸，然后以二硫代双（2-硝基苯甲酸）（DTNB）为显色剂，形成黄色产物，在 412 nm 处有最大吸收峰。生成物浓度和光密度在一定范围内密切相关，故用分光光度计可以进行定量测定，以此代表 AChE 的活性。

测定方法如下。

（1）提取粗酶液

将昆虫的头部取下，加入匀浆缓冲液（0.1 mol/L 磷酸钠缓冲液，pH 7.6，含有 0.05% Triton X-100）进行充分匀浆。然后 10 000 r/min 离心 10 min，取上清液再次 10 000 r/min 离心 20 min，然后取上清液作为粗酶液。以上所有操作均在冰上进行，离心时温度均为 4℃以减少酶活力损失。

（2）乙酰胆碱酯酶 K_m、V_m 的测定

于酶标板加样孔中依次加入提取的粗酶液、磷酸盐缓冲液、DTNB 溶液和 ATChI 溶液。DTNB 和 ATChI 的反应浓度分别为 45 μmol/L 和 1.5 mmol/L。利用酶标仪检测酶活力，在 25℃、405 nm 下，每隔 30 s 读取光密度值一次，共记录 40 个值，重复 3～4 次。双倒数法求 K_m 和 V_m 值，即以 $1/V$ 为纵坐标，$1/S$ 为横坐标作图，得一直线并计算求得线性回归方程，则纵坐标截距 $a = 1/V_m$，斜率为 $b = K_m/V_m$。

（3）乙酰胆碱酯酶抑制中浓度 IC_{50} 的测定

将 25 μl 酶液（100 μl/头匀浆）与 50 μl 不同浓度的甲胺磷药液混匀于酶标板加样孔中，25℃下放置 5 min，采用（2）所述方法测定乙酰胆碱酯酶的剩余活力，对照组用 0.02 mol/L、pH 7.0 磷酸盐缓冲液代替甲胺磷溶液，每处理 3～4 个重复。IC_{50} 值的计算方法为：以乙酰胆碱酯酶活力抑制率的机率值为纵坐标，以杀虫剂浓度对数为横坐标，得一直线并计算求得线性回归方程，取机率值为 5，求得抑制酶 50%活力时的杀虫剂浓度对数，反对数即得抑制中浓度（IC_{50}）。

（4）乙酰胆碱酯酶抑制常数 K_i 值的测定

50 μl 酶液（50 μl/头匀浆）与 50 μl 甲胺磷药液混匀，温度 25℃。每隔 20 s 取出 20 μl 混合液于酶标板加样孔中，迅速依次加入 80 μl 0.02mol/L、pH 7.0 磷酸盐缓冲液、100 μl DTNB 和 100 μl ATChI 溶液。采用（2）中所述方法测定乙酰胆碱酯酶的剩余活力，对照组用 0.02 mol/L、pH 7.0 磷酸盐缓冲液代替甲胺磷溶液，每处理 3～4 个重复。K_i 值的计算方法为：以剩余酶百分率的对数（$Log_{10}P$，P 为剩余酶百分率）为纵坐标，以抑制剂浓度与作用时间的乘积（it，i 为抑制剂浓度，t 为抑制剂与酶的作用时间）为横坐标，得一直线计算求得线性回归方程，则 $K_i =$ 斜率×2.303。

2. 神经膜离子通道敏感性测定方法

（1）双微电极电压钳技术

电压钳技术是由英国学者 Hodgkin 和 Huxley 于 20 世纪 50 年代初发展起来的一种电学方法，这种方法最初用金属电极记录了枪乌贼的巨大神经轴突的跨膜电流。这可以把单一的跨膜离子流从众多的离子流中分离，通过对离子流的测定，来分析离子通道开放与关闭的动力学变化。这一技术是研究药剂毒理作用机制的重要手段，可以用于研究离子通道蛋白及受体的表达。

双微电极电压钳技术的工作原理为：用一根尖端小于 0.5 μm 的玻璃微电极插入细胞内记录跨膜电位，用另一根细胞内玻璃微电极按照实验的要求注入适当电流。可以设定将跨膜电位突然变化到特定电位值，通过负反馈放大电路输出电流注入细胞内，使膜电位在一定时间内维持在此水平，观察整个过程中跨膜电流的变化，计算电流和电位的关系及电流的动态变化规律。

（2）膜片钳技术

膜片钳技术是在电压钳技术基础上发展起来的一种新技术。方法是将尖端直径仅 1 μm 的玻璃微电极吸附到细胞膜表面，对微电极内施加负压，微电极与细胞膜形成高于 10 GΩ 的高阻封接，可记录到膜上 pA 级的离子通道电流。同时有多种模式可以方便地对细胞进行电压钳制和电流钳制，观察各种离子通道电流及其调控，并与分子生物学技术结合，进行离子通道与受体的分子结构和功能研究，广泛应用于神经生物学、生理学、药理学等各个领域。

膜片钳技术的工作原理为：利用膜片钳技术有 4 种离子通道记录形式，即细胞贴附式、外面向外、内面向外、全细胞记录。细胞贴附式是将抛光的玻璃电极置于酶清洁过的细胞膜表面，对电极内施加负压形成高阻封接，电阻达 10 GΩ 以上，由于微电极外完全绝缘，而微电极阻抗相对很低，可直接在微吸管上施加电压对膜电位进行电压钳位，高分辨地测量电流。在高阻封接后，可进一步在电极管内施加脉冲式负压或施加一定的电脉冲，使电极尖端的膜片破裂，电极内液与细胞内液导通。由于电极的电阻很低，这时就可以进行全细胞电压钳制。在形成高阻封接后，还可进一步形成内面向外膜片，或外面向外膜片。细胞贴附式可研究某一特定离子通道，以及细胞不同部位的电流。内面向外膜片和外面向外膜片可以研究钙等对离子通道的调控作用和细胞外侧受体调控的离子通道。全细胞电压钳位还可以用于研究药剂对离子通道的影响等。

5.1.2.3　解毒酶活力测定

1. 微粒体多功能氧化酶系活力测定

利用增效剂可以抑制昆虫体内特定解毒酶而起到促进杀虫剂杀虫的作用。要证明 MFO 是否参与抗性的形成，可以采用活体法和离体法开展实验。

活体法：采用微粒体多功能氧比酶特异性抑制剂（如胡椒基丁醚等）与已产生抗性的杀虫剂混用，如果能部分或全部恢复该杀虫剂的杀虫效力，就可以初步认为害虫对这些杀虫剂产生抗性是由于微粒体多功能氧化酶系活性增强所致。

离体法：直接测定由害虫组织制备的 MFO 酶系对所研究杀虫剂的氧化代谢作用，或者对各种典型底物的作用来衡量 MFO 的各种活性作用水平，例如，用艾氏剂测定 MFO 环氢化活力，用对硝基茴香醚测定 *O*-脱甲基活性，等等。

测定方法为：将抗性和敏感种群的昆虫中肠冰浴匀浆，离心后的上清液作为酶源，以 ^{14}C 某药剂为底物，在 37℃ 保温 15 min 后用酶标仪测定抗性和敏感种群的代谢差异，以及加入 $1×10^{-3}$ mol/L 的酯酶抑制剂脱叶磷（TBPT）和氧化胡椒基丁醚（PBO）后，测定抑制剂对代谢的影响。

2. 酯酶活性测定

酯酶在昆虫体内含量丰富，是昆虫体内重要的代谢酶之一，主要参与有机磷杀虫剂和部分拟除虫菊酯类杀虫剂的解毒代谢。

酯酶是一类活性蛋白质，它能催化酯键水解，将 α-乙酸萘酯和酯酶在适当的条件下温育，能催化萘酯水解产生乙酸和 α-萘酚，后者与固蓝 B 盐作用，呈蓝绿色反应，在 600 nm 处有最大吸收峰。其吸光度值与 α-萘酚的浓度在一定范围内呈线性关系。利用酶标仪即可测定对某一类农药产生抗药性的昆虫体内酯酶与敏感昆虫体内酯酶的活性差异，从而比较二者的抗药性程度。对于酯酶测定，以上所有操作均在冰上进行，离心时温度均为 4℃ 以减少酶活力损失。

测定方法为：取昆虫体加入匀浆缓冲液（0.1 mol/L PBS，pH 7.6，含 1 mmol/L EDTA，1 mmol/L DTT，1 mmol/L PTU 和 1 mmol/L PMSF）充分匀浆，然后离心并取上清液再次离心，最后收集上清液用作酯酶活性测定。

在每个试管中依次加入 1 ml 含有底物和毒扁豆碱的 PBS，1 ml 酶液。30℃ 反应 10 min 后，加入固蓝 B 盐缓冲液终止反应并显色，静置 15 min 后在 600 nm 下测 OD 值。

对照管中在加入固蓝 B 盐缓冲液之后补加酶液，用 α-萘酚制作标准曲线，酶原经蛋白质含量测定，计算酯酶比活力。

5.1.2.4 药剂的表皮穿透力测定

1. 测定基本原理

同位素示踪所利用的放射性核素（或稳定性核素）及它们的化合物，与自然界存在的相应普通元素及其化合物之间的化学性质和生物学性质相同，只是具有不同的核物理性质。因此，可以用同位素作为一种标记，制成含有同位素的标记农药分子代替相应的非标记农药分子。利用放射性同位素不断地放出特征射线的核物理性质，通过核探测器随时追踪它在体内或体外的位置、数量及其转变等。用放射性同位素作为示踪剂具有灵敏度高，测量方法简便易行，能准确地定量，可准确地定位及符合所研究对象的生理条件等特点。

2. 测定方法

首先制备同位素示踪剂，在农业科学研究中用的比较多的同位素有 ^{14}C、^{35}S、^{32}P、^{3}H、^{131}I 等。可以利用同位素交换法、化学合成法和生物合成法等制备同位素标记剂。在供试虫体上直接滴加同位素标记农药，或将药液喷洒于虫体表面。处理后不同时间段用正己烷淋洗试虫体表，将每头幼虫的淋洗液收集于闪烁瓶中，用氮气或自然阴干后，加入 5 ml 乳化闪烁液，用液闪仪测定每头幼虫体表残留药剂的放射性强度，并以未加药剂和原药剂药量作为对照，同样测定放射性强度。

5.2　病原菌抗药性机制

　　植物病原菌抗药性指本来对农药敏感的野生型植物病原菌个体或群体，由于遗传变异而对药剂出现敏感性下降的现象。病原菌抗药性与害虫抗药性一样，是植物化学保护领域最重要的问题之一。抗药性包含两方面含义：一是病原菌遗传物质发生变化，抗药性状可以稳定遗传；二是抗药突变体对环境有一定的适合度，即与敏感野生群体具有生存竞争力，如越冬、越夏、生长、繁殖和致病力等有较高的适合度。

　　番茄叶霉病（致病菌为 *Cladosporium fulvum*）是番茄生产中的一种重要病害，在防治上主要依赖化学防治。嘧菌酯（azoxystrobin）是先正达公司开发的第一个甲氧基丙烯酸酯类杀菌剂品种，能抑制菌丝生长、孢子萌发及孢子产生，具有保护、治疗、铲除、内吸及横向输导等特性，其杀菌活性高、杀菌谱广、内吸性强、对非靶标作物和环境安全，被广泛用于多种经济作物病害的防治，但是该药剂属于高风险杀菌剂。早在 1999 年，德国、比利时、法国、英国和丹麦发现了小麦白粉病菌（*Erysiphe graminis*）抗甲氧基丙烯酸酯类药剂的菌株；2001 年 Ishii 等报道日本由于病菌对嘧菌酯的抗药性导致嘧菌酯防治黄瓜霜霉病和黄瓜白粉病失败。

　　灰葡萄孢霉已对苯并咪唑类、二甲酰亚胺类、*N*-苯氨基甲酸酯类和苯氨基嘧啶类杀菌剂产生了不同程度的抗性。自 1971 年 Bollen 和 Scholten 在荷兰温室中的仙客来上发现灰霉菌对苯来特的抗性菌株以来，美国、英国、法国、以色列、意大利等地的葡萄、草莓、番茄上的灰霉菌也都相继发生了抗药性，使得苯并咪唑类杀菌剂的防效迅速下降。我国使用该类杀菌剂已有多年历史，已在很多地区对多菌灵产生抗药性，而且进行继代培养抗性程度也不下降。

5.2.1　病原菌抗药性产生的遗传机制

　　病原物抗药性状由遗传基因决定。抗药基因可能存在于细胞核中的染色体上，也可能存在于细胞质中，绝大多数抗药基因位于细胞核的染色体上。

　　病原物对某种农药的抗药性由一个主基因控制，该性质称为单基因抗药性或主效基因抗药性。已知目前病原菌对杀菌剂的抗性大多数都属于单基因突变。该基因可能是一段由若干核苷酸组成的 DNA 片段，其中一些单个或几个核苷酸的改变均能通过相同的生化机制表达对药剂的抗性，但是不同的核苷酸改变可能表达不同的抗药水平和适合度，这就是等位基因抗药性。一种病原物群体中可能同时存在着多种等位基因抗药性。

病原物细胞中可能存在几个主效基因决定一种药剂的抗性，其中任何一个基因发生突变即可表达抗药性。病原物同一个体可能发生一个至几个这种主效基因的变异，不过其中一个突变基因对另一个突变基因往往具有上位显性作用。尽管它们间可能发生相互作用而表现型不同于单基因突变体，但是抗药水平通常与单基因抗药性表达的抗药水平相似，这就是寡基因抗药性。

与敏感病原物等位基因相比，每个突变基因可能表现为完全或不完全显性，以及完全或不完全隐性。当同一病原物个体细胞中存在等位的敏感基因和抗药基因时，其表现可能是抗药的或敏感的。例如，卵菌及其他双倍体阶段致病的病原物，只有当控制抗药性的基因是显性的，或者隐性基因的纯合体才能表达抗药性。大多数植物病原子囊菌、担子菌和半知菌的致病阶段是单倍体阶段，决定抗药性的基因无论是显性、不完全显性，还是隐性均能表达抗药性。主基因或寡基因控制的抗药性，抗药水平往往很高，抗药和敏感个体杂交后代对药剂的敏感性表现为抗药和敏感不连续的基因分离定律。使病原物表现质量抗药性状的农药，已知有苯并咪唑类、苯酰胺类、羧酰替苯胺类、二甲酰亚胺类杀菌剂，以及春雷霉素、链霉素等抗生素。

病原物抗药基因还可能存在于细胞质中的线粒体、质粒或病毒分子上。在实验室通过菌体线粒体 DNA 的突变，可以获得对氯霉素、放线菌酮、链霉素、寡霉素等抗生素的抗药性。但实际情况下，对抗生素的抗性基因似乎很少位于线粒体或染色体上，主要存在于游离体、质粒或病毒上。

5.2.2 病原菌抗药性产生的生化机制

常用的农药中，有一些能干扰病原物生物合成过程（如核酸、蛋白质、麦角甾醇、几丁质等的合成）、呼吸作用、生物膜结构及细胞核功能，都有专化的作用靶点。病原物只要发生单基因或少数寡基因突变就可以导致病原物靶点结构的改变，而降低对专化性药剂的亲和性。虽然病原物不可能同时发生多基因的变异而降低与多作用靶点化合物的亲和性，但是生理生化代谢可以发生某种变化，修饰细胞壁或生物膜的结构，阻止药剂到达作用靶点，或者减少对药剂的吸收，或者增加排泄，或者减少药剂在细胞内的积累等而表现抗药性。

降低亲和性是病原物产生抗药性最重要的生化机制。常用的杀菌剂如苯并咪唑类、苯酰胺类、羧酰替苯胺类杀菌剂，以及春雷霉素等抗生素，真菌产生抗药性就是分别在相应的作用靶点 β-微管蛋白、mRNA 聚合酶、琥珀酸-辅酶 Q 还原酶复合体和核糖体组成发生构象改变，降低了药剂与这些靶点的亲和性而表现抗药性的。

减少吸收或增加排泄是病原物细胞通过某些代谢变化，阻碍足够量的药剂通过细胞膜或细胞壁而到达作用靶点，或者利用生物能量通过某种载体将已进入细胞内的药剂立即排出体外，阻止药剂积累而表现抗药性。例如，梨黑斑交链孢霉细胞壁结构可发生改变，阻止多氧霉素 D 到达作用部位发挥对几丁质合成酶的毒力；稻梨孢菌可减少对稻瘟素 S 的吸收，降低对菌体蛋白质合成的影响；构巢曲霉抗药突变体能利用生物能量将进入菌体内的氯苯嘧啶醇排出体外。

补偿作用或改变代谢途径也是病原物抗药性机制之一。病原物可以改变某些生理代谢，使药剂的抑制作用得到补偿。如增加药剂靶点酶的产量，当药剂阻止了正常的代谢途径时，病原物可能会启动替代途径，绕道完成代谢过程而维持正常的生命活动，病原物最终表现对药剂的抗药性。

5.2.3　抗药性测定方法

以番茄叶霉病菌对嘧菌酯产生抗药性为例。

1. 番茄叶霉病菌对嘧菌酯的敏感性测定

采用孢子萌发法。分别在含嘧菌酯 0 μg/ml、0.01 μg/ml、0.05 μg/ml、0.1 μg/ml、0.5 μg/ml、1.0 μg/ml、5.0 μg/ml、10.0 μg/ml、50.0 μg/ml、100.0 μg/ml、500.0 μg/ml 的 PDA 平板上涂抹各个菌株的分生孢子悬浮液，每个处理重复 3 次，25℃下培养 20 h，低倍镜观察分生孢子萌发。用 DPS 软件统计不同药剂浓度的孢子萌发率及相对防效，并进行系列药剂浓度的对数值与相对防效的机率值之间的线性回归分析，求出嘧菌酯抑制番茄叶霉病菌分生孢子萌发的毒力回归方程、相关系数及有效中浓度（EC_{50}）。

2. 药剂驯化实验

将三种敏感菌株在 PDA 平板上预培养 4 d 后，用打孔器取直径 5 mm 的菌丝块接种到含嘧菌酯的 PDA 平板上，每皿接种 1 块，共接种 10 皿，置于 25℃、黑暗条件下培养 8 d，将 3 个菌落上的角边菌丝块转到无药培养基上培养，记为第一代，测定其对嘧菌酯的敏感性，鉴别其是否为抗药性菌株，筛选出不同的抗药性突变体。

3. 紫外线诱导实验

在含嘧菌酯的 PDA 平板上培养三种敏感菌株 10 d，在每个平板上加入 5 ml 无菌水，用涂棒轻轻刮下分生孢子，制成分生孢子悬浮液。用移液枪吸取分生孢子悬浮液注入含嘧菌酯的 PDA 平板中，用涂棒均匀涂抹，开盖，放在超净台内的紫外灯下 25 cm 处照射 75 s（抑制 80%分生孢子的萌发），置于 25℃、黑暗条件下培养，10 d 后将在经紫外线照射的平板上长出的菌落转到无药培养基上复壮培养，记为第一代，测定其对嘧菌酯的敏感性，筛选出不同的抗药性突变体。

4. 交互抗性测定

利用菌丝生长速率法测定 4 个抗嘧菌酯突变体及其亲本菌株对多菌灵、苯醚甲环唑的敏感性（EC_{50} 值），分析嘧菌酯与多菌灵、苯醚甲环唑之间有无交互抗性关系。

5. 抗药性遗传稳定性测定

将抗嘧菌酯突变体及田间采集分离获得的抗嘧菌酯菌株分别在无药 PDA 平板上以菌丝体连续转代培养 7 代和 5 代后，在含系列浓度嘧菌酯的 PDA 平板上测定继代培养前后的抗嘧菌酯菌株对嘧菌酯的敏感性（EC_{50}）。

6. 离体适合度的测定

在不含药的 PDA 培养基上接种叶霉病菌 3 个抗嘧菌酯突变体及其 2 个亲本菌株的菌饼，每隔 24 h 测量菌落直径及菌丝生长速率，待产生大量分生孢子后，每皿中加入 5 ml 灭菌水，以玻棒轻擦菌落表面，用纱布过滤，用无菌水定容至 5 ml，在血球记数板上测定分生孢子悬浮液的浓度，比较抗性突变菌株与其亲本菌株的产孢量。将分生孢子悬浮液稀释至 10×10 倍显微镜下每视野 50～100 个孢子，取 150 µl 分生孢子悬浮液置于 PDA 平板上，25℃下黑暗培养 20 h 后，低倍镜下观察分生孢子萌发率。

7. 致病性的测定

采用离体叶片法。用直径 0.5 cm 的滤纸片蘸取熔化至 50～60℃的 PDA 后，再蘸取抗药性突变体及其亲本菌株分生孢子悬浮液，接在番茄离体叶片的背面，在 25℃、12 h 光照培养箱中培养 15 d，调查病级，计算病情指数。每个菌株设 5 个重复。

5.3 杂草抗药性机制

5.3.1 杂草抗药性产生机制

5.3.1.1 除草剂作用位点的改变

在许多杂草中，除草剂抗药性生物型的出现是由于除草剂作用位点得到遗传修饰的结果，这在大多数磺酰脲类、咪唑啉酮类、三氮苯类及二硝基苯胺类除草剂的抗药性研究中已得到证实。

磺酰脲类和咪唑啉酮类除草剂的作用位点是乙酰乳酸合成酶（ALS）。对这类除草剂抗药性生物型的 ALS 研究表明，抗药性生物型的 ALS 与敏感性生物型的相比，有几种不同位点的氨基酸已发生取代，取代后的 ALS 对除草剂敏感性下降。

三氮苯类除草剂的抗性则与叶绿素 PsbA 基因位点突变有关。PsbA 基因编码除草剂结合位点——光系统 II 的 D-1（32KD）蛋白。在至今研究的所有高等植物中，所有抗药性突变都涉及 D-1 蛋白上第 264 位点上一个氨基酸的取代，而造成除草剂与该蛋白质的亲和性下降。

对二硝基苯胺类除草剂具有高抗性的牛筋草（*Eleusine indica* L.）生物型中，同样发现作用靶标发生了改变。在牛筋草的抗药性生物型中，发现存在一种新型的 β-微管蛋白，并认为这种新型微管蛋白组成的微管稳定性增加，这是对二硝基苯胺类除草剂表现抗药性的重要原因之一。

5.3.1.2　对除草剂解毒能力的提高

除草剂对植物选择性的重要机制在于代谢的差异，以及对除草剂快速降解或辄合作用的增强。而将除草剂代谢成为低毒或无毒的代谢产物，这种现象同样在一些抗药性杂草生物型中发现。

1989 年，Gronwald 等研究表明，苎麻的阿特拉津抗药性生物型抗药性机制是由于谷胱甘肽与除草剂辄合作用的增加，提高了对除草剂的解毒能力，这一解毒过程与具耐药性玉米植株的解毒过程相似。多抗性的黑麦草品系对绿麦隆的抗药性也是由于降解除草剂的能力提高的结果。

另外，在野塘篙的百草枯抗药性生物型的叶绿体中，对除草剂产生的氧自由基有解毒作用的酶的活性增加了，其中过氧化物歧化酶、抗坏血酸过氧化物酶和谷胱甘肽还原酶在抗药性生物型叶绿体中分别比敏感型的增加了 1.6 倍、2.5 倍和 2.9 倍。在小蓬草（*Erigeron canadensis* L.）的百草枯抗药性生物型中，也观察到解毒酶活性的增加。

因此，通过提高对除草剂的降解作用、辄合作用及清除除草剂产生的毒性代谢产物的解毒能力，可以提高植物对除草剂的抗药性。

5.3.1.3　对除草剂的屏蔽作用或与作用位点的隔离作用

1991 年，Coupland 详细讨论了除草剂及其植物毒性代谢物的屏蔽作用和隔离作用在除草剂抗药性生物型形成中的作用。但是，仅因这一过程导致杂草对除草剂产生抗药性的研究还需深入。

植物对百草枯的屏蔽作用是因百草枯和一种未知的细胞组分结合或在液泡中

的累积，使百草枯与叶绿体中的作用位点相隔离。这种对作用位点的屏蔽被认为是百草枯抗药性机制的一个重要方面。这一理论提出的依据是在野塘蒿、飞蓬属、小蓬草，以及禾本科的一种植物的抗药性生物型中发现百草枯的移动受到了限制。并且在抗药性生物型植株中，叶绿体的功能如 CO_2 的固定和叶绿素荧光猝灭可以迅速恢复。这些均说明除草剂在其作用位点的结合可能被阻止。

　　另外有研究表明，繁缕的 2-甲-4-氯丙酸的抗药性生物型中，将除草剂代谢为轭合物的作用明显高于敏感生物型，因为脂类轭合物占优势，所以认为液泡的分隔作用可能与抗药性生物型生长的恢复有关。

5.3.2　杂草抗药性测定方法

5.3.2.1　整株水平测定

1. 整株植物测定法

　　一般所使用的方法为 Ryan 法，该方法简便易行。具体步骤为：从怀疑有抗药性杂草生物型和从未使用过除草剂的田块采集杂草种子，按小区大田播种或温室盆栽，在播后芽前或苗后进行常规施药处理。药剂设置不同浓度梯度，通过测定不同剂量下杂草的出苗率、死亡率、叶面积、鲜重、干重等指标，与对照比较，以确定抗药性水平。Ryan 法能够提供杂草交互抗性或多抗性方面的信息，可以指导轮换用药，但是这种方法无法确定抗药性产生的原因和机制等问题，且费时长，但技术简单易行，大批量植株可同时进行，且重复性较好，因而是抗药性检测的常用方法。

2. 幼苗检测法

　　具体步骤是：在玻璃试管中放置湿润的滤纸，把种子摆放在滤纸上，然后将试管放到盛有营养液（不含药剂）的培养皿中，通过滤纸吸取营养液，种子在滤纸上发芽，一段时间后，把带根（长 3～5 mm）的种子转移到封闭的瓶中滤纸上，将不同浓度的药剂溶液加到瓶中，在一定条件下培养，通过测量芽长或胚芽鞘的长度，测定杂草的抗药性水平。

5.3.2.2　器官或组织水平测定

　　根据杂草对除草剂产生的局部反应，抗药性杂草往往会在组织或器官的形态结构上表现出差异，测定这种差异便可以鉴定抗药性。

　　（1）培养皿种子检测法

　　这种方法是把催芽的杂草种子放在加入药剂的琼脂表面或浸药的滤纸上培

养，如果种子处于休眠状态，可通过在琼脂培养基中加入赤霉酸 GA3 打破种子休眠，达到快速检测的目的。通过测定发芽率、主根长、鲜重或干重等指标鉴定抗药性。此方法相对快速、廉价、可靠，尤其是对大量杂草种群的常规抗药性检测非常重要。如 Letouze 等（1997）、Moss 等（1999）建立的用以检测禾本科杂草抗药性的方法。

（2）分蘖检测法

把种子种植在粗沙和泥炭（体积比 1∶3）的混合物中，在温室内培养。选取 3 叶期（第 3 叶未充分展开）正生长的分蘖，小心地除去根，把分蘖放在高浓度的药剂溶液中，一段时间后，通过比较第 3 叶坏死程度来评价杂草的抗药性水平。

（3）叶圆片浸渍技术测定法

首先将健康的叶片用打孔器打取相同面积的叶圆片，将叶圆片浸渍在含有一定浓度除草剂的磷酸缓冲溶液的试管中，抽真空，小圆片下沉至试管底部，解除真空，加入少量 $NaHCO_3$ 溶液，照光，对除草剂不敏感或产生抗药性的生物型，光合作用未被抑制，组织间产生足够多的 O_2，叶圆片上浮；而对除草剂敏感的生物型，光合作用受抑制，不能产生足够多的 O_2，圆片仍沉在试管底部。此方法可鉴定对抑制光合作用的除草剂产生抗性的生物型。

（4）花粉粒萌发法

按分蘖检测法所示种植杂草。剪取具花药的、刚从颖片抽出的穗，转移到盛水的烧杯中，放在距冷光 20 cm 处，诱导释放花粉，把花粉振落到含系列浓度药剂的 0.25%固体琼脂培养基上。一定条件下培养一段时间后，用显微镜（200 倍）观察花粉萌发情况。萌发花粉计数以花粉管长度至少达半个花粉粒长度为准。该方法可对田间正在生长的杂草实现快速抗药性检测。

（5）茎切面再生苗测定法

温室或大田常规处理，一般采用盆栽法，当杂草生长至 3 叶 1 心期，用一定剂量的除草剂茎叶处理，一定时间后（视除草剂吸收情况）沿第 2 叶部位切除上部植株，通过测定再生的茎段长度检测杂草抗药性。此方法可用于禾本科杂草对内吸传导型除草剂的抗性检测鉴定。

此外，切片、压片技术结合电镜技术，通过观察形态学变化亦可检测鉴定除草剂抗性生物型，常用组织的石蜡切片、根尖、茎尖、花粉母细胞的压片等。

（6）叶片叶绿素荧光测定法

荧光反应被称为光合作用的探针。当用光合作用抑制剂，如取代脲类、三氮苯类或尿嘧啶类处理植物叶片时，光合作用抑制剂阻断电子由 Q_A 到 Q_B 的传递，光系统 II 的还原端被中断，捕获的光能不能往下传递，叶绿素 a 处于激发态，以荧光的方式释放能量，通过测定叶绿素 a 发射荧光的强弱可以检测抗药性。方法有 Tucruet 法、Gasguea 氏法和 Ahrens 法。Tucruet 法、Gasguea 氏法是在清晨采取植物幼叶，黑暗条件下浸于除草剂水溶液中，2 h 后取出，用短波光照射叶片背面，测定叶片发出的荧光强度；Ahrens 法是从清晨采取的幼叶上切取叶圆片，光照的条件下悬浮于去离子水 20～60 min，取出并吸干上面的水，正面朝上放在黑布上，黑暗条件下测定其荧光强度，然后将叶圆片面朝下，放入含有表面活性剂和除草剂的溶液中，照光后测定荧光强度。

（7）光合速率测定法

光合作用抑制剂杂草抗性生物型在处理后其光合速率变化不大，而敏感生物型则受到严重抑制。通过测定光合速率的诱导变化研究光合作用抑制剂对植物或叶片的影响，可以检测鉴定杂草抗药性，主要方法有：红外线 CO_2 测定法、氧电极测定法、pH 比色法、气流测定法、改进的干重测定法和半叶法等。

（8）呼吸速率测定法

抑制呼吸作用的除草剂不多，如五氯酚钠、二硝酚、二乐酚、碘苯腈、溴苯腈、敌稗、氯苯胺等。测定方法可参照光合速率测定法。

5.3.2.3　细胞或细胞器水平测定

①离体细胞悬浮培养鉴定：检测时，药剂溶于丙酮后注入试管中，再加入对数期的细胞悬液，试管放在 400 r/min 摇床上于 25℃黑暗中培养 8 d，然后用微电极测培养基的电导率。电导率的减少与细胞生长量的增加成反比，结果以相对于对照组的生长抑制率表示。

②离体叶绿体测定技术：光合作用抑制剂抗性生物型的类囊体膜上的光系统Ⅱ组分发生了改变，导致电子传递的变化，从而造成叶绿体的光还原反应能力下降，通过测定希尔反应或荧光反应，可以检测杂草的抗药性。酶解法提取叶绿体。希尔反应测定技术是将提取的叶绿体放入含有氧化剂（DCPIC）的希尔反应介质中，叶绿体在光照下放出氧气，并将氧化剂还原。荧光反应测定技术是通过测定叶片中荧光强度来鉴定光系统Ⅱ的功能。叶绿体荧光测定需在黑暗中进行。用蓝色闪光照射叶绿体悬浮液，叶绿素发射荧光，用光电极管测定发射的荧光。此外，还可以通过测定叶绿素含量的变化检测抗药性。

5.3.2.4　分子水平测定

目前发现的除草剂靶标酶主要有乙酰乳酸合成酶（acetolactate synthase，ALS）、乙酰辅酶 A 羧化酶（acetyl-CoA carboxylase，ACCase）、原卟啉原氧化酶（protox）、谷氨酰胺合成酶（glutamine synthase，GS）、5-烯醇丙酮酸莽草酸-3-磷酸合成酶（EPSPS）等十余种，对于作用靶标已明确的除草剂，可通过测定靶标酶或与靶标酶催化的反应存在密切关联的酶的活性差异，或者某些代谢物质量的差异判断杂草抗药性；对于已经获知编码基因的除草剂靶标酶，可使用

DNA 分析技术判断杂草的抗药性。

①通过测定 ALS 的活性判断杂草对 ALS 抑制剂的抗性，测定 ACCase 的活性判断杂草对 ACCase 抑制剂的抗性。内野彰根建立了通过测定 ALS 蓄积量判断母草属等水田杂草对磺酰脲类除草剂抗性的快速鉴定方法。

②叶圆片亚硝酸还原酶活性测定法。抑制光合作用的除草剂能导致植物绿色组织中亚硝酸还原酶的活性下降，亚硝酸浓度增加，同时还使光系统 II 中的电子载体部位受到抑制。根据组织中亚硝酸还原酶的活性可鉴定抑制光合作用的除草剂抗性生物型。

③酶联免疫吸附测定（ELISA）法和 DNA 分析技术。运用 ELISA 法制备与杂草抗药性有关的某些关键酶的单克隆抗体，通过酶的级联放大作用，可以专一、灵敏、微量、简便、快速地检测杂草的抗药性。运用 RAPD 指纹图谱的变化检测杂草的抗药性变异体。随着杂草抗药性机制研究的不断深入，这些技术已越来越多地应用于快速检测体系中。

④有些杂草抗药性是由靶标酶编码基因的点突变引起，检测这些突变位点就可以检测杂草的抗药性，结合 PCR 技术可以实现大批量杂草的快速抗药性检测。这方面的方法有：专一性等位基因 PCR 扩增、PCR-单链构象多态性、固相微测序反应、限制性片段长度多态性、PCR-寡核苷酸探针斑点杂交、随机扩增多态性 DNA、Northern 斑点杂交、固定化人工膜-高效液相色谱等。

6 农药环境毒理

虽然农药的应用在防治有害生物、减少农产品损失方面起到至关重要的作用，但也应看到农药的施用有很多负面影响，如引发人、畜急性中毒，有害生物产生抗药性、再猖獗，破坏生态系统，引发生态失衡，等等。由于环境与动植物产品体内的农药残留，增加了有益动物和人类的生存风险，甚至危及人类健康。

因此，引入农药环境毒理学评价，即将实验动物暴露于不同水平的农药，经不同时间段（数小时至数年）和生命阶段，检查农药对环境及生物的影响，了解毒性产生机制，以便政府部门制定农药使用的安全间隔期、使用规范，为指导农业生产提供理论依据。

6.1 农药环境毒理作用方式

农药对环境的负面影响有很多方面，其作用方式也是多种多样的。

6.1.1 农药对环境中高等动物的毒理作用

农药对高等动物分急性毒性和亚急性毒性、慢性毒性几种。急性毒性指 1 次或 24 h 内多次接触化学物，导致机体的防御功能或适应功能发生障碍而出现的一系列的毒性反应。一种外来化合物的急性毒性实验，常常是毒理学家首先进行研究的项目。急性毒性实验包括急性经口毒性、急性经皮毒性、急性吸入毒性、急性眼刺激性和急性皮肤刺激性实验。观察时间一般为 7 d 或 14 d（必要时 28 d），可以确定实验动物对受试物的毒性反应、致死剂量或致死量。致死量通常用半数致死量 LD_{50} 来表示。实验动物一般是小白鼠，主要确定对高等动物的毒性。

6.1.2 农药对其他有益动物的毒理作用

环境中还生活着很多其他有益动物，农药的不恰当使用也会造成对这些动物的影响，一般用 LC_{50} 或 LD_{50} 来表示。农药不仅对当代个体的存活率产生影响，同时也会影响到它的生殖力、寿命、后代的存活率和致畸程度等。

6.1.3　农药对环境微生物的影响

土壤的微生物群落包括细菌、真菌、原生动物放线菌和藻类等。一般以细菌数量最多，有益的细菌有固氮菌、硝化细菌和腐生细菌；有害的细菌有反硝化细菌等。有益微生物在土壤中进行氧化、硝化、氨化、固氮、硫化等过程，促进土壤有机质的分解和养分的转化，对植物吸收利用土壤中的营养元素起到了积极的作用。农药的施用主要对环境中的微生物群落结构产生影响，它在抑制土壤中有害微生物的同时，对有益微生物也有不同程度的抑制，由此对植物体有效地利用土壤中的营养成分产生了限制。轻者使植物生长缓慢，吸水吸肥能力差；重者使植物停止生长。对土壤微生物的毒理作用可用测定土壤微生物呼吸（CO_2 的释放量）的方式来确定微生物群落总代谢活性变化情况。

6.1.4　农药对作物的影响

在农药环境毒理中农药对作物的影响一般指农药对作物的负面影响。农药常常通过两种方式影响作物的生长。

一是作物从土壤中吸收水分和肥料的同时，水溶性农药通过作物的根系，或者误喷洒在作物体内的除草剂，通过作物茎叶吸收到作物体内，在作物体内运转，到达药剂作用靶标，从而产生杀伤作物的不良后果，通过气孔进入则是药剂进入叶片的另一种方式。

被作物吸收的药剂分子或离子，通过与水及溶质同样的途径，即蒸腾流、光合产物流与胞质流在植株内进行运转，如进入木质部、停留于叶组织或其他部位。叶片吸收的除草剂进入叶肉细胞后，通过共质体途径从一个细胞向另一个细胞移动，再进入维管组织。

二是药剂的微粒直接阻塞叶表气孔、水孔或进入组织后堵塞了细胞间隙，使作物的正常呼吸、蒸腾和同化作用受到抑制。药剂进入植物组织或细胞后，也可与一些内含物发生化学反应，破坏正常的生理机能，出现病变。

6.2　农药环境毒理研究方法

农药在不同环境中毒理作用方式不同，这导致了相应研究方法的不同。

6.2.1　毒性测定法

供试生物选择生长整齐一致、生理状态一致及健康的昆虫或动物。供试药剂选择原药或制剂，将其稀释成一系列浓度梯度（一般 5～7 个浓度），根据测试对象选择合适的测定方法，可以选用的测定方法如下。

6.2.1.1 液体饵料饲喂法

对于吸收式口器的昆虫，将不同浓度的药液与液体饵料（如蜂蜜水、糖水、糖醋液等）以 2：1 的体积混匀，制成有毒液体饵料，装入 10 ml 小烧杯中，杯内放入脱脂棉，以浸满液体饵料为宜，置于实验虫笼中供昆虫取食，24 h、48 h 后记录昆虫死亡数，计算死亡率。实验设每组 20～30 头昆虫，共设 3 个重复，并设清水对照。

6.2.1.2 食毒叶法

这种方法适用于咀嚼式口器昆虫。将药剂稀释成 5～7 个浓度梯度，利用小型喷雾器或喷雾塔将其喷洒在实验昆虫取食的叶片上，药液量以刚刚使叶片湿润为宜；或者将叶片浸入药液中 1 s，取出，晾干，饲喂实验昆虫。每 20 头虫为一个处理，每一头实验昆虫饲以直径为 2 cm 的叶片，食完饲以清洁叶片，每头昆虫单头饲养，每一个处理 3 个重复，并设清水对照，其操作方法同药剂处理。24 h、48 h、72 h 后检查实验昆虫的中毒情况与死亡情况，计算死亡率。

6.2.1.3 薰杀法

对于所有被测昆虫都可以采用薰杀法来进行毒性实验。在该方法中，药剂以气体分子的形式进入昆虫气门，通过气管系统到达组织和器官，从而达到毒杀昆虫的作用。

将昆虫预先置于一个密闭容器中，然后通入气体状态的药剂或通过加热的方式使药剂气化，再作用于虫体，药剂的作用时间应根据实验昆虫的种类而定，在不同时间段检查实验昆虫中毒或死亡情况。实验设 5～7 个检查时间，每个检查时间检查 20～30 头虫，分设 3 个重复，并设对照。

6.2.1.4 浸入式测定法

对于水生昆虫或动物可以采用此类测定方法。选择体重、大小一致且健康的个体，药剂加入水中形成 5～7 个浓度梯度，pH 调至 7，如果实验对象需要供给氧气，则使用供氧装置供氧。将实验个体放入不同浓度的药液中，每天投放食料，以保证其营养供应，于开始投放测试对象一定时间后记录测试对象的中毒和死亡情况，也可以分时间段记录。每种实验浓度测定 10～20 个个体，重复 3 次，并设清水对照。

6.2.1.5　寄主施药法

对于寄生性天敌昆虫可采用此类测定方法。有些寄生性天敌种类卵期、幼虫期在寄主体内度过，有些种类卵期、幼虫期、蛹期都在寄主体内度过。这些天敌在寄主体内生长发育时，药剂无法直接施于昆虫体上，只能施于它的寄主，药剂通过寄主的体壁，或者昆虫的取食活动进入体内，从而影响寄生性天敌的生长、发育和存活。

寄主施药法又分为喷雾法和浸叶法。喷雾法是采用喷雾的方法将药剂施于寄主体表，晾干，寄主饲以干净清洁的叶片；浸叶法是将寄主取食的植物叶片浸入药液中 1 s，取出晾干，以此叶饲喂寄主，直至食尽，再饲以干净清洁叶片。药剂处理的时期是以寄生性天敌在寄主体内的发育速率计算的，根据寄生性天敌在适宜温度的发育历期，计算寄主体内的寄生性天敌分别处于卵期、幼虫期、蛹期的时间，为了测定药剂对寄生性天敌不同虫期的影响，则分别选择寄生性天敌发育为卵期、幼虫期、蛹期的寄主进行施药，直至寄生性天敌羽化为成虫，分别记录寄生性天敌不同虫期施药后该虫成虫的羽化率。实验以 20～30 头寄主作为一个处理，每个处理 3 次重复，并设清水对照。

6.2.1.6　毒土法

对于土栖的昆虫或动物可采用此类测定方法。将药剂稀释为 5～7 个浓度梯度，以一定量加入到 1 kg 土壤中，混匀，使土壤处于潮湿的状态，分别装入培养缸中，每个缸内养 10～20 头虫体大小一致、健康的试虫个体，在适当温度和光照条件下培养。每种药剂浓度设 3 个重复，并设清水对照。

6.2.2　土壤微生物生物量测定法

在检查农药对土壤微生物影响时可采用微生物生物量测定法。该方法同样要将药剂稀释成 5～7 个浓度梯度，加入到土壤中，每个浓度设 3 次重复，并设清水对照。采用以下方法测定土壤微生物生物量。

6.2.2.1　直接计数法

直接计数法是通过直接测定土壤样品中的微生物数量，然后换算成微生物生物量。换算方法为

微生物生物量＝微生物数量×微生物体积×微生物密度×微生物干物质含量
×微生物干物质含碳量

其中，微生物密度一般为 1.18g/cm³，微生物干物质的含量一般为 25%，微生物干物质含碳量一般为 47%，微生物体积用目镜测微尺或目镜测微格测定。根据上述公式，微生物生物量=微生物总体积×0.1387。

微生物数量的直接计数方法采用直接显微镜计数法。

将土壤样品充分分散，使团粒内的微生物释放，土壤分散的方法有磨碎分散法、搅拌器搅拌法和超声振荡法。

将被分散的土壤悬浮液以以下两种方式制成可在显微镜下镜检的薄膜。

①琼脂薄膜法：使前面处理好的土壤悬浮液与加热熔化的 1.5%琼脂溶液充分混合，倒在载玻片上形成一层薄膜，然后对薄膜用染色剂染色，可以使用的染色剂有甲紫溶液、健那绿染液、甲基绿、吡罗红、乙酸洋红等。

甲紫一般与水配成的 1%～2%的水溶液；健那绿染液配制成质量分数为 1%的生理盐水溶液，例如，0.5 g 健那绿溶解于 50 ml 生理盐水中，加热到 30～40℃，使其充分溶解即可；

吡罗红甲基绿染色液配制。A 液：取吡罗红甲基绿粉 1 g，加入 100 ml 蒸馏水中溶解，放入棕色瓶中备用。B 液：取酸乙钠 16.4 g，用蒸馏水溶解至 1 000 ml。取乙酸 12 ml，用蒸馏水稀释至 1 000 ml。取稀释的乙酸钠溶液 30 ml 和乙酸 20 ml，加蒸馏水 50 ml，配成 pH 为 4.8 的溶液。取 A 液 20 ml，B 液 80 ml 配成。

染色时将染色液 1 滴滴于载玻片上的薄膜上，染色 1 min，然后用清水洗去染色液。

②直接染色法：将已知体积的土壤悬浮液直接涂抹在载玻片上，然后滴加染色液，不用加以清洗。

将已染色的载玻片上的土壤悬浮液进行自然晾干或冷冻干燥，对其进行镀膜处理，然后用扫描电镜观察。

镜检法观察微生物的数量时，一般要观察一定数目的涂片，每个涂片需要观察一定数目的视野，才能保证测定的准确性。例如，每个样品需要 10 个涂片，每个涂片观察 6 个视野；如果观察 5 个涂片，则每个涂片则需观察 12 个视野。

6.2.2.2 生化测定法

ATP 这种生物界普遍存在的能量形式只存在于活细胞中，与细胞的全碳含量有较恒定的比例，当细胞死亡后，ATP 也随之消失。因此，可以用测定 ATP 来确定微生物生物量。测定时，要将微生物细胞中的 ATP 迅速从样品中提取出来，以防它被酶分解，提取的溶剂有氯仿、硫酸和沸腾的 Tris 缓冲液。提取液中的 ATP 可用荧光素-荧光素酶测定，当 ATP 是限制性底物时，发射光的量与 ATP 的含量成正比。一般来说，1 g 生物碳约等于 7.2 mg ATP。

6.2.2.3　底物诱导呼吸法

在土壤中的微生物一般处于休眠状态，呼吸量很低，但是当加入易分解的碳源物质，如葡萄糖时，呼吸量迅速增加，达到高峰并可保持 4 h。这种呼吸量为诱导呼吸量。在此之后，土壤微生物的呼吸量逐渐增加，是新形成的微生物的生物呼吸量。

实验试剂：葡萄糖粉剂为葡萄糖与滑石粉按 1∶4 比例混合，研磨，保存于广口瓶中。抗生素–葡萄糖粉剂为取一定量的放线菌酮和链霉素，分别与葡萄糖粉混合均匀，制成系列抗生素粉剂。

实验仪器使用气相色谱。取相当于 10～30 g 烘干的新鲜土壤，置于 250 ml 三角瓶中，加入葡萄糖粉剂（或抗生素–葡萄糖粉剂），30 min 后，将三角瓶口盖严，置于 25℃下培养，2 h 后用注射器从三角瓶中抽取 5 ml 气体样品，在气相色谱仪上测定样品中 CO_2 含量。

7 生物源农药的开发利用

自然界是新农药开发的重要宝库，尤其是一些自然界中的天然活性物质可为新农药开发提供多种新颖独特的化学结构，能开阔研究人员设计思路。另外，天然活性物质的活性功能多种多样，除了毒力作用外，还有各种非杀伤性作用，如激素作用、行为控制作用等。可以依据天然活性物质的作用特点开发多种控制有害生物的作用方式。天然活性物质一般较易降解消失，有较好的环境相容性，适于开发为新一类高安全性的农药。

天然活性物质主要来自植物体、动物体或微生物体。经开发的天然活性物质可以直接加以利用，还可以与人工合成途径相结合。在确定药效之后，将其化学结构作为先导化合物模型，用合成方法进行化学结构优化，以此开发出性能比天然物质更好的新农药。

例如，现在已开发成功的除虫菊中的有毒物质——除虫菊素，以其作为先导化合物，已先后开发出许多拟除虫菊酯类杀虫剂；以天然动物毒素沙蚕毒素作为先导化合物，开发成功一系列拟杀蚕毒素类杀虫剂；以天然昆虫保幼激素作为先导化合物，经结构改变合成了拟保幼激素类杀虫剂。

天然活性物质的化学结构较复杂，确定有效活性结构并对该结构进行合成是很费时、费力的过程，尤其对结构复杂的鱼藤酮和印楝素虽已研究多年，至今尚无结构简化的有效品种开发成功。这需要研究更好的合成工艺和探索更有效的合成条件。

另外，为了能够发掘可以利用的天然活性物质，寻找有效生物种类资源是非常必要的，这就需要分类学、生态学、形态学、组织学、解剖学等科学知识；为了取得筛选样品，需要天然物质化学知识和有关的提取、分离、纯化和化学结构鉴定的技术；为了筛选有效的天然活性物质，需要用到生物测定知识。

7.1 生物源农药的分类

7.1.1 天然活性物质

7.1.1.1 天然毒素

这是一类由生物产生的具有抗生作用的活性物质。它们是生物在生态环境中赖以保护自己或攻击其他生物的化学手段。

利用天然毒素作为先导化合物可以开发出具有杀虫、杀菌、除草、杀鼠等活性的新药。例如，具有杀虫活性的阿维菌素、除虫菊素、沙蚕毒素等；具有抗菌活性的灭瘟素、春雷霉素、井冈霉素、链霉素、土霉素等；具有除草活性的双丙氨磷。

7.1.1.2　动物生长调节物质

动物生长调节物质主要指昆虫产生的内源激素，如昆虫体内脑激素、蜕皮激素和保幼激素为研究对象开发成功的烯虫酯、保幼炔、抑食肼和虫酰肼等激素类杀虫剂。另一类成功开发的与昆虫蜕皮有关的农药为苯甲酰脲类化合物，如氟啶脲、氟铃脲、氟虫脲等，它们的作用机制为干扰昆虫表皮几丁质合成。

7.1.1.3　植物生长调节物质

这是一类植物产生的内源激素。已经发现的天然植物激素有 6 类，即乙烯、生长素、赤霉素、油菜素甾醇、细胞分裂素、脱落酸。利用这些激素的作用机制或将其作为先导化合物开发合成了一系列植物激素类似物（植物生长调节剂），如多效唑、矮壮素、乙烯利、吲哚丁酸、赤霉酸等。

7.1.1.4　害虫行为控制物质

许多天然活性物质并不能直接杀死昆虫，但它具有影响害虫行为的作用，如引诱、驱避、拒食等。这类物质大致可分为两类，一类是由昆虫体内产生的信息化学物质，如昆虫聚集信息素、性信息素、示踪信息素等；另一类则由其他生物产生，例如，甲基丁香酚对雄性桔小实蝇具有引诱作用，印楝素、拟柠檬苦素、α-桐酸等对多种害虫具有拒食作用等 。

7.1.2　活体微生物

7.1.2.1　细菌

昆虫病原细菌有 90 多个种和亚种，它们大多属于真细菌纲的芽孢杆菌科、假单孢菌科和肠杆菌科。芽孢杆菌科在这 3 科中防治害虫最为有效。该科包括 2 属：芽孢杆菌属和芽孢梭菌属。芽孢杆菌属中的乳状芽孢杆菌、缓死芽孢杆菌、苏云金芽孢杆菌的某些亚种及球形芽孢杆菌，目前在国内外均已发展成为防治农林害虫及卫生害虫的微生物杀虫剂。而且，迄今为止，昆虫病原细菌物主要研究力量也仍然集中在这些细菌上。如具有杀虫作用的苏云金芽孢杆菌（*Bacillus thuringiensis*）、球形芽孢杆菌（*Bacillus sphaericus*）、日本金龟子芽孢杆菌（*Bacillus popilliae*）等。

在自然界同样存在一些对植物病原具有杀灭作用的细菌种类，现已登记注册的微生物种类有地衣芽孢杆菌（*Bacillus licheniformis*）、荧光假单孢菌（*Pseudomonas fluorescens*）、蜡状芽孢杆菌（*Bacillus cereus*）等。

另外，研究发现，*Bacillus cereus* 357 细菌与其分泌物一起对水稻纹枯病菌和草莓灰霉病菌有很好的拮抗作用。

具有除草潜能的病原细菌主要有 8 属：假单孢菌属（*Pseudomonas*）、欧文氏菌属（*Erwinia*）、肠杆菌属（*Enterobacter*）、黄杆菌属（*Flavobacterium*）、柠檬酸细菌属（*Citrobacter*）、无色杆菌属（*Achromobacter*）、黄单孢菌属（*Xanthomonas*）及产碱菌属（*Alcaligenes*）。其中假单孢菌属和黄单胞菌属是目前被研究开发最多的潜力菌属。

甘蓝黑腐病菌（*Xanthomone campestris* pv. *poae*）已经由日本开发为具有除草作用的细菌除草剂。

7.1.2.2　真菌

目前在世界范围内已被描述的昆虫病原真菌有 800 多种，它们分属于鞭毛菌亚门、接合菌亚门、子囊菌亚门、担子菌亚门和半知菌亚门。其中主要的昆虫病原真菌有：虫霉属（*Entomophthora*）、虫草属（*Cordyceps*）、绿僵菌属（*Metarrhizium*）、小团孢属和白僵菌属（*Beauveria*）。较常见到的虫生真菌还有拟青霉属（*Paecilomyces*）、蛾霉属（*Norrutrae*）、多毛孢属（*Hirsutella*）、轮枝孢属（*Verticillium*），被真菌寄生的昆虫虫体僵硬，最后死亡。

现已登记注册的对植物病原具有杀灭作用的真菌种类有木霉菌（*Trichoderma* spp.）。

另外，研究发现，粉红粘帚霉（*Gliocladium roseum*）、杂色曲霉（*Aspergillus versicolor*）、桔青霉（*Penicillium citrinum*）、露湿漆斑菌（*Myrothecium roridum*）、融黏帚霉（*Gliocladium deliquescens*）、链孢粘帚霉（*Gliocladium catenulatum*）、土曲霉（*Aspergillus terreus*）对棉花黄萎病菌有很好的抑制作用。

迄今为止，已有 80 余种真菌被研究用于防除杂草，具有除草潜能的真菌主要有 12 属：炭疽菌属（*Colletotrichum*）、疫霉属（*Phytophthora*）、镰刀菌属（*Fusarium*）、链格孢属（*Alternaria*）、柄锈菌属（*Puccinia*）、突脐蠕孢属（*Exserohilum*）、平脐蠕孢属（*Bipolaris*）、弯孢属（*Curvularia*）、尾孢属（*Cercospora*）、叶黑粉菌属（*Entyloma*）、壳二孢属（*Ascochyta*）、核盘菌属（*Sclerotinia*）。Devine 是在美国登记注册的真菌除草剂，有效成分为棕榈疫霉（*Phytophthora palmivora*），用于防除莫伦藤（*Morreniao dorata*）；*Puccinia canaliculata*，其他还有胶孢炭疽菌（*Colletotrichun gloeosporioides* Penz.）合萌亚种（商品名 Collego）、胶孢炭疽菌锦葵亚种（商品名 Biomal）、银叶菌（*Chondrostereum purpureum*）（商品名

Biochon）等都被开发为真菌类生物除草剂。毛盘孢也被发现对菟丝子有很好的致死作用。

7.1.2.3　病毒类

截至目前，我国已从 7 目 34 科 130 属的 199 种昆虫中分离 251 株病毒。主要有核型多角体病毒（NPV）、质型多角体病毒（CPV）、颗粒体病毒（GV）、昆虫痘病毒（EPV）和非包涵体病毒。已有 60 多种昆虫病毒被引入大田防治试验，对芹菜夜蛾核型多角体病毒（*Syngrapha falcifera* multiple nucleopolyhedrovirus，SfaMNPV）、灰斑古毒蛾核型多角体病毒（*Orgyia ericae* nucleopolyhedrovirus，OeNPV）、茶蚕颗粒体病毒（*Andraca biunctata* granulosis virus，AbGV）、小菜蛾颗粒体病毒（*Plutella xylostella* granulosis virus，PxGV）及落叶松绥尺蠖核型多角体病毒（*Zethenia rufescentaria* nuclear polyhedrosis virus，ZrNPV）等多种病毒进行了毒力测定。20 多种被制成商品杀虫剂，如斜纹夜蛾核型多角体病毒（*Spodoptera litura* nucleopolyhedrovirus，SpltNPV）制剂为虫瘟一号等。病毒杀虫剂的剂型有可湿性粉剂、粉剂、颗粒剂、饵剂、乳悬剂、微胶囊和可湿性粉剂等。

7.1.2.4　微孢子虫类

微孢子虫（microsporidium）共有约 500 种，寄生于昆虫的占 40%，多数寄生于鳞翅目、双翅目和鞘翅目昆虫。微孢子虫一般寄生同一科的几种昆虫，也有寄生于不同科甚至不同目昆虫的现象。微孢子虫在昆虫卵到成虫任何一个发育阶段的宿主体内都能增殖。全身感染时，呈现发育延迟、运动不活泼、食欲降低、变态异常、繁殖力降低、寿命缩短等病征。

7.1.2.5　线虫

线虫属线形动物门线虫纲，是小型多细胞动物，目前主要用于害虫防治的线虫有斯氏线虫属和异小杆属线虫。线虫具有寄主范围广，对寄主主动搜索能力强，对人、畜、环境安全等特点。例如，嗜虫线虫可以寄生蚊、蝇、蚋、摇蚊、蝗虫、小蠹虫、蛾类、蓟马等昆虫，具有绝对寄生性，能侵入健康幼虫、蛹或成虫的体腔，使其不育或生活力减退。

7.1.2.6　立克次体

立克次体有细菌具备的许多特性，但如病毒一样，是一类专性寄生的病原微生物。微立克次体属中的许多种对昆虫有明显的致病性。例如，日本金龟甲微立克次体、粉甲微立克次体可寄生鞘翅目昆虫；大蚊微立克次体、摇蚊微立克次体可寄生双翅目昆虫；蟋蟀微立克次体、沙漠蝗微立克次体可寄生直翅目昆虫并使寄主致病。

7.1.2.7　放线菌

放线菌属于原核生物界（Prokaryote）厚壁菌门（Firmicutes）放线菌纲（Actionmycetes）。该纲中包含 2 目：放线菌目（Actinomycetales）和分枝杆菌目（Mycobacteriales）。在以后研究中较受重视的是放线菌目。放线菌目中主要有 8 科，其中有 50 多个重要属，可以产生抗生素的放线菌有链霉菌属（*Streptomyces*）、链轮丝菌属（*Streptoverticillum*）、孢囊放线菌属（*Actinosporangium*）、小单孢菌属（*Micromonospora*）、诺卡氏菌属（*Nocardia*）、游动放线菌属（*Actinoplanes*）、链孢囊菌属（*Streptosporangium*）、高温放线菌属（*Thermoactinomyces*）、放线菌属（*Actinomyces*）、小多孢菌属（*Micropolyspora*）等。产生的抗生素比较著名的阿维菌素（avermectin）、多杀菌素（spinosad）等。

另外，在微生物领域，还有很多其他微生物可以产生抗生素，如很多细菌、真菌也可以产生抗生素。

在这些抗生素中，用作杀菌剂的抗生素有链霉素（streptomycin）、农霉素（agromycin）、环孢素（cyclosporin）等；用作杀真菌剂抗生素有春雷霉素（kasugamycin）、井冈霉素（validamycin）、多抗霉素（polyoxin）等；用作杀病毒剂的抗生素有灭瘟素 S（blasticidin S）、放线菌酮（actidione）等；用作杀虫剂的抗生素有阿维菌素、多杀菌素等；用作除草剂的抗生素有茴香霉素（anisomycin）、丰加霉素（toyocamycin）等。

7.2　植物源农药的开发

大多数可以开发为植物源农药的植物都具有对害虫正常行为有干扰作用的活性物质，使害虫拒食、忌避、生长发育受阻、抗产卵甚至不育。要想将其开发为植物源农药，需要经过复杂的过程加以研究。

7.2.1　植物源农药活性成分提取

植物中化学成分种类繁多，结构复杂；提取化学成分时，大多是根据被提取化学成分在溶剂中的溶解度大小，通过溶剂浸润、溶解、扩散的过程达到提取的目的。将化学成分从复杂的均相或非均相体系中提取，传统的提取方法有浸渍法、煎煮法、渗漉法、回流法等。随着科学技术的发展，一些辅助提取方法不断应用，如超声波协助提取、微波辅助提取、生物酶解辅助提取、超临界流体萃取等。

7.2.1.1　溶剂提取法

溶剂提取法是实际工作中应用最普遍的方法，它是根据"相似相溶"的原理，依据植物体中的各种化学成分在不同的溶剂中溶解度不同，从而把有效成分从植物体中提取出来的方法。具体就是选用对有效成分溶解度大，但对不需要溶出的无效成分或杂质的溶解度小的溶剂，将有效成分从药材组织中溶解出来。当溶剂添加到经适当粉碎的植物材料中时，溶剂由于扩散、渗透到细胞内，不断溶解可溶性物质，从而造成细胞内外的浓度差，于是细胞外的溶剂不断进入组织细胞中，细胞内的溶剂不断向外渗透带出植物体中的可溶性成分。最后细胞内外溶液浓度达到动态平衡，将溶解了组织细胞内物质的溶液滤出，如此反复几次，即可将其中的成分完全或大部分溶出。

1. 溶剂的选择

常用于提取植物化学成分的溶剂有以下 3 类：亲脂性有机溶剂、亲水性有机溶剂和水。溶剂按极性由弱到强的顺序排列如下：石油醚＜环己烷＜四氯化碳＜苯＜甲苯＜二氯甲烷＜氯仿＜乙醚＜乙酸乙酯＜正丁醇＜丙酮＜正丙醇＜乙醇＜甲醇＜水。选择溶剂的原则是最大限度地提取所需的化学成分，对杂质的溶解度小；溶剂的沸点适中，易回收，低毒安全；不与提取的物质发生化学反应。乙醇、甲醇是最常用的溶剂，因为它们能与水任意比例混合，又能与大多数亲脂性有机溶剂混合，渗入植物细胞能力较强，能溶解大多数植物成分。一般来说，甲醇毒性较大，多数情况下仅在实验室研究中应用；乙醇更适合工业化生产。种子类材料中富含油脂，宜先用石油醚脱脂。也可将植物材料用极性递增的溶剂依次进行提取，例如，选用石油醚、氯仿、乙酸乙酯、丙酮或甲醇（乙醇）可依次提取油脂、游离的甾体、萜类、生物碱、有机酸、香豆素类、苷类、生物碱、糖类、氨基酸、蛋白质、无机盐类等。

2. 提取方法

（1）浸渍法

将植物粉末或碎块装入适当的容器中，加入适宜的溶剂（稀醇或水），浸渍植物材料以溶解出其中的成分。

（2）煎煮法

将植物切碎或粉碎成粗粉，置适宜煎器（如陶器、砂罐或铜制、搪瓷器皿）中，加水浸没植物材料，浸泡适宜时间后，加热至煮沸，保持微沸一定时间，分离煎出液；植物渣依法煎出数次（一般为 2～3 次），至煎液味淡为止，合并各次煎出液。

（3）渗漉法

将植物粉末装在渗漉器中，不断添加新溶剂，使其渗透过药材，自上而下从渗滤器下部流出，收集浸出液。

（4）回流法

应用有机溶剂加热提取，在回流装置中加热进行，如利用索氏提取器进行提取。

7.2.1.2　水蒸气蒸馏法

此方法适用于能随水蒸气蒸馏而不被破坏，沸点多在 100℃以上，与水不相溶或仅微溶的植物挥发性成分的提取。当植物材料与水在一起加热时，水沸腾形成的水蒸气将挥发性成分一并带出。植物中的挥发油、某些小分于生物碱（如麻黄碱、槟榔碱），以及某些小分子的酸性物质等可采用本方法提取。

7.2.1.3　超临界流体萃取法

超临界流体萃取法的原理是超临界流体对脂肪酸、植物碱、醚类、酮类、甘油酯等具有特殊溶解作用，利用超临界流体的溶解能力与其密度的关系，即利用压力和温度对超临界流体溶解能力的影响而进行的。在超临界状态下，将超临界流体与待分离的物质接触，使其有选择性地把极性、沸点和分子量不同的成分依次萃取出来。当然，对应各压力范围所得到的萃取物不可能是单一的，但可以控制条件得到最佳比例的混合成分，然后借助减压、升温的方法使超临界流体变成普通气体，被萃取物质则完全或基本析出，从而达到分离提纯的目的。因此超临界流体萃取过程是由萃取和分离组合而成的。

7.2.2　植物源农药有效成分的分离和纯化

7.2.2.1　溶剂分离法

一般来说，水浸膏或乙醇浸膏常常为胶状物，可拌入适量硅藻土或纤维粉等惰性填充剂，然后低温或自然干燥，粉碎，再选用 3～4 种不同极性的溶剂，由低极性到高极性分步对干燥、粉碎后的提取物依次进行提取，使总提取物中各组成成分依其在不同极性溶剂中溶解而得到分离。

7.2.2.2　两相溶剂萃取法

混合物中，各类成分在两种互不相溶的溶剂中分配系数不同，从而分别溶入不同溶剂达到分离的目的，这种方法是两相溶剂萃取法。萃取时各类成分两相溶剂中分配系数相差越大，分离效果越好。如果从水提取液中分离有效成分是亲脂性的物质，一般多采用苯、氯仿或乙醚等亲脂性有机溶剂进行两相萃取；如果有效成分是偏于亲水性的物质，就需要改用乙酸乙酯、丁醇等弱亲脂性的溶剂。在提取亲脂性强的黄酮类成分时，多选用乙酸乙酯和水的两相萃取；提取亲水性强的皂苷时，则多选用正丁醇、异戊醇和水作两相萃取。

7.2.2.3　沉淀法

沉淀法是在含有植物有效成分的样品中加入某种沉淀剂，或者改变条件使被分离有效成分的溶解度降低而从溶液中析出的一种分离方法。通过沉淀法，可使有效成分析出而分离或除去一些杂质。沉淀法有水醇沉淀法、酸碱沉淀法、铅盐沉淀法和专属试剂沉淀法 4 种。

1. 水醇沉淀法

水醇沉淀法是在沉淀过程中涉及水和乙醇两种溶剂，一般有两种沉淀方法。

（1）水提醇沉法

水提取的浓缩液中加入乙醇使醇体积分数达 60%以上，难溶于乙醇的成分，如淀粉、树胶、黏液质、蛋白质等杂质就会从溶液中沉淀出来，经过滤除去沉淀，即可达到分离有效成分与杂质的目的。

（2）醇提水沉法

醇提取的浓缩液加入 10 倍量以上水，可沉淀亲脂性杂质，主要用于除去醇提取液中的脂溶性杂质，如油脂、叶绿素等。

2. 酸碱沉淀法

酸碱沉淀法是利用酸性成分在碱中成盐而溶解、在酸中游离而沉淀，而碱性成分在酸中成盐而溶解、在碱中游离而沉淀的性质，来进行分离的一种分离方法。

（1）酸提取碱沉淀

用于生物碱的提取分离。

（2）碱提取酸沉淀

用于酚、酸类成分和内酯类成分的提取分离。

（3）调节 pH 等电点

调节 pH 至等电点，使蛋白质、多肽等酸碱两性的化学成分沉淀析出而分离。

3. 铅盐沉淀法

利用中性乙酸铅和碱式乙酸铅为试剂的沉淀法，是分离中药化学成分的经典方法之一。在水或醇溶液中，中性乙酸铅和碱式乙酸铅能与多种化学成分生长难溶性铅盐或络合物沉淀，从而将有效成分与杂质分离。

4. 专属试剂沉淀法

利用某些试剂能选择性地与某类化学成分反应生长可逆的沉淀，借以与其他化合物分离的方法。例如，水溶性生物碱可加入雷氏铵盐沉淀而分离；甾体皂苷可被胆甾醇沉淀；鞣质可用明胶沉淀；等等。

7.2.2.4　膜分离法

膜分离法是以选择性透过膜为分离介质，以外加压力或化学位差为推动力，对混合溶液中化学成分进行分离、分级、提纯和富集。微滤、渗析、电渗析、反渗透、超滤、气体分离为已开发应用的膜分离技术，其中反渗透膜研制成功，成为膜分离技术研究的一个重要里程碑。溶剂、小分子能透过膜，而大分子被膜截留，不同膜过滤被截留的分子大小有区别。

7.2.2.5　升华法

固体物质加热直接变成气体，遇冷又凝结为固体的现象为升华。某些植物含有易升华的物质，如某些小分子生物碱、香豆素等，均可用升华法进行纯化。

7.2.2.6　结晶法

结晶法是纯化物质最后阶段常采用的方法，可以进一步分离纯化有效成分，其原理是混合物中不同成分在不同溶剂中溶解度不同，从而达到分离的方法。最初析出的结晶往往不纯，进行再次结晶的过程称重结晶。

在操作时选择一种溶剂，热时易溶，冷时难溶。也可以选择两种互溶的溶剂，一种对结晶样品溶解度大，一种对样品不溶。先将样品溶于最少量的溶解度大的沸溶剂中，然后向沸溶液中滴加溶解度小的第二种溶剂直至浑浊，这时滴加第一种溶剂至完全变清为止。溶液在该点达到饱和状态，当冷却时，必然易析出结晶。

7.2.2.7　色谱分离法

色谱分离法是植物化学成分分离中最常应用的方法，这种方法分离效能高、快速简便。色谱分离法的基本原理是基于样品中各种化学成分对固定相和移动相亲和作用的差别而达到分离目的，其中应用最多的是柱色谱。柱色谱是将固定相装填于柱管内构成色谱柱，流动相以重力和毛细管作用力为驱动力，将混合组分通过色谱柱而先脱，从而将其分离成单一化学成分的一种方法，是目前分离纯化化学成分最经典和最常用的方法。柱色谱依据其固定相的作用机制可分为吸附柱色谱、离子交换柱色谱、分配柱色谱和凝胶柱色谱等，以下简单介绍前两种。

1. 吸附柱色谱

固定相是吸附剂的柱色谱为吸附柱色谱。吸附剂是一些多孔的物质，表面积大，表面有许多吸附活性中心，对不同化学成分具有不同的吸附能力。常用的吸附剂有硅胶、氧化铝、活性炭和聚酰胺等。硅胶柱色谱的应用较广泛，植物中各类化学成分大多均可用其进行分离。氧化铝柱色谱的填料分中性、酸性和碱性 3

种，中性氧化铝适用于分离醛酮、萜类及对酸碱不稳定的酯和内酯等；酸性氧化铝适用于分离有机酸、酸性氨基酸和酚类化学成分；碱性氧化铝适用于分离生物碱、萜类、甾体、强心苷等。活性炭是一种非极性吸附剂，活性炭柱色谱主要用于分离水溶性成分如氨基酸、糖类和某些苷类。层析分离中常用的聚酰胺是通过酰胺基聚合而成的一类高分子化合物，聚酰胺分子中含有丰富的酰胺基团，可与酚类、醌类、硝基化合物等形成氢键而被吸附，形成氢键的基团数目越多，则吸附能力越强，与不能形成氢键的化合物分离。

2. 离子交换柱色谱

离子交换柱色谱是以离子交换树脂为固定相的柱色谱，离子交换树脂是一种多功能高分子化合物。离子交换树脂分阳离子交换树脂和阴离子交换树脂。

对交换化合物能力强弱，主要取决于化合物解离度的大小、带电荷的多少等因素。化合物解离度大（酸性、碱性强），易交换在树脂上，相对来说难洗脱；化合物解离度小，不易交换在树脂上，相对来说较易洗脱。因此，当两种解离度不同的化合物被交换在树脂上，解离度小的化合物先于解离度大的化合物洗脱，从而实现分离。常见的树脂有大孔吸附树脂和凝胶型树脂。

（1）大孔吸附树脂

大孔吸附树脂为阳离子交换树脂，也称大网格吸附剂，具有吸附性和筛选性。大孔吸附树脂是在聚合反应时加入致孔剂，形成多孔海绵状构造的骨架，内部有大量永久性的微孔，它同时存在着凝胶孔和毛细孔。它的吸附性与范德瓦耳斯力或氢键有关，筛选性能与具有网状结构和很高的比表面积有关。利用不同化合物与其吸附力的不同及分子大小的不同，在大孔树脂柱上经溶剂洗脱而达到分离。

（2）凝胶型树脂

孔径的大小与树脂的交联度和膨胀程度有关，交联度越大，孔径就越小。当树脂处于水合状态时，水分子链舒伸，链间距离增大，凝胶孔就扩大；树脂干燥失水时，凝胶孔就缩小。这类树脂允许小分子无机离子进入它们的孔径，大分子有机物质因其尺寸较大，例如，蛋白质分子直径为 $5 \sim 20$ nm，不能进入这类树脂的显微孔隙中，只能通过凝胶颗粒的间隙，因此，在凝胶柱中，大颗粒的蛋白质分子保留时间较短，先于分子小的物质洗脱出来。

7.2.3　活性成分的研究方法

采用活性跟踪方法。

7.2.3.1　初筛

植物源农药的生物活性包括杀虫、杀菌、杀螨、除草等。首先要对提取物进行初筛，随着有活性的提取物的筛选，再进一步分离提取物，分离的植物组分再进一步进行筛选，最后找到真正有活性的植物成分即完成初筛内容。

初筛试验所使用的试验材料包括：①昆虫和螨类；②病原微生物；③杂草。在进行实筛前，首先判断进行初筛的提取物可能对哪类有害生物具有哪方面的作用，是对昆虫有作用还是对病原菌有作用，初步确定后，再选用一定种类的昆虫或病原菌进行初筛。

初筛方法分为杀虫活性初筛方法、杀菌活性初筛方法、除草活性初筛方法。

1. 杀虫活性初筛方法

（1）饲料混毒法

将待测样品和试虫人工饲料混合，接入适合的昆虫虫态进行饲养，从给食后12 h 开始观察试虫反应症状（如存活、爬行、取食、蜕皮、个体大小等），并分别于接虫后的 1 d、3 d 和 7 d 检查死亡率，第 7 d 称活虫体重，蜕皮后观察有无虫体异常现象，并对照比较。

（2）叶片浸药饲虫法

将待测样品用易于溶解的溶剂溶解，再用水稀释，将试虫的寄主植物叶片浸3～5 s 后取出晾干，饲喂 3 龄幼虫 7 d，期间观察记载试虫的反应（如存活、取食、爬行、蜕皮等），并分别于接虫后的 1 d、3 d 和 7 d 检查死亡率，第 7 d 称活虫体重，脱皮后观察有无虫体异常现象，并对照比较。设清水对照和添加溶解样品的溶剂对照两种，以消除溶剂与自然死亡的影响。

（3）浸虫法

一些小型昆虫或螨类可以采用连同寄主植物一起浸入样品稀释液中，3～5 s 后，取出晾干，或者用吸水纸吸去多余药液，再移入干净器皿中，随后 7 d 连续观察试虫的反应（如存活、取食、爬行、蜕皮等），并分别于接虫后的 1 d、3 d 和 7 d 检查死亡率，第 7 d 称活虫体重，脱皮后观察有无虫体异常现象，并对照比较。

2. 杀菌活性初筛方法

（1）离体测试

通常采用抑制孢子萌发法和抑菌圈法。抑制孢子萌发法：将药液附着于载玻片上或其他平面上，待药液干后滴加孢子液，保湿一定时间后，镜检孢子萌发率，以抑制孢子萌发多少来比较药剂的毒力。抑菌圈法：将沾有待测样品的滤纸片放于带菌的培养基平面上，培养一定时间后测定培养基上抑菌圈大小来判定药剂的毒力。

（2）活体测试

在附有待测样品的植物活体或活体器官上接种病原菌，经过一定时间后观察发病情况，以判断待测样品的效果。

3. 除草活性初筛方法

（1）种子萌发测定法

将催芽露白的植物种子放入加有待测样品的培养皿中，保湿培养，观察种子的发芽情况。

（2）幼苗测定法

将待测样品稀释后喷洒到 3～5 叶期的植物幼苗上，分别于 1 d、3 d、5 d、10 d 后观察幼虫生长情况。

7.2.3.2　复筛

经过初筛后，一部分参试的植物提取物进入复筛阶段。复筛以低于初筛的浓度再对留下来的样品进行进一步的测定。此时可以测定有效样品对有害生物的作用方式，例如，对于具有杀虫活性的植物提取物，可以测定它的毒杀活性、拒食活性、忌避活性，以及对哪些昆虫具体较好的活性；对于杀菌剂，可以测定它是杀菌活性还是抑菌活性，它的杀菌或抑菌范围有多大；对于除草剂，可以测定提取物属于触杀型除草剂还是内吸性除草剂。

7.2.3.3　田间小区试验

田间小区试验是在田间条件下，对复筛的结果进行进一步核查。田间实际条件与室内条件有非常大的差距，田间的温度、湿度、光照等很多因素不受人为控制，因此，田间小区试验有别于室内试验，其结果更接近于大田实际。设每个试验小区面积为 30～60 m²，同时需设空白对照和药剂对照，也需设重复，田间小区试验也要确定施药方法、次数、适期、剂量、剂型等应用技术问题，以及了解药剂对周围生物群落、水源污染等情况。

7.2.3.4　大田药效试验

在经过田间小区试验之后，经技术经济综合评价，即可基本确定该成分是否可作为农药使用，同时可以进入大田药效试验。大田药效试验每点面积约 1 hm²，选择有代表性的不同地区、不同气候条件、不同作物设点，使药效试验的结果更符合实际情况。

7.2.3.5　作用机制研究

在清楚有效成分的作用方式，并确定可以作为农药应用到生产实际之后，就可以进一步摸清活性成分对有害生物的作用机制，有效成分的靶标部位及对有害生物生理生化的影响。这部分的研究对理解新农药的分子结构与它的作用活性都是有帮助的。

7.2.3.6 环境毒理研究

对有效成分环境评价是确定该化合物是否具有开发前景的重要依据。这部分包括该有效成分的急性毒性、蓄积毒性、亚慢性毒性和慢性毒性测定，具体评价内容见表 7-1。

表 7-1 农药毒性试验内容

试验名称	试验内容
急性毒性试验和皮肤及眼睛黏膜试验	急性经口毒性试验（LD_{50}）；急性经皮毒性试验（LD_{50}）；急性吸入毒性试验（LD_{50}），用于挥发性液体和可升华固体农药试验；眼刺激试验；皮肤刺激试验；皮肤致敏试验
蓄积毒性和致突变试验	蓄积毒性试验；致突变试验；原核细胞基因突变试验；哺乳动物细胞染色体畸变分析试验
亚慢性毒性和代谢试验	90 d 经口试验；21 d 经皮试验；2 代繁殖试验；致畸试验；代谢试验
慢性毒性	大鼠 2 年喂养试验或小鼠 1 年喂养试验

在新农药研发过程中，当入选的化合物进行农药登记与投产使用前，必须进行环境安全评价试验。该试验是评价入选化合物对环境生物的毒性及其在环境中的残留性、移动性和富集性，预测其对环境的潜在危害，为新农药的开发与安全使用，预防对环境的污染提供科学依据。环境评价中所用到的陆生生物系为鸟类、蜜蜂、家蚕、天敌、蚯蚓与土壤微生物；水生生物系指鱼类、水蚤和藻类等。

农药的残留量也是农药安全性评价的一个重要组成部分。大部分有机农药，在自然环境中受光、水、微生物等作用，易于分解为无害物质。但也有一部分农药残留期长，或者一些农药的代谢产物也有毒性，甚至毒性更高且残留期长的特性，则应测定其在作物、土壤、水体中的残留消解动态，以制定相应的应用指标，如安全间隔期等，并确定田间施药量、施药次数和施药适期等。

7.3 微生物农药的开发

7.3.1 病原微生物的获取

7.3.1.1 昆虫病原微生物的获取

从感染疾病的昆虫体中分离病原微生物并筛选优良菌株，是研究微生物农药的重要方法。病原微生物的分离主要指在感染细菌和真菌性病原微生物的昆虫，昆虫病毒只能通过活体组织培养法进行培养，而不能在人工培养基中生长。

要从感病的昆虫体中分离病原微生物，可采用如下的步骤和方法。

1. 罹病昆虫的采集

在野外采集感染细菌、真菌或病毒等病原微生物死亡的昆虫，放置在已消毒的小玻璃管内，尽快送到实验室。尤其是细菌感染的昆虫，虫体分解很快，在正常昆虫内脏生长的腐生性细菌和真菌也会迅速增殖，其数量会超过真正致病的微生物，给分离工作带来很大困难。

被采集昆虫要写明昆虫名称、采集时间、地点、发生的范围及发病症状等。

2. 病原微生物的分离

首先采用 70%乙醇消毒和 0.1%氯化汞溶液消毒的方法将昆虫体表消毒，然后将昆虫标本按其感染的类型来进行分离。

（1）病原真菌的分离

将消毒后的昆虫先放置在垫有灭菌湿砂或滤纸的培养皿中，于 28～30℃中培养。待虫尸表面长出真菌孢子后，将这些孢子直接移植至马铃薯蔗糖培养基斜面上，培养后可获得纯净的菌株。

采用的培养基为马丁培养基（葡萄糖 10 g、蛋白胨 5 g、KH_2PO_4 1 g、$MgSO_4 \cdot 7H_2O$ 0.5 g、1%孟加拉红 3.3 ml，琼脂 15～20 g，水 1 000 ml），112.6℃灭菌 30 min。培养基冷却至 50℃左右时，每 100 ml 加入 1%链霉素溶液 0.3 ml，摇匀，即可制成平板培养基用于分离。

（2）病原细菌的分离

将表面消毒后的昆虫虫体在无菌水中捣碎，使细菌溢出，过滤，把它制成悬液。如果细菌浓度较高，可用无菌水稀释 2～3 次，然后在牛肉膏蛋白胨培养基上进行分离培养，在 28～30℃中培养后可获得单菌落。牛肉膏蛋白胨培养基的配方为：牛肉膏 3 g，蛋白胨 5 g，琼脂 18 g，水 1 000 ml，pH 7.4～7.6，培养基于 121.3℃湿热灭菌 20 min。

（3）病毒粒子的分离提纯

①多角体病毒的提纯。将染病虫体在组织匀浆器中加生理盐水或无菌水研碎。经尼龙纱过滤，200～500 r/min 离心 20 min，除去组织碎片，再将上清液以 5 000 r/min 离心 20 min。除去上清液，并将沉淀悬浮于 0.25%洗衣粉水液中（pH 7.0），匀浆 3 min、5 000 r/min 离心 20 min，弃去上清液，将沉淀悬浮于体积约为 30 倍的蒸馏水中匀浆 12 min，然后注入装有 4 cm 高特定密度为 1.3、质量分数为 61.7%的蔗糖液的离心管中，以 6 000 r/min 离心 30 min，多角体病毒集中于蔗糖液和水之间，较重的不纯物质进入蔗糖液或沉于离心管底部。取有大量多角体病毒的中间层加 10 倍蒸馏水匀浆 6 min，注入特定密度为 1.2、质量分数为 43.9%的蔗糖液中，7 000 r/min 离心 30 min，可获白色多角体病毒沉淀。最后将多角体病毒悬浮

于 30 倍蒸馏水中，5 000 r/min 反复离心洗涤 2 次，可获提纯的多角体病毒。

②核多角体病毒粒子的提纯。用 5 g 多角体病毒放入 1 ml 0.004～0.03 mol/L Na$_2$CO$_3$ 加 0.05 mol/L NaCl（10∶1）的溶液中制成悬浮液，室温下放 1～2 h，多角体病毒可溶解。将悬液以 2000～4000 r/min 离心 5 min。上清液带白色淡蓝色彩，是病毒粒子悬于多角体蛋白液中引起的，上清液 10000～12000 r/min 离心 1 h，可得淡蓝色片状沉淀，重新悬浮于等体积而无 CO$_2$ 的蒸馏水中，10000～12000 r/min 离心 1 h，沉淀再溶于无 CO$_2$ 的蒸馏水中，可获高度纯化的病毒粒子。

也可用 57 mg 多角体病毒加到 12 ml 0.05 mol/L NaCl 混合液中，室温下溶解 4 h，2000～4000 r/min 离心 10 min，上清液 10 000 r/min 离心 1 h，将沉淀加入少许无 CO$_2$ 的重蒸馏水，10 000 r/min 离心 1 h 可获大量的病毒粒子。

③质型多角体病毒粒子的提纯。将 50 mg 质多角体溶于 1 ml 2% Na$_2$CO$_3$ 溶液中 30 s，加重蒸馏并经煮沸的水至 30 ml，36 000 r/min 离心 30 min，将小球物悬于蒸馏水中，10 000 r/min 离心 15 min，上清液浓缩，经蔗糖梯度离心，得出一个清晰的带，将带移出，使体积增至 5 ml，36 000 r/min 离心 30 s，得纯的病毒粒子。

④颗粒体病毒粒子的提纯。将 5 ml 荚膜溶于 1 ml 碱液中，20℃条件下放 8 h，4 000 r/min 离心 5 min，弃去浅棕色沉淀（为杂质和部分溶解的荚膜），上清液 12 000 r/min 离心 1 h，将沉淀悬浮于等量的无 CO$_2$ 的蒸馏水中，12 000 r/min 离心 1 h，沉淀物加约 1/7 体积的蒸馏水悬浮。

如果暂时不提纯病毒粒子，可将染病虫体浸于甘油中来保存体内的病毒。

（4）放线菌的分离

将土壤风干研细过筛，取一定量的细土平铺于光滑圆硬纸板上，再将多余的倒掉，使纸板上可见有细土黏附，将该纸板的黏土面轻轻覆盖在培养皿中的培养基平板上，并用手指轻轻弹一下纸板，取下，即有一层土壤微粒均匀地散落在平板上。培养皿放于 28℃恒温培养箱中培养 3～7 d，即可挑菌，进一步分离培养。

7.3.1.2 杂草病原微生物的获取

将植物病茎、病叶剪成长度为 3 mm 小段，放入盛有 70%乙醇的灭菌小烧杯中表面消毒 10 s，再放入盛有 3% NaClO 小烧杯中消毒 5 min，无菌水冲洗 3 次。放入盛有 PDA 培养基（马铃薯 20%，葡萄糖 2%，琼脂粉 1.7%，蒸馏水）的培养皿中，每皿 2 段，每样品重复 3 次。整体置于 28℃光照恒温培养箱中培养 3 d，待菌落长出后，挑取菌落边缘少量菌丝，再次转移至 PDA 培养基中纯化。经移植纯化多次后，待菌株菌落形态及孢子形态稳定时保存。

保存方法为：纯化菌株用 5 mm 打孔器打取菌落边缘的菌饼放入盛有 20%灭菌甘油中冻存，保存于-80℃超低温冰箱中备用。

7.3.2　病原微生物的致病性试验

7.3.2.1　昆虫病原微生物的致病性试验

从感病昆虫中分离获得的病原微生物通常需进行昆虫感病试验，才能证实分离获得的病原微生物是否为引起昆虫罹病死亡的病原微生物。

准备试虫时可以选用发育整齐、健康程度一致的菜粉蝶、小菜蛾、蓖麻蚕、家蚕等试虫，将真菌、细菌或病毒粒子等制成悬液，采取饲料染菌的办法，将菌悬液喷洒到试虫的食料中或寄主叶片上，晾干后接入试虫，供其取食。

菌悬液可制成一系列浓度梯度，例如，可设质型多角体的浓度等级为 1.96×10^5 PIBs/g，1.96×10^4 PIBs/g，1.96×10^3 PIBs/g，1.96×10^2 PIBs/g，1.96×10^1 PIBs/g，每一处理浓度处理试虫 20 头，4 次重复，另外设一组无菌双蒸水作为对照，待幼虫食完含毒饲料后更换新鲜无毒饲料。

将试虫放在正常饲养环境下饲养。第一天每隔 2 h 观察 1 次处理试虫与对照试虫的活动及染侵病情况，以后每隔 24 h 观察 1 次，连续观察 4～7 d，并记载其病态和死亡率。

7.3.2.2　抑菌微生物的抑菌试验

以 357 细菌抑制草莓灰霉病菌和水稻纹枯病菌为例，方法为：用 LB 培养基培养 357 细菌，用 PDA 培养基培养草莓灰霉病菌和水稻纹枯病菌，备用。

将分别培养草莓灰霉病菌和水稻纹枯病菌的 PDA 平板上接入 357 细菌，25℃培养一定时间后，在 PDA 平板上出现抑菌圈，测定抑菌圈大小以此判定药剂的毒力。然后分别把抑菌圈边缘处的菌丝转接到清洁 PDA 平板上，培养 3 d。若菌丝生长，则为抑菌作用；若菌丝不生长，则为杀菌作用。

7.3.2.3　除草微生物的致病性试验

培养杂草幼苗长成 2 叶和 4 叶期，用喷雾器将分离得到了病原微生物喷施到杂草幼苗叶面，分不同浓度喷施，每浓度重复 3 次，并设清水对照。药后 10 d、15 d、20 d 观察杂草幼苗的发病情况和生长情况，求出抑制率，记录有无幼苗死亡情况。

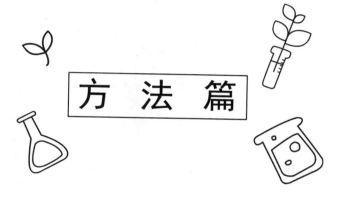

方 法 篇

8 农药剂型加工方法

8.1 粉剂加工方法（以 10%硫黄粉剂为例）

8.1.1 实验目的

了解并掌握粉剂的加工工艺和制备方法；了解粉剂的性能指标及质量检验方法。

8.1.2 有效成分基本知识及原理

8.1.2.1 基本知识

硫（sulfur）：又称硫黄。

相对分子质量：32.065。

理化性质：单质硫是黄色的晶体，难溶于水，微溶于乙醇，易溶于二硫化碳。硫黄有特殊臭味。蒸气压是 0.13 kPa，熔点为 119℃，相对密度为 2.0。

制剂：10%、20%硫黄粉剂等。

8.1.2.2 制备原理

粉剂通常由原药和填料组成。有时为了改善粉剂的性能可适量加入一些助剂，例如，为防止粉剂聚结，可适当加入一些分散剂；为提高粉剂的稳定性，防止有效成分分解，可添加一些抗氧化剂；等等。粉剂的配制方式视原药和助剂的物理状态而定。如果原药和助剂都是易粉碎的固态物质，可将它们和填料按规定的配比进行混合、粉碎、再混合，包装即可；如果原药和助剂呈黏稠状，则需要先将它们热熔，再依次均匀地喷布于已粉碎至细度符合粉剂标准的填料表面，混合均匀后进行包装；如果原药和助剂都是液体状态且流动性好，可直接喷布于填料表面，混合均匀后进行包装。我国对大多数粉剂的细度要求 95%，通过 200 目筛。

8.1.3　药品及仪器

8.1.3.1　药品

硫黄粉、滑石粉、木质素磺酸钙、萘磺酸甲醛。

8.1.3.2　仪器

固体粉碎机、200目标准筛、电子天平、振筛机、称量瓶。

8.1.4　制备方法

采用二次混合二次粉碎法，将原药、填料和助剂分别在固体粉碎机中粉碎，45℃低温烘干，按实验配比分别称取10 g硫黄、2 g木质素磺酸钙、1 g萘磺酸甲醛，用滑石粉补足至100 g。混合，过筛，将筛上剩余物重新再粉碎、过筛，直至筛上没有任何剩余物，将所有过筛物混匀即为10%硫黄粉。

8.1.5　质量控制指标

8.1.5.1　组成和外观

应用的硫黄粉、助剂、填料应符合标准，制剂外观要求无结块、流动性好。

8.1.5.2　项目指标

10%硫黄粉剂应符合表8-1粉剂控制项目指标。

表 8-1　粉剂控制项目指标

项目	指标	项目	指标
硫黄含量/%	≥10	pH	5～9
水分/%	≤1.5	有效成分分解率/%	≤10
粉粒细度	95%，过200目筛	热贮稳定性	合格

8.1.5.3　检验方法

称20 g样品（准确至0.2 g），均匀分撒于200目筛上。装上筛底和筛盖，振荡10 min，停止振荡，打开筛盖，用毛笔轻轻刷开形成的团粒，盖上筛盖再筛20 min，如此重复，直到筛上的残余物的质量比前一次减少小于0.1 g为止，筛上残余物移到称量瓶中称重（准确至 0.1 g）。粉粒细度按下式计算：

$$超筛目细度粉粒含量 = \frac{粉剂试样的质量 - 残余物的质量}{粉剂试样的质量} \times 100\%$$

8.2 可湿性粉剂加工方法（以 15%三唑酮可湿性粉剂为例）

8.2.1 实验目的

通过实验，了解并掌握农药可湿性粉剂的制备方法；了解可湿性粉剂的质量标准。

8.2.2 有效成分基本知识及原理

8.2.2.1 基本知识

三唑酮（triadimefon）分子式：$C_{14}H_{16}ClN_3O_2$。

相对分子质量：293.75。

化学名称：1-(4-氯苯氧基)-3,3-二甲基-1-(1,2,4-三唑-1-基)-2-丁酮。

理化性质：原药为无色晶体。熔点 82℃，20℃时水中溶解度为 260 mg/L。易溶于环己酮、二氯甲烷，溶于异丙醇、甲苯。在酸性和碱性条件下较稳定。

制剂：25%三唑酮可湿性粉剂，20%三唑酮乳油，15%三唑酮烟雾剂，等等。

8.2.2.2 制备原理

可湿性粉剂是农药原药、惰性填料、润湿剂、分散剂和其他助剂，按比例经充分混合粉碎后，达到一定粉粒细度的粉状剂型。可湿性粉剂加水搅拌可形成稳定、分散性良好的悬浮液，供喷雾使用。一般规定可湿性粉剂的润湿时间不大于 2 min。

8.2.3 药品及仪器

8.2.3.1 药品

三唑酮原粉、木质素磺酸钙、萘磺酸甲醛、十二烷基硫酸钠、轻质碳酸钙。

8.2.3.2 仪器

万能粉碎机、325 目标准筛、电子天平、气流粉碎机、烧杯等。

8.2.4 制备方法

①按表 8-2 配比分别称取原药、润湿剂、分散剂和填料，在万能粉碎机中预混合。

②在气流粉碎机中按流程进行细粉碎。

③取样进行 325 目筛检验，粉粒细度合格后进行包装。

表 8-2   15%三唑酮可湿性粉剂的组成配比   （单位：%）

三唑酮原粉	木质素磺酸钙	萘磺酸甲醛	十二烷基硫酸钠	轻质碳酸钙
15	5	5	1	补足 100

8.2.5 质量控制指标

8.2.5.1 组成和外观

本制剂应由符合标准的三唑磷原粉、润湿剂、分散剂和填料加工制成，制剂外观为流动的粉状固体。

8.2.5.2 项目指标

15%三唑磷可湿性粉剂应符合表 8-3 要求。

表 8-3   15%三唑磷可湿性粉剂控制项目指标

项目	指标	项目	指标
三唑磷含量/%	≥15	pH	6.0～9.0
悬浮率/%	≥70	粉粒细度（通过 325 目筛）/%	≥95
润湿时间/s	≤120	热贮稳定性	合格
有效成分分解率/%	<10	水分含量/%	<3

8.3 乳油加工方法（以 20%三唑酮乳油为例）

8.3.1 实验目的

了解并掌握乳油的加工工艺和制备方法；了解乳油的质量标准。

8.3.2 有效成分基本知识及原理

8.3.2.1 基本知识

三唑酮相关知识见可湿性粉剂。

8.3.2.2 制备原理

乳油一般由原药、有机溶剂、乳化剂和其他助剂组成，呈均相透明的油状液体。使用时加水稀释，形成稳定的乳浊液，供喷雾用。加工过程简单，按照配方将原药溶解于有机溶剂中，再加入乳化剂等其他助剂，在搅拌下混合、溶解，制成透明液体。

8.3.3 药品及仪器

8.3.3.1 药品

95%三唑酮原药、乳化剂3202、溶剂二甲苯。

8.3.3.2 仪器

500 ml 三口玻璃圆底烧瓶、玻璃漏斗、0~100℃温度计、桨式搅拌器、电子恒速搅拌机、烧杯、量筒、电子天平。

8.3.4 制备方法

①按配比将溶剂一次性加入三口玻璃圆底烧瓶内，开始搅拌，然后一次性加入农药原药，待固体原药完全溶解后，再按比例加入乳化剂。

②搅拌 1 h 后，取样分析其活性组成含量和进行乳化性能测定，检验配制结果，合理后即可出料包装，贴上标签备用。

8.3.5 质量控制指标

8.3.5.1 组成和外观

本制剂应由符合标准的三唑磷原粉制成，制剂外观为稳定的透明均相液体，无可见悬浮物和沉淀。

8.3.5.2　项目指标

20%三唑酮乳油应符合表8-4要求。

表 8-4　20%三唑酮乳油控制项目指标

项目	指标	项目	指标
三唑磷含量/%	≥20	低温稳定性	合格
酸度	合格	热贮稳定性	合格
水分含量/%	≤0.5	乳液稳定性（稀释 200 倍）	合格

8.4　颗粒剂加工方法（以 1.5%辛硫磷颗粒剂为例）

8.4.1　实验目的

通过实验，了解并掌握颗粒剂的加工工艺和制备方法；了解颗粒剂的质量标准。

8.4.2　有效成分基本知识及原理

8.4.2.1　基本知识

辛硫磷（phoxim）分子式：$C_{12}H_{15}N_2O_3PS$。

相对分子质量：298.3。

化学名称：0,0-二乙基-0-(苯乙腈酮肟)硫代磷酸酯。

理化性质：原药为浅黄色油状液体。熔点 5～6℃，沸点 102℃/1.333 Pa，易分解。相对密度 1.176（20℃），蒸气压约 1.333×10^{-2} Pa。易溶于苯、甲苯、二甲苯、醇类、酮类等有机溶剂，二氯乙烷>500 g/L，异丙醇>600 g/L，在石油醚中溶解度较小，20℃时在水中溶解度为 7 mg/L。在酸性和中性介质中稳定，碱性介质中水解较快（pH11.6 时半衰期为 170 min），高温下易分解，光照下分解加速。

制剂：60%乳剂；50%、40%乳油；3.3%沙粒剂；等等。

8.4.2.2　制备原理

颗粒剂是将农药原药与适宜的辅料配合制成的颗粒状制剂。颗粒剂按颗粒尺寸可分为大粒剂（直径 5000～9000 μm）、颗粒剂（直径 297～1680 μm）、微粒剂（直径 74～297 μm）。加工方法有挤出成型法、吸附法和包衣法 3 种。农药颗粒剂制备中，往往需要加入适量的助剂。包衣法制备粒剂时需用包衣剂，起黏结或包衣作用，常用的有石蜡、黏度较高的矿物油、聚乙烯醇、聚乙二醇、淀粉、工业糊精等，有的需加少量吸附剂，如活性白土、硅藻土、白炭黑；解体粒剂常用的助剂为烷基苯磺酸盐、木质素磺酸盐等，利于药剂扩散；制备低浓度颗粒剂时，要尽量选用对原药溶解度高的溶剂以稀释原药，使药剂均匀吸附到载体上。工业生产常用溶剂为苯、甲苯、二甲苯等，若实验室小量制备，也可用丙酮等挥发性强的溶剂。对化学稳定性差的药剂，如有机磷药剂，需要加入少量（0.2%～0.5%）稳定剂。

8.4.3 药品及仪器

8.4.3.1 药品

辛硫磷原油、煤渣。

8.4.3.2 仪器

广口瓶、20～325 目标准筛、电子天平、喷雾器、移液管、烧杯、量筒、振筛机。

8.4.4 制备方法

采用吸附法。将煤渣粉碎，用 20 目筛除去粗大的颗粒，再用 60 目筛除去细小的颗粒，剩余的直径 0.25～0.84 μm 的颗粒可以作为载体。

量取辛硫磷原油 15 ml，加入 100 ml 溶剂稀释，将经粉碎、选粒的载体置于密封的滚筒内，抽气，再用喷雾器均匀地喷洒稀释的辛硫鳞原油在 0.985 kg 载体上，经充分翻拌，晾干后即为 1.5%辛硫磷颗粒剂。加工时，注意药剂与颗粒载体要充分搅拌均匀，使载体均有药剂吸附。否则影响防治效果。

8.4.5 质量控制指标

8.4.5.1 组成和外观

本制剂应用的辛硫磷原油应符合标准，制剂外观为直径 0.25～0.84 μm 的颗粒。

8.4.5.2 项目指标

1.5%辛硫磷颗粒剂应符合表 8-5 要求。

表 8-5　1.5%辛硫磷颗粒剂控制项目指标

项目	指标	项目	指标
辛硫磷含量/%	≥1.5	低温稳定性	合格
粉粒细度/%	≥90	热贮稳定性	合格
水分含量/%	≤3		

8.5　微乳剂加工方法（以 5%阿维菌素微乳剂为例）

8.5.1　实验目的

　　了解并掌握微乳剂的加工工艺和制备方法；了解并掌握微乳剂的质量检验方法。

8.5.2　有效成分基本知识及原理

8.5.2.1　基本知识

　　阿维菌素（abamectin）分子式：$C_{48}H_{72}O_{14}(B_{1a})\cdot C_{47}H_{70}O_{14}(B_{1b})$。

　　相对分子质量：B_{1a}，873.09；B_{1b}，859.06。

　　理化性质：原药为白色或黄白色结晶粉，有效成分含量 75%～80%，相对密度 1.16，熔点 155～157℃，蒸气压 2×10^{-7} Pa，21℃时，溶解度在水中为 7.8 μg/L，在丙酮中为 100 g/L，在乙醇中为 20 g/L，在甲醇中为 19.5 g/L，在氯仿中为 10 g/L，在环己烷中为 6 g/L，在异丙醇中为 70 g/L，在煤油中 0.5 g/L，在甲苯中为 350 g/L。常温下不易分解，在 25℃时，pH 6～9 的溶液中无分解现象。

　　制剂：0.5%、0.6%、1.0%、1.8%、2%、3.2%、5%乳油；0.15%、0.2%高渗；1%、1.8%可湿性粉剂；0.5%高渗微乳油；2%水分散粒剂；10%水分散粒剂等。

8.5.2.2　制备原理

　　微乳剂是由原药、乳化剂、溶剂和水组成的透明均相液体制剂。在制备时，有时还需添加适量的助溶剂、稳定剂和增效剂等。农药微乳剂一般为水包油型，在水中形成透明或半透明的微乳浊液。一般采用转相法制备，即将农药原药与乳化剂、溶剂充分混合为均匀透明的油相，在搅拌下慢慢加入蒸馏水或去离子水，形成油包水型乳浊液，再经搅拌加热，使之迅速转相为水包油型，冷却至室温使之达到平衡，经过滤制得稳定的水包油型微乳剂。

8.5.3 药品及仪器

8.5.3.1 药品

95%阿维菌素晶粉、农乳 500#、农乳 2201#、农乳 1600#、乳化剂-2、乙酸丁酯、去离子水。

8.5.3.2 仪器

搅拌器、电热套、烧杯、量筒、温度计、冰箱。

8.5.4 制备方法

将 4 种乳化剂按表 8-6 配比加入烧杯中，搅拌至互溶，呈透明状；将阿维菌素溶于乙酸丁酯。在搅拌下，将阿维菌素溶液加入装乳化剂的烧杯中，并补充去离子水至100%，搅拌 5 min，至透明，得到淡黄色的微乳剂。

表 8-6　5%阿维菌素微乳剂的组成配比　　　　　　　（单位：%）

阿维菌素晶粉	乳化剂				溶剂	水
	农乳 500#	乳化剂-2	农乳 2201#	农乳 1600#		
5	7.5	7.5	6	1.7	15	补足 100

8.5.5 质量控制指标

8.5.5.1 组成和外观

本制剂应用的阿维菌素原药、水和助剂应符合标准，制剂外观为透明或半透明均相液体，无可见的悬浮物和沉淀。

8.5.5.2 项目指标

5%阿维菌素微乳剂应符合表 8-7 要求。

表 8-7　5%阿维菌素微乳剂控制项目指标

项目	指标	项目	指标
阿维菌素含量/%	≥5	持久起泡性（1min 后）/ml	≤10
酸度	≤0.5	低温稳定性	合格
乳液稳定性（稀释 200 倍）	合格	热贮稳定性	合格
透明温度范围/℃	−5～50		

8.5.5.3　检验方法

①有效成分含量检查：采用液相色谱法，C_{18}（2.1 mm×150 mm，5.0 μm）色谱柱，柱温 40℃，流动相采用 5 mmol/L 乙酸铵-乙腈 10∶90 等度洗脱，流速 0.20 ml/min，检测波长 λ=245 nm。

②酸度、碱度或 pH 的测定：酸度或碱度的测定按《农药原药产品标准编写规范》（HG/T 2467.1—2003）中 4.7 进行，pH 的测定按《农药 pH 值的测定方法》（GB/T 1601—1993）进行。

③乳液稳定性实验：试样用标准硬水稀释 200 倍，按《农药乳液稳定性测试方法》（GB/T 1603—2001）进行实验，上无浮油，下无沉淀为合格。

④持久起泡性实验：按《农药悬浮剂产品标准编写规范》（HG/T 2467.5—2003）中 4.11 进行。

⑤低温稳定性实验：按《农药乳油产品标准编写规范》（HG/T 2467.2—2003）中 4.10 进行。经轻微搅动，应无可见的粒子和油状物。将适量样品装入安瓿中，密封后于 0℃冰箱中储存于 1 周或 2 周后观察，不分层无结晶为合格。

⑥热贮稳定性实验：按《农药乳油产品标准编写规范》（HG/T 2467.2—2003）中 4.11 进行。样品密封于安瓿中，于（54±2）℃恒温培养箱中储存 14 d，分析热贮前后有效成分含量，计算有效成分分解率，同时观察记录析水、析油或沉淀情况。

8.6　水乳剂加工方法（以 5%阿维菌素水乳剂为例）

8.6.1　实验目的

了解并掌握水乳剂的加工工艺和制备方法；了解并掌握水乳剂的质量检验方法。

8.6.2　有效成分基本知识及原理

8.6.2.1　基本知识

阿维菌素相关知识见微乳剂。

8.6.2.2　制备原理

水乳剂也称浓乳剂，是乳浊液的浓缩液，是亲油性液体原药或低熔点原药溶于少量不溶于水的有机溶剂，所得的液体油珠（0.1～10 μm）分散在水中的悬浮体。水乳剂的加工工艺比较简单，通常方法是将原药、溶剂、乳化剂和共乳化剂混合溶解在一起，成为均匀油相。将水、分散剂、抗冻剂等混合在一起，成均一水相；在高速搅拌下，将水相加入油相或将油相加入水相，形成分散良好的水乳剂。

8.6.3　药品及仪器

8.6.3.1　药品

95%阿维菌素晶粉、二甲苯、DMF、乳化剂 WJ-630、增稠剂 WJZ-04、防腐剂 WJB-20、防冻剂、乙二醇。

8.6.3.2　设备

高剪切均质乳化机、表面张力仪、天平（精度 0.000 1）、旋转式黏度计、烧杯等。

8.6.4　制备方法

按表 8-8 配比将溶剂一次性加入三口玻璃圆底烧瓶内，开始搅拌，然后一次加入所需农药原药，待固体原药完全溶解后，再按比例加入乳化剂，溶解成均匀油相。将水、防冻剂、防腐剂、增稠剂混合在一起，成均一水相。在高速搅拌下，将水相加入油相，形成分散良好的水乳剂。

加工通常在常温下进行。有时加热到 60～70℃进行加工，视配方分散难易情况决定。

表 8-8　5%阿维菌素水乳剂的组成配比　　　　　（单位：%）

阿维菌素晶粉	溶剂		WJ-630	WJZ-04	WJB-20	乙二醇	水
	DMF	二甲苯					
5	2	20	5	0.1	0.1	5	补足 100

8.6.5　质量控制指标

8.6.5.1　组成和外观

本制剂应由符合标准的阿维菌素原药制成，应为稳定的乳状液体。

8.6.5.2　项目指标

5%阿维菌素水乳剂应符合表 8-9 要求。

表 8-9 5%阿维菌素水乳剂控制项目指标

项目	指标	项目	指标
阿维菌素含量/%	≥5	乳液稳定性（稀释 200 倍）	合格
酸度	≤0.5	持久起泡性（1min 后）/ml	≤10
倾倒后残余物/ml	≤3	低温稳定性	合格
洗涤后残余物/ml	≤0.5	热贮稳定性	合格

8.6.5.3 检验方法

①有效成分含量测定：同 8.5。

②酸度、碱度或 pH 的测定：酸度或碱度的测定按《农药原药产品标准编写规范》（HG/T 2467.1—2003）中 4.7 进行，pH 的测定按《农药 pH 值的测定方法》（GB/T 1601—1993）进行。

③倾倒性实验：按《农药悬浮剂产品标准编写规范》（HG/T 2467.5—2003）中 4.9 进行。

④乳液稳定性实验：试样用标准硬水稀释 200 倍，按《农药乳液稳定性测试方法》（GB/T 1603—2001）进行实验，上无浮油，下无沉淀为合格。

⑤持久起泡性实验：按《农药悬浮剂产品标准编写规范》（HG/T 2467.5—2003）中 4.11 进行。

⑥低温稳定性实验：按《农药乳油产品标准编写规范》（HG/T 2467.2—2003）中 4.10 进行。经轻微搅动，应无可见的粒子和油状物。将适量样品装入安瓿中，密封后于 0℃冰箱中储存于 1 周或 2 周后观察，不分层无结晶为合格。

⑦热贮稳定性实验：按《农药乳油产品标准编写规范》（HG/T 2467.2—2003）中 4.11 进行。样品密封于安瓿中，于（54±2）℃恒温培养箱中储存 14 d，分析热贮前后有效成分含量，计算有效成分分解率，同时观察记录析水、析油或沉淀情况。

8.7 烟剂加工方法（以 21%百菌清烟剂为例）

8.7.1 实验目的

了解并掌握烟剂的加工工艺和制备方法。

8.7.2 有效成分基本知识及原理

8.7.2.1 基本知识

百菌清（chlorothalonil）分子式：$C_8N_2Cl_4$。

相对分子质量：265.91。

化学名称：四氯间苯二腈（2,4,5,6-四氯-1,3-苯二甲腈）。

理化性质：纯品为白色晶体，熔点250～251℃，沸点350℃。蒸气压小于1.3 Pa（40℃）。在水中溶解度为0.6 mg/L，在丙酮中为2 g/L，二甲苯中为8 g/L。工业品纯度约为98%，在碱性和酸性水溶液中、对紫外线照射，都是稳定的。

制剂：2.5%、5%颗粒剂；75%可湿性粉剂。

8.7.2.2　制备原理

烟和雾都是以气体（空气）为分散介质（连续相），形成胶体态分散体系，在化学上统称为气溶胶。烟剂是由适当热源供给能量，使易于挥发或升华的药剂迅速气化，可同时形成烟或雾，弥漫在空气中且维持较长时间的剂型。烟剂的组成有农药原药、燃料、发烟剂、阻烟剂、导燃剂、氧化剂、降温剂、稳定剂、防潮剂等。

8.7.3　药品及仪器

8.7.3.1　药品

硝酸铵、木炭粉（锯末）、草酸铵、75%百菌清可湿性粉剂等。21%百菌清烟剂配比为：硝酸铵44%，木炭粉（锯末）22%，草酸铵6%，75%百菌清可湿性粉剂28%。

8.7.3.2　工具

研钵、小铁锅、电炉、牛皮纸、塑料管、滤纸、电子秤、粉碎机。

8.7.4　制备方法

①用15%或更高浓度的硝酸钾水溶液浸透吸水性强的纸后晾干，捻成绳，制成引信。

②将上述原料按比例称重，去除其中杂物；各种原料分别粉碎，避免不同助剂一起粉碎时起火；将上述粉碎的原料进行烘干，去除水分。

③制作供热剂。按烟剂配比取硝酸铵，用铁锅加热到200～210℃熔化，蒸发水分后停止加热，待硝酸铵结晶时加入炒过的锯末（注意不要80℃以上时加入，否则会快速反应），充分搅拌，使硝酸铵与木炭粉黏合，研细，最后在总量中加入3份炒过的锯末，混匀即为供热剂。

④烟剂的配制。将百菌清粉剂加入配制好的供热剂中搅拌混匀。

⑤烟剂的包装。可用 25 cm×40 cm 的牛皮纸包成高 20 cm、直径 10 cm 的圆筒，把混匀后的烟剂装入圆筒，每筒净重 0.5 kg，使用时一端钻 1 个 10～15 cm 深的圆孔，插入引信即可。

8.8 悬浮剂加工方法（以 50%氟啶胺悬浮剂为例）

8.8.1 实验目的

了解并掌握悬浮剂的加工工艺和制备方法；了解悬浮剂的质量检验方法。

8.8.2 有效成分基本知识及原理

8.8.2.1 基本知识

氟啶胺（fluazinam）分子式：$C_{13}H_4Cl_2F_6N_4O_4$。

相对分子质量：465.0917。

化学名称：3-氯-N-(3-氯-5-三氟甲基-2-吡啶基)-α,α,α-三氟-2,6-二硝基-对-甲苯胺。

理化性质：外观为黄色结晶。熔点 115～117℃，相对密度 1.757（20℃），蒸气压 $1.47×10^{-3}$ Pa（25℃）。25℃时在有机溶剂中的溶解度：在乙酸乙酯中为 680 g/L，在丙酮中为 470 g/L，在甲苯中为 410 g/L，在二氯甲烷中为 3390 g/L，在乙醇中为 120 g/L，在环己烷中为 14 g/L，在正己烷中为 12 g/L，在 1,2-丙二醇为 8.6 g/L；在水中的溶解度：0.1 mg/L（pH 5.0）、1.7 mg/L（pH 6.8）、＞1000 mg/L（pH 11）。对酸、碱、热稳定，对光不稳定。

制剂：22%、50%悬浮剂；50%水分散粒剂。

8.8.2.2 制备原理

悬浮剂是在表面活性剂和其他助剂作用下，将不溶于或难溶于水的原药分散到水中，形成均匀稳定的粗悬浮体系。其分散介质是水，容易与水混合，使用方便。特点是对环境影响小和药害轻等。

8.8.3 药品及仪器

8.8.3.1 药品

98.3%氟啶胺原药、烷基乙烯芳基苯基醚 SK-33SC、聚羧酸盐高分子分散剂

THB-2、脂肪醇聚氧乙烯醚分散剂 4896、黄原胶、硅酸镁铝、有机硅消泡剂AF9903、乙二醇。

　　配制比例为：SK-33SC 3%，THB-2 1%，4896 1%，乙二醇 5%，黄原胶 0.1%，硅酸镁铝 0.2%，AF-9903 0.2%，装填 3 台砂磨机，每台砂磨机的研磨时间约 20 min。

8.8.3.2　仪器

　　电子秤、高效液相色谱仪、旋转黏度计、pH 计、球磨机、砂磨机、高剪切乳化机、激光粒度分析仪、冰箱。

8.8.4　制备方法

　　①将按配方称量好的氟啶胺原药、助剂和水从球磨机投料口投入球磨机中，启动球磨机研磨。每隔一定时间取样观测粉粒细度，直到 200 目。时间约需 2 h。
　　②将 3 台砂磨机串联，预磨好的浆料投入砂磨机中，依次研磨大约 20 min，待研磨浆料粉粒细度达到 3 μm 以下时，可确认合格。再经调配和消泡即可包装。

8.8.5　质量控制指标

8.8.5.1　组成和外观

　　本制剂应由符合标准的氟啶胺原药制成，应为淡黄色、可流动液体。

8.8.5.2　项目指标

　　50%氟啶胺悬浮剂应符合表 8-10 要求。

表 8-10　50%氟啶胺悬浮剂控制项目指标

项目	指标	项目	指标
阿维菌素含量/%	≥5	乳液稳定性（稀释 200 倍）	优
酸度	≤0.5	持久起泡性（1 min 后）/ml	≤25
倾倒后残余物/%	≤5	粒径（1～5 μm）	>90
洗涤后残余物/%	≤0.5	低温稳定性	合格
黏度/mPa·s	600～800	热贮稳定性	合格

8.8.5.3　检验方法

　　①含量、悬浮率、倾倒性实验的测定：按照 Q/12 NY1051—2011 方法测定。
　　②热贮稳定性实验：按照《农药热贮稳定性测定方法》（GB/T 19136—2003）

方法测定。

③低温稳定性实验：按照《农药低温稳定性测定方法》（GB/T 19137—2003）方法测定。

④pH 测定：按照《农药 pH 值的测定方法》（GB/T 1601—1993）方法测定。

⑤黏度测定：按照《农药理化性质测定实验导则 第 21 部分：黏度》（NY/T 1860.21—2010）方法测定。

⑥湿筛实验：按照《农药粉剂、可湿性粉剂细度测定方法》（GB/T 16150—1995）方法中的"湿筛法"进行。

⑦粉粒细度测定：采用 Winner2000Z 激光粒度分布仪测定。

9 农药毒力测定方法

9.1 杀虫剂毒力测定

9.1.1 胃毒毒力测定方法——夹毒叶片法

9.1.1.1 实验目的

掌握夹毒叶片法测定杀虫剂胃毒毒力测定的基本要求和方法。

9.1.1.2 实验原理

胃毒毒力测定是使杀虫剂随食物一起被目标昆虫吞食进入消化道,从而发挥毒力作用的测定方式。因此,在操作时要尽量避免药剂与昆虫体壁接触而产生其他毒力作用,同时也要注意避免昆虫在取食时产生拒食作用。夹毒叶片法适用于植食性、取食量较大的咀嚼式口器昆虫。

9.1.1.3 实验材料

1. 供试生物

供试生物应选择龄期一致、敏感的鳞翅目幼虫,包括黏虫(*Mythimna separata*)、小菜蛾(*Plutella xylostella*)、菜粉蝶(*Pieris rapae*)、茶尺蠖(*Ectropis obliique hypulina*)、棉铃虫(*Helicoverpa armigera*)、斜纹夜蛾(*Prodenia litura*)、甘蓝夜蛾(*Mamestra brassicae*)、甜菜夜蛾(*Spodoptera exigua*)等。

2. 供试药剂

采用原药,注明通用名称、百分含量和生产厂家。

3. 实验用具

电子天平(感量 0.1 mg)、打孔器、毛细管点滴器、12 孔组织培养板、直径为 9 cm 培养皿、烧杯、移液管或移液器、毛笔、镊子等。

9.1.1.4　实验步骤

1. 药剂配制

水溶性药剂用蒸馏水溶解后用有机溶剂（丙酮）稀释，其他药剂选用合适的有机溶剂（如丙酮、二甲基亚砜、乙醇等）溶解并稀释。根据预备实验，按照等比或等差的方法设置 5～7 个系列质量浓度。

2. 试虫准备

选择室内饲养、3 龄以上、龄期一致的敏感试虫。饥饿 4～8 h，选取 50 头幼虫，用电子天平称量，计算平均质量。

3. 夹毒叶片制作

用直径 1 cm 的打孔器打取叶碟，放入培养皿，并注意保湿。用毛细管点滴器从低浓度开始，每叶碟点滴 1～2 μl 药液，待溶剂挥发后和另一片涂有淀粉糊（或面粉糊）的叶碟对合制成夹毒叶碟，制作完毕放于 12 孔组织培养板的孔内。每处理 4 次重复，每重复不少于 12 个夹毒叶碟，并设不含药剂的相应的有机溶剂的处理作为对照组。

4. 药剂处理

组织培养板每个孔内接 1 头试虫，置于正常条件下培养。接虫 2～4 h 后，待试虫食完含药叶碟后，在培养板孔内加入清洁饲料继续饲养至调查，淘汰未食完一张完整叶碟的试虫。

9.1.1.5　结果调查与统计分析

1. 结果调查

处理后 24 h 调查试虫死亡情况，记录总虫数和死虫数。根据实验要求和药剂特点，可缩短或延长调查时间。

2. 计算方法

根据调查数据，计算各处理的死亡率和校正死亡率，计算结果均保留到小数点后两位。计算公式如下：

$$死亡率 = \frac{死亡虫数}{总虫数} \times 100\%$$

$$校正死亡率 = \frac{处理组死亡率 - 对照组死亡率}{1 - 对照组死亡率} \times 100\%$$

若对照组死亡率<5%，无须校正；对照组死亡率为 5%～20%，应计算校正死亡率；对照组死亡率>20%，实验需重做。

3. 统计分析

用 SPSS 等软件进行分析，计算各药剂的 LC_{50}、LC_{90}、b 值（标准误差）等及其 95%置信区间，评价供试药剂对靶标昆虫的胃毒活性。

9.1.2　触杀毒力测定方法——点滴法

9.1.2.1　实验目的

本实验要求掌握采用点滴法测定杀虫剂触杀毒力的基本要求和方法。

9.1.2.2　实验原理

药剂通过昆虫体壁进入虫体而致死的称为触杀毒力，测定杀虫剂触杀毒力的方法很多，目前国内外普遍采用的方法有点滴法、喷雾（粉）法、药膜法、浸渍法等。点滴法是将一定浓度的药液点滴于虫体上的某一部位，药剂在体壁形成药膜而进入昆虫体内。此方法是触杀毒力测定中使用最普遍的方法。

9.1.2.3　实验材料

1. 供试生物

供试生物应选择龄期一致、敏感的鳞翅目幼虫，如黏虫（*Mythimna separata*）、二化螟（*Chilo suppressalis*）、棉铃虫（*Heliothis armigera*）等；同翅目昆虫如蚜虫类、叶蝉类、飞虱类等。

2. 供试药剂

采用原药，注明通用名称、百分含量和生产厂家。

3. 实验用具

电子天平（感量 0.1 mg）、微量点滴器、毛细管、滤纸、毛笔、直径为 9 cm培养皿、烧杯、移液管或移液器、镊子等。

9.1.2.4　实验步骤

1. 实验药剂配制

水溶性药剂用蒸馏水溶解后用有机溶剂（丙酮等）稀释，其他药剂选用合适的有机溶剂（如丙酮、二甲基亚砜、乙醇等）溶解并稀释。根据预备实验，按照等比或等差的方法设置 5～7 个系列质量浓度。

2. 微量点滴器或毛细管点滴器准备

将微量点滴器用溶剂清洗，调节点滴器至备用状态。视试虫的种类及大小确定点滴量或选择毛细管点滴器。

3. 药剂处理

选择室内饲养、龄期一致的敏感试虫，如鳞翅目害虫应选择 3 龄或 4 龄幼虫，同翅目害虫应选择若虫或成虫。

用毛笔将试虫（如果试虫过于活泼，可事先用 CO_2 或乙醚麻醉）置于培养皿中备用。将培养皿内试虫逐头进行点滴处理，鳞翅目幼虫点滴于虫体前胸背板上，每头点滴药剂 0.5～1.0 μl；蚜虫、叶蝉等点滴于虫体腹部，每头点滴药剂 0.02～0.1 μl。将点滴后的试虫分别转移至正常条件下饲养。每处理 4 次重复，每重复不少于 10 头试虫，并设不含药剂的相应的有机溶剂处理作为对照组。

9.1.2.5　结果调查与统计分析

1. 结果调查

处理后 24 h 调查试虫死亡情况，记录总虫数和死虫数。根据实验要求和药剂特点，可缩短或延长调查时间。

2. 计算方法

根据调查数据，计算各处理组的死亡率和校正死亡率，计算公式如下：

$$死亡率 = \frac{死亡虫数}{总虫数} \times 100\%$$

$$校正死亡率 = \frac{处理组死亡率 - 对照组死亡率}{1 - 对照组死亡率} \times 100\%$$

若对照组死亡率＜5%，无须校正；对照组死亡率为 5%～20%，应计算校正死亡率；对照组死亡率＞20%，实验需重做。

3. 统计分析

用 SPSS 等软件进行分析，计算各药剂的 LC_{50}、LC_{90}、b 值（标准误）等及其 95%置信区间，评价供试药剂对靶标昆虫的触杀活性。

9.1.3 熏蒸毒力测定方法——锥形瓶法

9.1.3.1 实验目的

掌握锥形瓶法测定杀虫剂熏蒸毒力的基本要求和方法。

9.1.3.2 实验原理

该方法测定杀虫剂从气门进入呼吸系统而引起试虫中毒致死的熏杀毒力。测定方法比较简单，主要靠气体或药剂产生的气体在空间自行扩散并充满整个空间，从而进入空间当中的目标昆虫的呼吸系统，不存在药剂的均匀性及处理部位问题。

9.1.3.3 实验材料

1. 供试生物

供试生物应选择龄期一致、敏感的鳞翅目幼虫，如黏虫（*Mythimna separate*）、二化螟（*Chilo suppressalis*）、小菜蛾（*Plutella xylostella*）等；同翅目昆虫如蚜虫类、叶蝉类、飞虱类等；鞘翅目成虫如玉米象（*Sitophilus maizae*）、赤拟谷盗（*Tribolium castaneum*）等。

2. 供试药剂

采用原药，注明通用名称、百分含量和生产厂家。

3. 实验用具

电子天平（感量 0.1 mg）、滤纸、毛笔、直径为 9 cm 的培养皿、烧杯、移液管或移液器、锥形瓶、试虫笼、CO_2 钢瓶、镊子等。

9.1.3.4 实验步骤

1. 药剂配制

熏蒸剂宜直接使用原药，以毫克每升（mg/L）计。根据药剂活性，等比设置 5～7 个系列质量浓度。

2. 药剂处理

选择室内饲养、龄期一致的敏感试虫，如鳞翅目选择 2 龄或 3 龄幼虫；同翅目选择若虫或成虫；鞘翅目选择羽化 2 周后的成虫。准备 500 ml 的锥形瓶，将试虫笼悬挂于瓶的中部，按预定的剂量加入供试药剂于瓶底，熏蒸处理 1 h 后将试虫转移到正常条件下饲养。每处理 4 次重复，每重复不少于 30 头试虫，设不含药剂的处理作为对照组。

9.1.3.5 结果调查与统计分析

1. 结果调查

处理后 24 h 调查试虫死亡情况，记录总虫数和死虫数。根据实验要求和药剂特点，可缩短或延长调查时间。

2. 计算方法

根据调查数据，计算各处理组的死亡率和校正死亡率，计算公式如下：

$$死亡率 = \frac{死亡虫数}{总虫数} \times 100\%$$

$$校正死亡率 = \frac{处理组死亡率 - 对照组死亡率}{1 - 对照组死亡率} \times 100\%$$

若对照组死亡率<5%，无须校正；对照组死亡率为 5%～20%，应计算校正死亡率；对照组死亡率>20%，实验需重做。

3. 统计分析

用 SPSS 等软件进行分析，计算各药剂的 LC_{50}、LC_{90}、b 值（标准误）等及其 95%置信区间，评价供试药剂对靶标昆虫的熏蒸活性。

9.1.4 内吸毒力测定方法——连续浸液法

9.1.4.1 实验目的

掌握连续浸液法测定杀虫剂内吸毒力的基本要求和方法。

9.1.4.2 实验原理

内吸毒力测定是内吸剂可以通过植物根、茎、叶及种子等部位渗入植物内部组织，随着植物体液运转到整株，对取食昆虫起到毒力作用的测定方式。测定内吸杀虫剂的内吸作用时，直接接触药剂的是植物体，药剂进入植物体后在植物体内运转，昆虫通过吸取植物汁液而把药剂吸入消化道，药剂最后到达作用靶标起到毒力作用。目标昆虫不直接接受药剂。

9.1.4.3　实验材料

1. 供试生物

供试生物应选择龄期一致、敏感的鳞翅目幼虫如黏虫（*Mythimna separata*）、二化螟（*Chilo suppressalis*）、小菜蛾（*Plutella xylostella*）等；同翅目昆虫如蚜虫类、叶蝉类、飞虱类等；缨翅目昆虫如蓟马等。

2. 供试药剂

采用原药，注明通用名称、百分含量和生产厂家。

3. 实验用具

电子天平（感量 0.1 mg）、滤纸、毛笔、直径为 9 cm 培养皿、量筒、水培瓶、烧杯、移液管或移液器、镊子、记号笔、台灯、大试管、CO_2 钢瓶等。

9.1.4.4　实验步骤

1. 药剂配制

水溶性药剂直接用水溶解、稀释，其他药剂选用合适的有机溶剂（如丙酮、乙醇等）溶解后用水稀释，按照等比或等差的方法设置 5～7 个系列质量浓度，每质量浓度药液量不少于 50 ml。

2. 药剂处理

选择带根的健壮植株，将根部小心洗净、晾干；将植株根部插入装有药液的烧杯中，给予光照及正常条件，保证植株根系正常生长。每药液浓度处理 4 次重复，并设不含药剂的处理作为对照组。

3. 试虫处理

试虫选择室内饲养、龄期一致的敏感试虫，如鳞翅目选择 2 龄或 3 龄幼虫；同翅目选择若虫或无翅成虫。将持续处理 24 h 后的植株从药液中取出，剪下植株茎部未接触药剂的部分，并置于培养皿中，保湿，每皿接试虫 10～20 头（根据试虫大小而定）。以根部未接触药剂的植株茎部接虫作为对照。

9.1.4.5 结果调查与统计分析

1. 结果调查

处理后 24 h 调查试虫死亡情况，记录总虫数和死亡虫数。根据实验要求和药剂特点，可缩短或延长调查时间。

2. 计算方法

根据调查数据，计算各处理组的死亡率和校正死亡率，计算公式如下：

$$死亡率 = \frac{死亡虫数}{总虫数} \times 100\%$$

$$校正死亡率 = \frac{处理组死亡率 - 对照组死亡率}{1 - 对照组死亡率} \times 100\%$$

若对照组死亡率＜5%，无须校正；对照组死亡率为 5%～20%，应计算校正死亡率；对照组死亡率＞20%，实验需重做。

3. 统计分析

用 SPSS 等软件进行分析，计算各药剂的 LC_{50}、LC_{90}、b 值（标准误）等及其 95%置信区间，评价供试药剂对靶标昆虫的内吸活性。

9.1.5 忌避毒力测定方法

9.1.5.1 实验目的

掌握忌避毒力测定实验的基本要求和方法。

9.1.5.2 实验原理

忌避毒力测定是将定量药剂均匀地施于植株上或部分植株，再接入一定量的目标昆虫，置于正常环境中，观察目标昆虫对施用药剂的植物的忌避程度。忌避毒力测定可以根据不同种类的目标昆虫采用不同的施药方法。如浸渍法、喷雾法和喷粉法等。

9.1.5.3 实验材料

1. 供试生物

供试生物应选择龄期一致、敏感的同翅目昆虫如蚜虫类、叶蝉类、飞虱类、粉虱类等；直翅目昆虫如蝗虫等；缨翅目昆虫如蓟马等。最好选择成虫，同翅目、直翅目等可选择较活泼的若虫。

2. 实验用具

电子天平（感量 0.1 mg）、滤纸、毛笔、直径为 9 cm 培养皿、量筒、水培瓶、烧杯、移液管或移液器、镊子、记号笔、养虫笼、小型喷雾器等。

9.1.5.4 实验步骤

1. 药剂配制

水溶性药剂直接用水溶解、稀释，其他药剂选用合适的有机溶剂（如丙酮、乙醇等）溶解后用水稀释，按照等比或等差的方法设置 5～7 个系列质量浓度，每质量浓度药液量不少于 50 ml。

2. 药剂处理

（1）叶碟法

选择生长一致的健壮植株，剪下生长大小一致的 30～50 cm² 的叶片；将叶片浸入装有药液的烧杯中 1～2 s，取出，晾干；置于培养皿中，保湿。对于个体较大的试虫，每药液浓度处理至少 10 张叶片，每叶片接试虫 1～2 头，每浓度 4 次重复；对于个体较小的试虫，每药液浓度处理叶片数可少些，但至少 4 张叶片，每叶片接试虫 10～20 头，每浓度 3 次重复。设不含药剂的处理作为对照组。处理组与对照组放于同一培养皿中为选择性忌避作用测定，处理组与对照组分别放于不同培养皿中为非选择性忌避作用测定。

（2）幼苗法

选择生长一致的处于 3～5 叶期的健壮盆栽植株，用小型喷雾器喷洒不同浓度的药液，晾干，置于 30 cm×30 cm×30 cm 的养虫笼中。每药液浓度处理至少 4 盆健康植株，对于个体较大的试虫，每株接试虫 5～10 头；对于个体较小的试虫，每株接试虫 30～50 头，每浓度 3 次重复。设用清水喷雾并晾干的盆栽健康植株作为对照组。处理组与对照组放于同一养虫笼中为选择性忌避毒力测定，处理组与对照组分别放于不同养虫笼中为非选择性忌避毒力测定。

9.1.5.5 结果调查与统计分析

1. 结果调查

处理后 24 h 调查试虫在处理组与对照组叶碟或处理组与对照组植株上的停落情况，分别记录停落虫数。根据实验要求和药剂特点，可缩短或延长调查时间。

2. 计算方法

根据实验方法与调查数据，计算非选择性忌避率和选择性忌避率，计算公式如下：

$$非选择性忌避率 = \frac{对照组平均落虫数 - 处理组平均落虫数}{对照组平均落虫数} \times 100\%$$

$$选择性忌避率 = \frac{对照组平均落虫数 - 处理组平均落虫数}{对照组平均落虫数 + 处理组平均落虫数} \times 100\%$$

3. 统计分析

用 SPSS 等软件进行分析，计算各药剂及同一药剂不同浓度间的相关性及其95%置信区间，评价供试药剂对靶标昆虫的忌避活性。

9.1.6　拒食毒力测定方法

9.1.6.1　实验目的

本实验要求掌握昆虫拒食剂拒食活性测定的基本要求和测定方法。

9.1.6.2　实验原理

有些药剂对试虫没有直接的毒力作用，但它可以引起试虫拒绝再度取食，这样的药剂为拒食剂。测定拒食活性的方法有两种，选择性拒食活性测定和非选择性拒食活性测定。

9.1.6.3　实验材料

1. 供试生物

供试生物应选择龄期一致、敏感的鳞翅目幼虫如黏虫（*Mythimna separata*）、二化螟（*Chilo suppressalis*）、小菜蛾（*Plutella xylostella*）等。

2. 实验用具

电子天平（感量 0.1 mg）、滤纸、毛笔、直径为 9 cm 培养皿、量筒、水培瓶、烧杯、移液管或移液器、镊子、记号笔、台灯、大试管、CO_2 钢瓶等。

9.1.6.4　实验步骤

1. 药剂配制

水溶性药剂直接用水溶解、稀释，其他药剂选用合适的有机溶剂（如丙酮、乙醇等）溶解后用水稀释，按照等比或等差的方法设置 5～7 个系列质量浓度，每质量浓度药液量不少于 50 ml。

2. 试虫准备

选择室内饲养、3 龄以上、龄期一致的敏感试虫。饥饿 4～8 h，选取 50 头幼虫，用电子天平称量，计算每头平均质量。

3. 带毒叶片制作及试虫处理

将叶面积大致相似的叶片用喷雾法或浸渍法使其表面沾附一层药剂。每药液处理 10 张叶片，每张叶片接试虫 1 头，共重复 4 次，并设不含药剂的相应的有机溶剂处理叶片作为对照组。将处理组叶片与对照组叶片置于同一培养皿中为选择性拒食活性测定，处理组叶片与对照组叶片置于不同培养皿中为非选择性拒食活性测定。

9.1.6.5　结果调查与统计分析

1. 结果调查

处理后 24 h 调查试虫拒食情况，分别记录处理组叶片和对照组叶片的取食面积。计算拒食率。

2. 计算方法

根据测定方法和调查数据，计算非选择性拒食率与选择性拒食率，计算公式如下：

$$非选择性拒食率 = \left(1 - \frac{处理叶片被食面积}{对照叶片被食面积}\right) \times 100\%$$

$$选择性拒食率 = \frac{对照叶片被食面积 - 处理叶片被食面积}{对照叶片被食面积 + 处理叶片被食面积} \times 100\%$$

3. 统计分析

用 SPSS 等软件进行分析，计算各药剂及同一药剂不同浓度间的相关性及其 95%置信区间，评价供试药剂对靶标昆虫的拒食活性。

9.2 杀菌剂毒力测定

9.2.1 离体毒力测定方法

杀菌剂离体毒力测定最常用的方法包括孢子萌发法、生长速率法和抑菌圈法。

通过这 3 种实验方法，评价不同类型杀菌剂对某一病原菌毒力大小。

9.2.1.1　孢子萌发法

同类方法可参照国家行业标准《农药室内生物测定试验准则　杀菌剂　第 1 部分：抑制病原真菌孢子萌发试验凹玻片法》（NY/T 1156.1—2006）或杀菌剂试验操作的标准操作规范（SOP-SC-1072 孢子萌发实验法）。

1. 实验目的

孢子萌发法是杀菌剂毒力测定最常用的方法。通过实验初步掌握实验方法和操作技术，学会整理数据和分析结果，并能用于新农药实验、农药筛选和寻找高效植物源农药等工作中。

2. 实验原理

通过不同药剂或同一药剂不同浓度对真菌孢子萌发或真菌的其他繁殖体（如菌核）萌发的抑制情况来比较药效。此法适用于能产生孢子的真菌的独立测定。

3. 实验材料

（1）供试菌

可选用蔬菜病害的番茄灰霉病菌（*Botrytis cinerea*）、茄链格孢菌（*Alternaria solani*）、辣椒刺盘孢（*Colletotrichum capsici*）、葡萄座腔菌（*Botryosphaeria dothidea*）、苹果炭疽菌（*Glomerella cingulata*）、苹果黑腐皮壳菌（*Valsa mali*）、葡萄痂囊腔菌（*Elsinoe ampelina*）、白腐盾壳霉菌（*Coniothyrium diplodiella*）、稻梨孢菌（*Piricularia oxyzae*）、玉蜀黍赤霉（*Gibberella zeae*）等。供试真菌的孢子应取自新鲜纯培养菌，这样的孢子成熟度比较一致，处理间的差异小，实验结果的可靠性大。

（2）供试药剂

采用原药，并注明通用名、商品名或代号、含量、生产厂家，对照药剂可根据需要采用已登记注册且生产上常用的抑制孢子萌发的杀菌剂原药。

（3）实验用具

离心机、电子天平、显微镜、培养箱、培养皿、孢子计数器、载玻片、凹玻片、镊子、小烧杯、移液管等。

4. 实验步骤

（1）药剂配制

水溶性药剂直接用无菌水溶解稀释。其他药剂选用合适的溶剂（如丙酮、二甲基亚砜、乙醇等）溶解，用 0.1%的吐温 80 无菌水溶液稀释。根据预备实验，设置 5～7 个系列浓度，有机溶剂最终浓度不超过 2%。

（2）孢子悬浮液的制备

将培养好的病原真菌孢子用去离子水从培养基或病组织上洗脱、过滤，离心（1 000 r/min）5 min。倒去上清液，加入去离子水，再离心。最后用去离子水将孢子重悬浮至每毫升 1×10^5～1×10^7 个孢子，并加入 0.5%葡萄糖溶液。

（3）药剂处理

每种供试药剂的各个浓度分别用 1 ml 吸管依次由低浓度到高浓度的顺序吸取 1ml 注入标记好的小烧杯中，另用 1 ml 吸管逐个吸取 1 ml 孢子悬浮液注入已经盛有药液的小烧杯中，使药液与孢子悬浮液等量混合均匀。摇匀后用吸液管吸取 1 滴置于萌发玻片的凹穴中，每处理不少于 3 次重复，并设不含药剂的处理作空白对照。然后将凹玻片放在大培养皿或有盖的瓷盘中，25℃恒温保湿培养。

（4）孢子萌发率测定

恒温保湿培育 8～12 h 后检查孢子萌发情况。培养时间不宜太长，否则萌发的孢子芽管过长而影响观察计算。一般萌发芽管为菌体孢子长度 1 倍为宜。如果时间来不及检查，则应加入 1 滴 1∶200 的 $HgCl_2$ 溶液于萌发玻片的培养液中用于固定。各处理组检查孢子总数要达 100 个左右，对照组检查孢子总数应该多一些，以 200～300 个为宜。如果对照组孢子有 5%～20%不萌发，各处理组的孢子萌发率应根据对照组的自然死亡情况加以更正，使其更准确地表达各处理组的效果；如果对照组孢子有 20%以上不萌发，该批供试菌不宜采用。孢子萌发率、校正的孢子萌发率、抑制孢子萌发率（简称抑制率）和校正的抑制孢子萌发率的公式为：

$$孢子萌发率 = \frac{孢子萌发数}{检查孢子总数}\times100\%$$

$$抑制率 = 1 - 孢子萌发率$$

$$校正的孢子萌发率 = \frac{处理组孢子萌发率}{对照组孢子萌发率}\times100\%$$

$$校正的抑制孢子萌发率 = 1 - 校正的孢子萌发率$$

5. 数据统计与分析

线性回归和有效中浓度（EC_{50}）的计算：以药剂浓度的对数值为自变量（x 轴），抑制孢子萌发百分率的机率值为应变量（y 轴）进行线性回归分析，建立回归方程，然后根据回归方程计算 EC_{50}。相关的统计项目可在 Excel 上用有关公式来进行：浓度转换成对数值的公式是 lg（）；抑制率转换成概率的公式是 Normsinv（）；相关系数 r 值的计算公式是 Correl（）；截距 a 的计算公式是 Intercept（）；斜率 b

的计算公式 Slope（）；对数值转换成浓度的计算公式是 Power（10）。计算步骤如下。

①进行数据转换。为了避免抑制率转换成概率值时出现负数，需要进行加 5 处理，即 Normsinv（）+5。

②求 r，并检验其显著性，即检测 x、y 两变量的相关性；如 r 值不显著，则两变量无线性相关，没有必要进行进一步的线性回归。简易的 r 值的显著性检验见表 9-1。

表 9-1　简易的 r 显著性检验表

自由度（$n-2$）	r	
	0.05 水平	0.01 水平
2	0.950	0.990
3	0.878	0.959
4	0.811	0.917

注：n 是测定药剂浓度的个数

③求 a 和 b，并获得线性回归方程 $y = a + bx$。

④根据线性回归方程求 m（即当 $y=5$ 时的 x），并根据 m 求 EC_{50}。

⑤也可以根据线性回归方程求 EC_{10} 和 EC_{90}。

9.2.1.2　含毒介质培养的生长速率法

同类方法可参照国家行业标准《农药室内生物测定试验准则 杀菌剂 第 2 部分：抑制病原真菌菌丝生长试验 平皿法》（NY/T 1156.2—2006）中的抑制病原真菌菌丝生长试验——生长速率法，或杀菌剂试验操作的标准操作规范的杀菌活性普筛生长速率法（SOP-SC-1079）。

1. 实验目的

含毒介质培养的生长速率法是杀菌剂毒力测定的常规方法之一，用来评价不同类型杀菌剂对某一病原菌毒力大小。

2. 实验原理

把供试的药剂混在真菌生长的介质中，即用含有供试药剂的培养基来培养真菌。以定量的培养基来准确确定培养基介质中所含供试药剂的浓度，通过测定供试真菌菌落生长的速率来衡量药剂的毒力大小。菌落的生长速率有两种表示方法：①菌落达到一定大小所需要的时间（天或小时）；②单位时间内菌落直径的大小。此方法适用于不长孢子或孢子量少而菌丝生长较快的真菌。

3. 实验材料

（1）供试菌

纯培养的禾谷镰孢（*Fusarium graminearum*）、稻梨孢菌（*Pyricularia oryzae*）、瓜果腐霉（*Pythium aphanidermatum*）、玉米平脐蠕孢菌（*Helminthosporium maydis*）、大丽轮枝菌（*Verticillium dahliae*）、核盘菌（*Sclerotinia sclerotiorum*）、番茄刺盘孢（*Colletotrichum lycopersici*）、苹果链格孢（*Alternaria mali*）、白腐垫壳孢（*Coniothyrium diplodiella*）、立枯丝核菌（*Rhizoctonia solani*），实验前两天先把菌核或菌丝块移种于培养皿的 PDA 培养基平面中央，培养菌丝至刚刚长满整个培养皿。

（2）供试药剂及浓度

采用原药，并注明通用名、商品名或代号、含量、生产厂家。

（3）实验用具

恒温培养箱、切菌环、消毒培养皿、吸管、小烧杯。

4. 实验步骤

（1）药剂配制

水溶性药剂直接用无菌水溶解稀释。其他药剂选用合适的溶剂（如丙酮、二甲基亚砜、乙醇等），用 0.1%的吐温 80 无菌水溶液稀释。根据预备实验，设置 5～7 个系列浓度，有机溶剂最终浓度不超过 2%。

（2）药剂处理

无菌操作条件下，根据实验处理将预先融化的灭菌培养基定量加入无菌三角瓶中，从低浓度到高浓度依次定量吸取药液，分别加入上述三角瓶中，充分摇匀。然后等量倒入 3 个以上直径为 9 cm 的培养皿中，制成相应浓度的含药平板。实验设不含药剂的处理作为对照组，每处理不少于 3 个重复。

（3）接种

用灭菌打孔器从培养好的病原菌菌落边缘切取菌饼，移植于各个凝固培养基的培养皿中央，菌丝面朝下，然后置于恒温培养箱内培养。

5. 结果调查与统计分析

根据对照组培养皿中菌的生长情况调查病原菌菌丝生长情况，培养 36 h 或48 h。用卡尺测量菌落直径，单位为 mm。每个菌落用十字交叉法垂直测量直径一次，取其平均值。根据测得的结果计算菌丝生长抑制率。

$$生长抑制率 = \frac{对照组菌落直径 - 处理组菌落直径}{对照组菌落直径} \times 100\%$$

随后，采用浓度对数-概率值法计算各药剂的 EC_{50}、EC_{90}、b 值（标准误）及其 95%置信区间，评价供试药剂对靶标菌生长的抑制活性。

9.2.1.3 抑菌圈法

同类方法可参照杀菌剂试验操作的标准操作规范的抑菌圈法（SOP-SC-1074）。

1. 实验目的

抑菌圈法最先用于研究抗生素对细菌的作用，对研究杀菌剂具有特殊的意义。后来也常用于测定其他杀菌剂对只生孢子、不长菌丝或极少菌丝的病原菌的毒力。

2. 实验原理

先将供试的病原菌混合在培养基中培养，然后将药剂用滤纸片或牛津杯等加入病原菌的培养平板中，由于药液的扩散作用而形成抑菌圈，抑菌圈的大小反应药液抑菌作用的强弱。

3. 实验材料

（1）供试菌

水稻白叶枯病菌（*Xanthomonas oryzae*）、葡萄白腐病菌（*Coniothyrium diplodiella*）和香蕉炭疽病菌（*Colletotrichum musae*）等细菌或真菌。

（2）供试药剂

采用原药，并注明通用名、商品名或代号、含量、生产厂家，对照药剂根据需要采用已登记注册且生产上常用的原药。

（3）实验用具

高压灭菌锅、超净台、培养基、小烧杯、无菌水、移液管、培养皿、滤纸片、镊子。

4. 实验步骤

（1）药剂配制

水溶性药剂直接用无菌水溶解稀释。其他药剂选用合适的溶剂（如丙酮、二甲基亚砜、乙醇等），用 0.1%的吐温 80 无菌水溶液稀释。根据预备实验，设置 5～7 个系列浓度，有机溶剂最终浓度不超过 2%。

（2）配制孢子悬浮液

于每支纯培养的试管中注入适量无菌水（无菌操作），用灭菌的接种针把斜面上的病菌轻轻刮脱，配成孢子悬浮液。

（3）制备带菌培养平皿

加热三角瓶使培养基熔化，待冷却至 45℃左右，在无菌操作条件下加入孢子悬浮液，摇匀后迅速倒入培养皿中，每皿约 15 ml 培养基，凝固后使用。

（4）药剂处理

取消毒小烧杯，先标记药剂名称和浓度，按标记分别盛取药液，再用灭菌镊子夹取消毒滤纸片投入各种药液中。然后把这些沾有药剂的滤纸片按浓度顺序排列于已经凝固的培养基上，并在培养皿底面加以标记。镊取滤纸片时，滤纸片应先在烧杯壁上停留片刻，让多余的药液流去（也有用内径 2 mm，长 8～10 mm 的小玻璃管或不锈钢小管插入培养基中，然后往管中滴入定量药液，即所谓小杯法。注意管在培养基中的深度要尽量一致）。

（5）培养

将处理好的培养皿置于28℃恒温培养箱内培养，1～2 d 后测量抑制圈的直径，测量时要交叉测量两次，取平均值，将结果填入表 9-2 中。

表 9-2　实验结果记录

药剂	浓度/(mg/ml)	浓度对数	抑菌圈直径/cm					抑菌圈直径平方/cm²
			重复 1	重复 2	重复 3	重复 4	平均	

5. 数据统计与分析

以抑制圈直径的平方为纵坐标，浓度对数为横坐标，绘出毒力曲线，根据毒力曲线的中等浓度来比较不同药剂的相对毒力。

9.2.2　活体测定杀菌剂毒力方法

9.2.2.1　黄瓜灰霉病盆栽法

可参照杀菌剂试验操作的标准操作规范的黄瓜霜霉病盆栽法（SOP-SC-1100）。

1. 实验目的

学习并掌握黄瓜灰霉病盆栽法测定杀菌剂毒力的操作方法。

2. 实验原理

盆栽法是在利用盆、钵培育的幼嫩植物上接种病原菌，喷洒药剂，然后考察防治效果的活性测定。该方法是研究杀菌剂的有效方法之一，避免了在离体条件下对病菌无效而在活体条件下有效的化合物的筛漏，更接近大田实际情况，并且材料易得，条件易于控制。

3. 实验材料

（1）供试农药

采用原药，并注明通用名、商品名或代号、含量、生产厂家，对照药剂根据需要采用已登记注册且生产上常用的原药。

（2）供试病菌

灰葡萄孢菌（*Botrytis cinerea*）。

（3）供试黄瓜

选用易感病黄瓜品种盆栽，待幼苗长至 4～6 片真叶期备用。

4. 仪器设备

电子天平、喷雾器械、显微镜、三角瓶、移液管或移液器、量筒、血球计数板、计数器等。

5. 实验步骤

（1）药剂配制

水溶性药剂直接用水溶解稀释稀释。其他药剂选用合适的溶剂（如丙酮、二甲基亚砜、乙醇等）溶解，用 0.05% 的吐温 80 水溶液稀释。根据药剂活性，设置 5～7 个系列浓度，有机溶剂浓度最终不超过 1%。

（2）药剂处理

用喷雾法将药液均匀喷施于叶片两面至全部润湿，待药液自然风干后备用。实验设不含药剂的处理作为对照组。

（3）接种与培养

①接种时间：保护性实验一般为处理后 24 h 左右进行接种；治疗性实验一般在药剂处理前 24 h 接种，土壤处理后 2～3 d 接种；叶片内吸性实验为处理后 24 h 左右进行接种。

②接种方法：在已长满孢子的培养皿中，加入培养液，轻轻刮取表面孢子，经 4 层纱布过滤后，制成浓度为 $5×10^6～6×10^6$ 个/ml 的孢子悬浮液，然后用接种器喷雾于黄瓜苗上。接种后的试材移入保湿箱中或人工气候室无光照培养（相对湿度＞85%，温度 18～20℃），3 d 后调查防治效果。

6. 结果调查与统计分析

（1）分级标准

根据对照组发病情况分级调查。采用如下分级方法。

0 级：无病斑；

1 级：单叶片有病斑 3 个；

3 级：单叶片有病斑 4～6 个；

5 级：单叶片有病斑 7～10 个；

7 级：单叶片有病斑 11～20 个；

9 级：单叶片病斑密集，占叶面积 1/4 以上。

（2）药效计算

$$病情指数 = \frac{\sum（各级发病数 \times 该级代表值）}{调查总叶数 \times 最高级数值} \times 100\%$$

$$防治效果 = \frac{对照组病情指数 - 处理组病情指数}{对照组病情指数} \times 100\%$$

（3）统计分析

根据调查数据，计算各处理的病情指数和防治效果，采用浓度对数-概率值法计算各药的 MIC、EC_{50}、EC_{90}、b 值（标准误）及其 95% 置信区间，评价供试药剂对黄瓜灰霉病的保护或治疗效果。

9.2.2.2　小麦赤霉病盆栽法

可参照杀菌剂试验操作的标准操作规范的小麦赤霉病盆栽法（SOP-SC- 1117）。

1. 实验目的

学习并掌握杀菌剂的小麦赤霉病盆栽法生物活性测定的操作方法。

2. 实验原理

在利用盆、钵培育的幼嫩植物上接种病原菌，喷洒药剂，然后考察防治效果的活性测定，是研究杀菌剂的有效方法之一，避免了在离体条件下对病菌无效而在活体条件下有效的化合物的筛漏，更接近大田实际情况，并且材料易得，条件易于控制。

3. 实验材料

（1）供试农药

采用原药，并注明通用名、商品名或代号、含量、生产厂家，对照药剂根据需要采用已登记注册且生产上常用的原药。

（2）供试病菌

小麦赤霉病菌（*Gibberella zeae*）。

（3）供试黄瓜

选用易感病小麦品种盆栽，待幼苗长至 2～3 片真叶期备用。

4. 仪器设备

电子天平、喷雾器械、显微镜、三角瓶、移液管或移液器、量筒、血球计数板、计数器等。

5. 实验步骤

（1）药剂配制

水溶性药剂直接用水溶解稀释稀释。其他药剂选用合适的溶剂（如丙酮、二甲基亚砜、乙醇等）溶解，用 0.05% 的吐温 80 水容液稀释。根据药剂活性，设置 5～7 个系列浓度，有机溶剂浓度最终不超过 1%。

（2）药剂处理

用喷雾法将药液均匀喷施于叶片两面至全部润湿，待药液自然风干后备用。实验设不含药剂的处理作为对照组。

（3）接种与培养

①接种时间：保护性实验一般为处理后 24 h 左右进行接种；治疗性实验一般在药剂处理前 1～3 d 接种；持效性实验，采用不同时间施药，最后一次用药当天接种；土壤处理后 2～3 d 接种；叶片内吸性实验为处理后 24 h 左右进行接种，诱导活性实验等参考持效性实验。

②接种方法：可采用菌丝接种，即用已培养好的赤霉病菌，放入高速组织捣碎机，加去离子水 100 ml，捣碎 2 min，用双层纱布过滤，制成菌体悬浮液；采用孢子接种，即在已长满孢子的培养皿中，加入培养液，轻轻刮取表面孢子，经 2～4 层纱布过滤后，制成浓度为 2×10^5～3×10^5 个/ml 的孢子悬浮液，然后用接种器喷雾于麦苗上。

③培养：接种后的试材移入保湿箱中或人工气候室无光照培养（相对湿度 > 85%，温度 20～24℃），24 h 后移入光照强度大于 2 000 lx 的恒温培养箱或温室高湿培养，5～7 d 后视对照组发病情况进行分级调查。

6. 结果调查与统计分析

（1）分级标准

根据对照组发病情况分级调查。采用如下分级方法。

0 级：无病斑；

1 级：单叶片有病斑 3 个以下；

3 级：单叶片有病斑 4～10 个

5 级：单叶片有病斑 11～25 个；

7 级：单叶片有病斑 11～20 个；

9 级：叶片上布满病斑并连片。

（2）药效计算

$$病情指数 = \frac{\sum（各级发病数 \times 该级代表值）}{调查总叶数 \times 最高级数值} \times 100\%$$

$$防治效果 = \frac{对照组病情指数 - 处理组病情指数}{对照组病情指数} \times 100\%$$

（3）统计分析

根据调查数据，计算各处理的病情指数和防治效果，采用浓度对数-概率值法计算各药的 MIC、EC_{50}、EC_{90}、b 值（标准误）及其 95%置信区间，评价供试药剂对小麦赤霉病的保护或治疗效果。

9.2.2.3　水稻白叶枯病盆栽法

可参照杀菌剂试验操作的标准操作规范的水稻白叶枯病盆栽法（SOP-SC-1113 水稻白叶枯病盆栽法）。

1. 实验目的

学习并掌握杀菌剂的水稻白叶枯病盆栽法生物活性测定的操作方法。

2. 实验原理

盆栽法是在利用盆、钵培育的幼嫩植物上接种病原菌，喷洒药剂，然后考察防治效果的活性测定，是研究杀菌剂的有效方法之一，避免了在离体条件下对病菌无效而在活体条件下有效的化合物的筛漏，更接近大田实际情况，并且材料易得，条件易于控制。

3. 实验材料

（1）供试农药

采用原药，并注明通用名、商品名或代号、含量、生产厂家，对照药剂根据需要采用已登记注册且生产上常用的原药。

（2）供试病菌

水稻白叶枯病菌（*Xanthomonas oryzae*）。

（3）供试作物

选用易感病水稻品种盆栽，待幼苗长至 3～4 片真叶期备用。

4. 仪器设备

电子天平、喷雾器械、显微镜、三角瓶、移液管或移液器、量筒、血球计数板、计数器等。

5. 实验步骤

（1）药剂配制

水溶性药剂直接用水溶解稀释稀释。其他药剂选用合适的溶剂（如丙酮、二甲基亚砜、乙醇等）溶解，用 0.05% 的吐温 80 水容液稀释。根据药剂活性，设置 5～7 个系列浓度，有机溶剂浓度最终不超过 1%。

（2）药剂处理

将药液均匀喷施于叶片两面至全部润湿，待药液自然风干后备用。实验设不含药剂的处理作为对照组。

（3）接种与培养

①接种时间：保护性实验一般为处理后 24 h 左右进行接种；治疗性实验一般在药剂处理前 1～3 d 接种；持效性实验，采用不同时间施药，最后一次用药当天接种；土壤处理后 2～3 d 接种；叶片内吸性实验为处理后 24 h 左右进行接种，诱导活性实验等参考持效性实验。

②接种方法：将在 26℃ 培养 3 d 的病原菌加入无菌水，制成悬浮液，用分光光度计确定菌液浓度（在 660 nm 下，OD 值为 0.5），然后用接种针或剪刀蘸取菌液，在水稻叶片上接种。

③培养：接种后的试材移入保湿箱中或人工气候室无光照培养（相对湿度 ＞85%，温度 26～32℃），24 h 后移入光照强度大于 2 000 lx 的恒温培养箱或温室高湿培养，10 d 后视对照组发病情况进行分级调查。

6. 结果调查与统计分析

（1）分级标准

根据对照组发病情况分级调查。采用如下分级方法。

0 级：无病；

1 级：病斑面积占整个叶片面积的 5% 以下；

3 级：病斑面积占整个叶片面积的 6%～10%；

5 级：病斑面积占整个叶片面积的 11%～20%；

7 级：病斑面积占整个叶片面积的 21%～50%；

9 级：病斑面积占整个叶片面积的 50% 以上。

（2）药效计算

$$病情指数 = \frac{\sum（各级发病数 \times 该级代表值）}{调查总叶数 \times 最高级数值} \times 100\%$$

$$防治效果 = \frac{对照组病情指数 - 处理组病情指数}{对照组病情指数} \times 100\%$$

（3）统计分析

根据调查数据，计算各处理的病情指数和防治效果，采用浓度对数-概率值法计算各药的 MIC、EC_{50}、EC_{90}、b 值（标准误）及其 95% 置信区间，评价供试药剂对水稻白叶枯病的保护或治疗效果。

9.2.3　组织筛选法

9.2.3.1　番茄早疫病离体叶片法

可参照杀菌剂试验操作的标准操作规范的番茄早疫病离体叶片法（SOP-SC-1104）。

1. 实验目的

学习并掌握番茄早疫病离体叶片法测定杀菌剂的生物活性，包括活性筛选及混用效果评价等。

2. 实验原理

利用病菌在活体植物组织上对药剂的反应来测定药剂的毒力，避免了在离体条件下对病菌无效而在活体条件下有效的化合物的筛漏，测定结果反映了药剂、病菌与植物组织之间的相互作用和影响，更接近实际情况，并且材料易得，条件易于控制。

3. 实验材料

（1）供试农药

采用原药，并注明通用名、商品名或代号、含量、生产厂家。对照药剂根据需要采用已登记注册且生产上常用的原药。

（2）供试病菌

番茄早疫病菌（*Alternaria solani*），记录菌种来源。

（3）供试作物

选用易感番茄品种叶片。

4. 仪器设备

电子天平、喷雾器械、人工气候箱、显微镜、灭菌锅、超净台、电热鼓风干燥箱、血细胞计数器、恒温培养箱、培养皿、接种器、移液管或移液器等。

5. 实验步骤

（1）寄主植物的准备

选择温室中培育的相同叶位、长势一致的叶片，从叶柄 1～2 cm 处剪下，用脱脂棉包裹叶柄，然后背面向上置于培养皿内的支架上，保湿备用。

（2）药剂配制

水溶性药剂直接用水溶解稀释。其他药剂选用合适的溶剂（如丙酮、二甲基亚砜、乙醇等）溶解，用 0.05%的吐温 80 水溶液稀释。根据药剂活性，设置 5～7 个系列浓度，有机溶剂最终浓度不超过 0.5%。

（3）药剂处理

①浸渍法：将叶片在预先配制好的药液中充分浸润 30 s，沥去多余药液，待药液吸收干后，将各处理叶片叶背向上，按处理标记排放在培养皿内的支架上。

②喷雾法：将试材置于作物喷雾塔内，进行喷雾处理，然后自然风干药液。

（4）接种

①接种时间：实验一般在处理后 24 h 左右进行接种。

②接种方法：在已长满分生孢子的培养皿中，加入无菌水，轻轻刮取表面孢子，经 2～4 层纱布过滤后，制成浓度为 $2 \times 10^5 \sim 3 \times 10^5$ 个/ml 的分生孢子悬浮液。然后用接种喷雾器在番茄叶背面均匀喷雾接种，将叶背面向下置于培养皿内的支架上，加适量水，加盖保湿。

（5）培养

接种后的试材移入有光照（2 000 lx 光照强度）的恒温培养箱内，温度为 20～24℃，7 d 后视对照组发病情况进行分级调查。

6. 结果调查与统计分析

（1）分级标准

0 级：无病；

1 级：病斑面积占整个叶片面积的 5%以下；

3 级：病斑面积占整个叶片面积的 6%～10%；

5 级：病斑面积占整个叶片面积的 11%～20%；

7 级：病斑面积占整个叶片面积的 21%～50%；

9 级：病斑面积占整个叶片面积的 40%以上。

（2）药效计算

$$病情指数 = \frac{\sum(各级发病数 \times 该级代表值)}{调查总叶数 \times 最高级数值} \times 100\%$$

$$防治效果 = \frac{对照组病情指数 - 处理组病情指数}{对照组病情指数} \times 100\%$$

（3）统计分析

根据各药剂浓度对数值与对应的防效概率值作回归分析，计算各药剂的 EC_{50}、EC_{90}、b 值（标准误）及其 95%置信区间，评价供试药剂对番茄早疫病的保护或治疗效果。

9.2.3.2　白菜软腐病萝卜块根法

可参照杀菌剂实验操作的标准操作规范的白菜软腐病萝卜块根法（SOP-SC-1107）。

1. 实验目的

学习并掌握萝卜块根法测定白菜软腐病的室内活性测定，包括活性筛选及混用效果评价等。

2. 实验原理

利用病菌在活体植物组织上对药剂的反应来测定药剂的毒力，避免了在离体条件下对病菌无效而在活体条件下有效的化合物的筛漏，测定结果反映了药剂、病菌与植物组织之间的相互作用和影响，更接近实际情况，并且材料易得，条件易于控制。

3. 实验材料

（1）供试农药

采用原药，并注明通用名、商品名或代号、含量、生产厂家。对照药剂根据需要采用已登记注册且生产上常用的原药。

（2）供试病菌

胡萝卜软腐欧文氏菌（*Erwinia carotovora*），记录菌种来源。

（3）供试作物

选用易感萝卜品种。

4. 仪器设备

电子天平、光照保湿箱、显微镜、灭菌锅、超净台、恒温恒湿培养箱、电热鼓风干燥箱、分光光度计、移液加样器等。

5. 实验步骤

（1）寄主植物的准备

将萝卜用水洗净，切去头尾，取中间段分割成 6 cm 段，用直径 2 cm 打孔器在萝卜横剖面处切取萝卜块圆柱，然后将圆柱放在间隔 1 cm 的铡刀架上切成厚 1 cm 的圆片，最后在圆片一端用小挖穴刀挖出一个小孔穴，使成 2 cm×1 cm 实验用萝卜块备用。

（2）药剂配制

水溶性药剂直接用水溶解稀释，其他药剂选用合适的溶剂（如丙酮、二甲基亚砜、乙醇等）溶解，用 0.05%的吐温 80 水溶液稀释。根据药剂活性，设置 5～7

个系列浓度，有机溶剂最终浓度不超过 0.5%。

（3）药剂处理

将萝卜块根浸到预先配制好的药液中，1 h 后取出，用吸水纸上吸去多余药液，置于培养皿内。

（4）接种

将在 26℃培养 3 d 的病原菌加入无菌水洗下，制成悬浮液，用分光光度计确定菌液浓度（在 660 nm 下，OD 值为 0.5），然后用微量加样器在每穴中接种菌液 20 μl，最后盖好皿盖。

（5）培养

接种后的试材移入培养箱内，温度为 26～28℃，24 h 后视对照组发病情况进行分级调查。

6. 结果调查与统计分析

（1）结果调查

将萝卜块根洗去腐烂部分，留下残剩部分，然后按萝卜块根残剩量记载发病程度。

（2）分级标准

0 级：全部残剩，不腐烂；

1 级：3/4 以上残余；

2 级：1/2～3/4 残余；

3 级：1/4～1/2 残余；

4 级：1/4 以下残余；

5 级：无残余，全部烂掉。

（3）药效计算

$$病情指数 = \frac{\sum（各级发病数×该级代表值）}{调查总叶数×最高级数值} \times 100\%$$

$$防治效果 = \frac{对照组病情指数 - 处理组病情指数}{对照组病情指数} \times 100\%$$

（4）统计分析

根据各药剂浓度对数值与对应的防效概率值作回归分析，计算各药剂的 EC_{50}、EC_{90}、b 值（标准误）及其 95%置信区间，评价供试药剂对白菜软腐病的保护或治疗效果。

9.2.3.3　稻瘟病洋葱鳞片法

可参照杀菌剂试验操作的标准操作规范的稻瘟病洋葱鳞片法（SOP-SC-1114）。

1. 实验目的

学习并掌握洋葱鳞片法测定杀菌剂的室内活性测定，包括活性筛选及混用效果评价等，此方法也适用于长蠕孢稻胡麻斑病菌、玉米小斑病菌及链格孢菌、柑橘青绿霉菌等的观察测定。

2. 实验原理

利用病菌在活体植物组织上对药剂的反应来测定药剂的毒力，避免了在离体条件下对病菌无效而在活体条件下有效的化合物的筛漏，测定结果反映了药剂、病菌与植物组织之间的相互作用和影响，更接近实际情况，并且材料易得，条件易于控制。

3. 实验材料

（1）供试农药

采用原药，并注明通用名、商品名或代号、含量、生产厂家。对照药剂根据需要采用已登记注册且生产上常用的原药。

（2）供试病菌

水稻稻瘟病菌（*Pyricularia oryzae*），记录菌种来源。

（3）供试作物

选用易感洋葱品种。

4. 仪器设备

电子天平、人工气候箱或光照保湿箱、显微镜、灭菌锅、超净台、恒温培养箱、电热鼓风干燥箱、血细胞计数器、移液加样器等。

5. 实验步骤

（1）寄主植物的准备

将洋葱外面几层剥去，留下内心层，用刀片将内心层分片，用镊子刮取内表皮细胞，切成 1 cm 见方，贴放到有标记的湿滤纸上，并同时在鳞片上再压一金属圆环，保湿备用。

（2）药剂配制

水溶性药剂直接用水溶解稀释。其他药剂选用合适的溶剂（如丙酮、二甲基亚砜、乙醇等）溶解，用 0.05%的吐温 80 水溶液稀释。根据药剂活性，设置 5~7 个系列浓度，有机溶剂最终浓度不超过 0.5%。

（3）药剂处理

定量吸取预先制备的孢子悬浮液，加入到不同设定浓度的药液试管中，制成

1：1 药剂-孢子混合液，然后用微量加样器，在洋葱鳞片上点加药剂-孢子混合液 5 μl 或 10 μl，并置于恒温培养箱（26℃）恒温培养。

6. 结果调查与统计分析

（1）结果调查

根据不同实验，于培养 20～36 h，用镊子移去金属圆环，将洋葱鳞片移到载玻片小水滴上，用显微镜观察孢子萌发、附着胞产生、侵入菌丝形成等。在 36 h 左右时，也可将原接种点孢子用吸水纸吸干，继续培养 2～3 d，即可在接种点鳞片上长出分生孢子梗和分生孢子，显微镜观察孢子产生情况。

（2）药效计算

$$抑制附着胞形成率 = \frac{对照组附着胞形成率 - 处理组附着胞形成率}{对照组附着胞形成率} \times 100\%$$

$$抑制孢子萌发率 = \frac{对照组孢子萌发率 - 处理组孢子萌发率}{对照组孢子萌发率} \times 100\%$$

$$抑制侵入丝形成率 = \frac{对照组侵入丝形成率 - 处理组侵入丝形成率}{对照组侵入丝形成率} \times 100\%$$

$$抑制新孢子形成率 = \frac{对照组新孢子形成率 - 处理组新孢子形成率}{对照组新孢子形成率} \times 100\%$$

（3）统计分析

根据各药剂浓度对数值与对应的防效概率值作回归分析，计算各药剂的 EC_{50}、EC_{90}、b 值（标准误）及其 95%置信区间，评价供试药剂对稻瘟病的保护或治疗效果。

9.3 除草剂毒力测定

9.3.1 平皿法

9.3.1.1 实验目的

平皿法（即滤纸法）是除草剂生物测定中常用的方法之一，通过本实验掌握平皿法测定除草剂活性的原理和步骤，比较不同除草剂对种子发芽和幼苗生长的影响差异。

9.3.1.2 实验原理

将经过催芽已经露白的受体植物种子放在培养皿中的滤纸上，添加含有除草剂的溶液后培养，通过观察种子发芽情况及幼苗胚根（种子根）和胚轴（胚芽鞘）的生长情况来判断药剂的活性大小及作用特性。本方法适用于大多数除草剂的活性测定，既可以测定不同药剂的 EC_{50}，也可以进行不同药剂的对比实验。

9.3.1.3　实验材料

1. 供试药剂

一般为待测药剂（拟测定活性的药剂）和对照药剂（为生产上常用的药剂）。本实验用 41%草甘膦异丙铵盐水剂、50%乙草胺乳油、20%百草枯水剂等。

2. 试剂

丙酮、二甲基甲酰胺、二甲基亚砜等。

3. 实验靶标

选择易于培养繁育和保存的代表性指示植物，供试的指示植物种子的发芽率在 90%以上。如高粱（*Sorghum vulgare*）、小麦（*Triticum aestirum*）、水稻（*Oryza sativa*）、稗草（*Echinochloa crusgalli*）、油菜（*Brassica napus*）、黄瓜（*Cucumis sativus*）、生菜（*Lactuca sativa*）、反枝苋（*Amaranthus retroflexus*）及其他待测靶标等。

9.3.1.4　仪器设备

光照培养箱或可控日光温室、电子天平、烧杯、培养皿、移液管或移液器、滤纸、玻璃棒、直尺或游标卡尺。

9.3.1.5　实验步骤

1. 试材准备

将均匀一致的受体植物种子在适宜温度下条件下用水浸泡后，置于培养箱中催芽至露白备用。

2. 药剂配制

如果用原药进行测试时，水溶性原药直接用蒸馏水溶解、稀释。非水溶性药剂选用合适的溶剂（丙酮、二甲基甲酰胺或二甲基亚砜等）溶解，用 0.1%的吐温80 水溶液稀释。有机溶剂的最终含量不超过 1%。根据药剂活性，设 5～7 个系列质量浓度。以仅含有相同浓度溶剂及 0.1%吐温 80 的蒸馏水为对照组。

若用可兑水稀释的制剂进行测试时，直接用水稀释至所需的浓度，以不含药剂的蒸馏水为空白对照。

3. 药剂处理

在铺有 2 张滤纸的培养皿（直径 9 cm）内均匀摆放 20 粒发芽一致的受体植物种子，种子的胚根与胚芽的方向要保持一致；向培养皿内加入 9 ml 系列浓度的药液，保证种子浸在药液中。将处理后的培养皿标记后置于人工气候培养箱或植物培养箱内，在温度为（25±1）℃、湿度为 80%～90% 的黑暗条件下培养。每处理重复 4 次。

9.3.1.6　结果调查与统计分析

1. 结果调查

培养 5 d 后用直尺或游标卡尺测量各处理组的根长和茎长，并记录试材中毒症状。

2. 药效计算

根据调查数据，按以下公式计算各处理组的根长或茎长的生长抑制率（%），计算结果保留小数点后两位。

$$生长抑制率 = \frac{对照组根长（或茎长）-处理组根长（或茎长）}{对照组根长（或茎长）} \times 100\%$$

3. 统计分析

用 DPS、SAS 或 SPSS 标准统计软件进行药剂浓度的对数与生长抑制率的机率值之间的回归分析，计算 EC_{50} 或 EC_{90} 值及 95% 置信区间。

9.3.2　茎叶喷雾法

9.3.2.1　实验目的

学习并掌握茎叶喷雾法测定除草剂活性实验的基本要求和方法。

9.3.2.2　实验原理

利用茎叶对除草剂的吸收而发挥除草活性。

9.3.2.3　实验材料

1. 供试农药

采用原药，并注明通用名、商品名或代号、含量、生产厂家。

2. 对照药剂

根据需要采用已登记注册且生产上常用的原药。

3. 供试植物材料

选择易于培养、生育期一致的代表性敏感杂草，其种子发芽率应在 80%以上。实验土壤定量装至盆钵的 4/5 处。采用盆钵底部渗灌方式，使土壤完全湿润。将预处理的供试杂草种子均匀撒播于土壤表面，然后根据种子大小覆土 0.5～2 cm，播种后移入温室常规培养。旱田杂草以盆钵底部渗灌方式补水，水田杂草以盆钵顶部灌溉方式补水至饱和状态。杂草出苗后进行间苗定株，保证杂草的密度一致（总密度在 120～150 株/m²）。根据药剂除草特点，选择适宜叶龄试材进行喷雾处理。

9.3.2.4　仪器设备

光照培养箱或可控日光温室（光照、温度、湿度等）、可控定量喷雾设备、电子天平（感量 0.1 mg）、盆钵、烧杯、移液管或移液器等。

9.3.2.5　实验步骤

1. 药剂配制

水溶性药剂直接用水溶解、稀释。其他药剂选用合适的溶剂（丙酮、二甲基甲酰胺或二甲基亚砜等）溶解，用 0.1%的吐温 80 水溶液稀释。根据药剂活性，设置 5～7 个系列质量浓度。

2. 药剂处理

标定喷雾设备参数（喷雾压力和喷头类型），校正喷液量，按实验设计从低剂量到高剂量顺序进行茎叶喷雾处理。每处理不少于 4 次重复，并设不含药剂的处理作为对照组。

处理后待试材表面药液自然风干，移入温室常规培养。旱田杂草以盆钵底部渗灌方式补水，水田杂草以盆钵顶部灌溉方式补水至饱和状态。记录实验期间温室内的温湿度动态数据。

9.3.2.6　结果调查与统计分析

处理后定期目测观察并记载杂草的生长状态。处理后 14 d 或 21 d，通过目测法和绝对值（数测）调查法调查记录除草活性，存活杂草株数，同时描述受害症状。主要症状有：颜色变化（黄化、白化等）、形态变化（新叶畸形、扭曲等）、生长变化（脱水、枯萎、矮化、簇生等），等等。

1. 目测法

根据测试靶标杂草受害症状和严重程度，评价药剂的除草活性。可以采用下列统一分级方法进行调查。

1 级：全部死亡；

2 级：相当于对照组杂草的 0～2.5%；

3 级：相当于对照组杂草的 2.6%～5%；

4 级：相当于对照组杂草的 5.1%～10%；

5 级：相当于对照组杂草的 10.1%～15%；

6 级：相当于对照组杂草的 15.1%～25%；

7 级：相当于对照组杂草的 25.1%～35%；

8 级：相当于对照组杂草的 35.1%～67.5%；

9 级：相当于对照组杂草的 67.6%～100%。

2. 绝对值（数测）调查法

根据调查数据，按下式公式计算各处理组的鲜重防效或株防效（%）：

$$E = \frac{C - T}{C} \times 100\%$$

式中，E 为鲜重防效（或株防效）；C 为对照组杂草地上部分鲜重（或杂草株数）；T 为处理组杂草地上部分鲜重（或杂草株数）。

根据药剂浓度的对数与防效的机率值之间进行回归分析，计算 ED_{50} 或 ED_{90} 值及 95%置信区间，评价供试药剂对靶标植物的抑制活性。

9.3.3 土壤喷雾法

9.3.3.1 实验目的

土壤喷雾法是除草剂生物测定中常用的方法之一，通过本实验掌握土壤喷雾法测定除草剂活性的原理和步骤，比较不同除草剂对受体植物出苗及幼苗生长的影响差异。

9.3.3.2 实验原理

除草剂中有许多种类是通过土壤处理后被杂草的幼根或幼茎吸收从而达到除草目的。本方法通过将除草溶液喷洒于土壤后来观察药剂对受体植物的影响，判断该药剂是否具有土壤处理活性，为除草剂的正确使用提供依据。本方法适用于许多除草剂的活性测定，既可以测定不同药剂的 EC_{50}，也可以进行不同药剂的对比实验。

9.3.3.3　实验材料

1. 供试药剂

待测药剂（拟测定活性的药剂）和对照药剂（为生产上常用的药剂）。

2. 实验靶标

选择易于培养、生育期一致的代表性敏感杂草，其发芽率在 80% 以上。可选择禾本科杂草如马唐（*Digitaria sanguinalis*）、狗尾草（*Setaria viridis*）、稗草（*Echinochloa crusgalli*）等；阔叶杂草如反枝苋（*Amaranthus retroflexus*）、苘麻（*Abutilon theophrasti*）、马齿苋（*Portulaca oleracea*）、藜（*Chenopodium album*）、夏至草（*Lagopsis supina*）、皱叶酸模（*Rumex crispus*）及其他待测靶标等。

3. 土壤

采用有机质含量≤2%、pH 中性、通透性良好、过筛的风干土壤。

9.3.3.4　仪器设备

光照培养箱或可控日光温室、电子天平、盆钵、烧杯、移液管或移液器、定量喷雾设备。

9.3.3.5　实验步骤

1. 试材准备

实验土壤定量装至盆钵的 4/5 处。采用盆钵底部渗灌方式，使土壤完全湿润。将预处理的供试杂草种子均匀播撒于土壤表面，根据种子大小覆土 0.5～2.0 cm，播种 24 h 后进行土壤喷雾处理。

2. 药剂配制及喷洒

标定喷雾设备参数，校正喷液量。按实验设计从低剂量到高剂量顺序进行土壤喷雾处理。每处理不少于 4 次重复，并设不含药剂的处理作为对照组。

如果用原药进行测试时，水溶性原药直接用水溶解、稀释，非水溶性药剂选用合适的溶剂（丙酮、二甲基甲酰胺或二甲基亚砜等）溶解配成母液，再用水稀释。根据药剂活性，设 5～7 个系列剂量浓度。若用可兑水稀释的制剂进行测试时，直接用水分散、稀释至所需的浓度。药剂的喷液量按照 600 kg/hm² 计算。

9.3.3.6　结果调查与统计分析

1. 结果调查

处理后定期目测观察并记录杂草出苗情况及出苗后的生长状态。处理后 14 d

调查记录杂草株数及鲜重，同时描述受害症状。

2. 药效计算

根据下面公式计算各处理组的鲜重防效或株防效（%），计算保留小数点后两位。

$$E = \frac{C - T}{C} \times 100\%$$

式中，E——鲜重防效（或株防效）；

C——对照组杂草地上部分鲜重（或杂草株数）；

T——处理组杂草地上部分鲜重（或杂草株数）。

3. 统计分析

用 DPS、SAS 或 SPSS 标准统计软件进行药剂剂量的对数值与防效的机率值进行回归分析，计算 EC_{50} 或 EC_{90} 值及 95%置信区间。

9.3.4　小球藻法

9.3.4.1　实验目的

学习并掌握取代脲类、联吡啶类、三氮苯类等光合抑制型除草剂活性测定方法——小球藻法的基本要求和方法。

9.3.4.2　实验原理

小球藻（*Chlorella vulgaris*）为绿藻门小球藻属普生性单细胞绿藻，细胞内含有丰富的叶绿素，是一种高效的光合植物，以光合自养生长繁殖。特别适合用于测定光合抑制型除草剂的活性。

9.3.4.3　实验材料

1. 供试农药

采用原药，并注明通用名、商品名或代号、含量、生产厂家。

2. 对照药剂

根据需要采用已登记注册且生产上常用的原药。

3. 供试生物

小球藻。

9.3.4.4　仪器设备

人工气候箱（光照强度为 0～30000 lx，温度为 10～50℃，湿度为 50%～95%）或可控日光温室（光照、温度、湿度等达到以上要求）、电子天平（感量 0.1 mg）、分光光度计、离心机、摇床、移液器、移液管、50 ml 烧杯和 50 ml 三角瓶等。

9.3.4.5　实验步骤

1．药剂配制

水溶性原药直接用蒸馏水溶解；其他原药选用合适的溶剂（如丙酮、二甲基亚砜、乙醇等）溶解，用 0.1%的吐温 80 水溶液稀释；制剂直接兑水稀释。实验药剂和对照药剂各设 5～7 个系列浓度。

2．药剂处理

每处理不少于 4 次重复，并设不含药剂的处理作为对照组。记录实验期间人工气候箱内的温度、湿度动态数据。

3．小球藻培养

将小球藻接种到 50 ml 水生 4 号培养基的 250 ml 三角瓶中，用封口膜封口，在温度 25℃、光照强度 5 000 lx（持续光照）和 100 r/min 旋转振荡的条件下预培养 7 d，使藻细胞快速生长和繁殖得到预培养藻液。

4．测定方法

将预培养藻液接种到含有 15 ml 水生 4 号培养基的 50 ml 三角瓶中，使藻细胞初始浓度达到 8×10^5 个/ml。在上述体系中加入待测样品使其形成 5～7 个浓度梯度，另设不加药剂的空白对照，然后在温度 25℃、光照强度 5 000 lx（持续光照）和 100 r/min 旋转振荡的条件下培养 4 d。以水生 4 号培养基作为参比液，用血球计数板在显微镜下计数并测定培养藻液在 680 nm 波长处的吸光值，建立藻细胞浓度和吸光值的线性回归方程，进一步计算不同除草剂剂量下藻细胞浓度生长抑制率。

9.3.4.6　结果调查与统计分析

根据调查数据，按下式计算各处理的小球藻生长抑制率：

$$E = \frac{X_0 - X_1}{X_0} \times 100\%$$

式中，E——藻细胞浓度抑制率；

X_0——对照组吸光度；

X_1——处理组吸光度。

根据药剂浓度的对数与抑制率的机率值之间回归分析，计算小球藻 ED_{50} 或 ED_{90} 值及 95%置信区间，评价供试药剂的活性。

9.3.5 除草剂混配的联合作用测定

9.3.5.1 实验目的

学习并掌握除草剂混配联合作用测定实验的基本要求和方法，以及联合除草毒力评价。

9.3.5.2 实验原理

通过混配，可以利用不同除草剂对靶标生物的作用特点，优势互补，发挥对靶标的综合效应。

9.3.5.3 实验材料

1. 供试农药

采用原药，并注明通用名、商品名或代号、含量、生产厂家。

2. 供试靶标

采用土壤处理法或茎叶处理法时，根据单剂杀草谱选择有代表性的敏感杂草。杀草谱相近型的除草剂混配，应选择 2 种以上敏感杂草；杀草谱互补型的除草剂混配，应选择禾本科和阔叶杂草各 2 种以上。采用其他生物测定方法时，选择相应的指示植物为实验靶标。

9.3.5.4 仪器设备

光照培养箱或可控日光温室（光照、温度、湿度等）、喷雾器械、电子天平（感量 0.1 mg）、移液器等。

9.3.5.5 实验步骤

1. 药剂配制

水溶性药剂直接用水溶解、稀释。其他药剂选用合适的溶剂（丙酮、二甲基甲酰胺或二甲基亚砜等）溶解，用 0.1%的吐温 80 水溶液稀释。分别配制单剂母液，根据混配目的、药剂活性设计 5 组以上配比，各单剂及每组配比混剂均设 5～

7 个系列质量浓度或剂量。

2．药剂处理

根据药剂特性和混用目的，采用相应的实验方法，如土壤喷雾法、茎叶喷雾法、土壤浇灌法等。每处理不少于 4 次重复，并设不含药剂的处理作为对照组。

9.3.5.6　结果调查与统计分析

根据不同实验内容和方法，选择相应的调查方法。数据统计与分析按以下方法进行。

1. Gowing 法

Gowing 法适合于评价 2 种杀草谱互补型除草剂的联合作用类型和配比的合理性。以 A 和 B 两药剂混用为例，按上述比例混用后的实际防效按下式计算：

$$E = [X + Y(1 - X)] \times 100\%$$

式中，X——除草剂 A 用量为 P 时的杂草防效（%）；

Y——除草剂 B 用量为 Q 时的杂草防效（%）；

E_0——除草剂（A+B）用量为（$P+Q$）时的理论防效（%）；

E——除草剂 A 与除草剂 B 按上述比例混用后的实际防效（%）。

$E - E_0 > 10\%$ 为增效作用；$E - E_0 < -10\%$ 为拮抗作用；$E - E_0$ 值介于 -10%～10% 为加成作用。

2. Colby 法

Colby 法适合于评价几种杀草谱互补型除草剂的联合作用类型和配比的合理性。混用除草剂的理论防效按下式计算：

$$E_0 = \frac{A \times B \times C \times \cdots N}{100 \times (N - 1)}$$

式中，A——除草剂 1 的杂草重量为对照组杂草重量的百分数；

B——除草剂 2 的杂草重量为对照组杂草重量的百分数；

C——除草剂 3 的杂草重量为对照组杂草重量的百分数；

E_0——混用除草剂理论上的杂草重量为对照组杂草重量的百分数；

E——混用后的实测杂草重量为对照组杂草重量的百分数；

N——混配除草剂品种数量。

E 明显小于 E_0，为增效作用；E 明显大于 E_0，为拮抗作用；E 与 E_0 接近，为加成作用。

3. 等效线法

等效线法适合于评价 2 种杀草谱相近型除草剂混剂的联合作用类型，并能确定最佳配比。

分别进行除草剂 A、B 单剂的系列剂量实验，求出两个单剂的 ED_{50}（或 ED_{90}）；以横轴和纵轴分别代表除草剂 A、B 的剂量，在两轴上标出相应药剂 ED_{50}（或 ED_{90}）的位点并连线，即为两种除草剂混用的理论等效线。

求出各不同混用组合的 ED_{50}（或 ED_{90}），并在坐标图中标出（图 9-1）。

若混用组合的 ED_{50}（或 ED_{90}）各位点均在理论等效线下，则为增效作用，在理论等效线之上则为拮抗作用，接近于等效线则为相加作用。

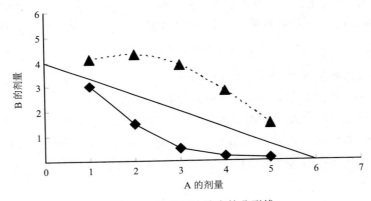

图 9-1　具有双边效应的凸形线

根据统计结果写出分析评价。

10 毒力作用机制测定

10.1 杀虫剂毒力作用机制测定

10.1.1 胃毒剂毒力作用机制测定

10.1.1.1 药剂对中肠组织的破坏

1. 实验目的

学习并掌握通过制作石蜡切片观察昆虫中肠组织的基本要求和方法。

2. 实验原理

石蜡切片法是观察细胞、组织的生理、病理变化的一种重要方法。大多数生物材料在自然状态下不适合显微观察，也无法看到内部结构。通过将材料固定、脱水、透明、包埋等步骤后就可把材料切成薄片，再经染色就可在显微镜下清楚地看到不同组织的形态及病理变化，也便于永久保存。

3. 实验材料

（1）药品与试剂

农药原药（注明百分含量、有效成分通用名称、厂家）、石蜡、100%乙醇、甲醇、冰乙酸、滤纸、TO 透明剂、中性树胶、苏木精染色液。

（2）供试昆虫

菜粉蝶 4 龄幼虫。

4. 仪器设备

石蜡切片机、显微镜、恒温培养箱、烧杯、熔蜡杯、玻璃棒、载玻片、镊子、染色架等。

5. 实验步骤

（1）药剂处理

将幼虫寄主叶片在浓度为 0.4 mg/ml 的丙酮溶解的药剂溶液中浸渍 3 s，取出自然晾干，饲喂已饥饿 3 h 的 4 龄菜粉蝶，饲喂 24 h 仍存活的试虫并用超纯水冲洗，在滤纸上吸干体表水分，剪去头尾，取出整肠，用 Carnoy 固定液（甲醇：冰乙酸=3：1）固定 6 h，用 100%乙醇冲洗 2～3 次，85%乙醇浸泡 2～3 h，再放入 70%乙醇内保存。

（2）石蜡切片制作

将 70%乙醇内保存的中肠取出，依次浸入 80% 、95%乙醇各 2 h，浸入 100%乙醇、乙醇：TO 透明剂（以下简称 TO）（2：1）混合液、乙醇：TO（1：1）混合液、乙醇：TO（1：2）混合液、TO 各 2 次，每次 1 h。再转入 TO：石蜡（1：1）（60℃）过夜，第二天再浸 3 次纯蜡，每次 2 h，此时石蜡保持 60℃（石蜡的熔点为 56～58℃）。

折叠尺寸合适的纸盒进行包埋，用镊子轻轻夹取中肠，置于纸盒底部，摆正位置，再倒入适量熔化石蜡，待蜡块表面稍凝固后，连同纸盒一起沉入水中，使其迅速冷却，变硬，进行修整后备用。采用石蜡切片机切片，切片厚度为 8～10 μm。

切片用无齿镊夹持，放入 48℃水中进行展片。用清洁载玻片捞片，待载玻片水分流下后放入染色架，放入恒温培养箱内 60℃烘烤 0.5 h。

然后用 TO 脱蜡 2 次，分别为 30 min、10 min；水化步骤分别为二甲苯：无水乙醇溶液（1：1）5 min，无水乙醇Ⅰ、无水乙醇Ⅱ、95%乙醇、90%乙醇、80%乙醇、70%乙醇、50%乙醇、30%乙醇、蒸馏水各 5 min，苏木精染色 20 min，蒸馏水冲洗 3 min，中肠组织再依次向上逐步使组织进入到无水状态，最后用中性树胶封固，晾干。

（3）组织观察

采用日本产 OLYMPUS CX41 研究用显微镜进行观察。

6. 结果统计与分析

观察比较受药与未受药中肠围食膜与中肠组织的完整性。

10.1.1.2 药剂对中肠细胞的破坏

1. 实验目的

学习并掌握中肠细胞活性观察的基本要求和方法。

2. 实验原理

该方法的测定原理是活细胞不能被台盼蓝染色剂染色，保持正常形态，有光泽，而死亡的细胞着浅蓝色并膨大，无光泽。被药剂处理过的细胞通过加入台盼蓝染液可在高倍的倒置显微镜下区分活细胞与死亡细胞，并且分别统计两类细胞的数量，从而算出细胞存活率。

3. 实验材料

（1）实验靶标

斜纹夜蛾 SL-1 细胞系。

（2）药品与试剂

Grace's 昆虫干粉培养基、胎牛血清，酵母提取物、蛋白胨，酪蛋白等。

（3）供试药剂

纯度 99%以上的印楝素原药。

4. 仪器设备

CO_2 培养箱、培养皿、Olympus 倒置显微镜、超净台、高压灭菌器、电热干燥箱、移液枪、电子天平、血球计数板等。

5. 实验步骤

（1）斜纹夜蛾 SL-1 细胞系培养

采用常规方法置于 CO_2 培养箱中 27℃恒温培养。细胞培养基主要成分包括 Grace's 昆虫干粉培养基、热灭活胎牛血清、酵母提取物、蛋白胨等。细胞传代培养、冻存复苏按常规方法进行。

（2）药剂处理

将处于对数生长期的供试 SL-1 细胞（约 1×10^4 个/ml）在洁净盖玻片上进行细胞爬片，置于 35 mm 培养皿中正常培养，至细胞生长至占培养皿 70%～80%时，吸出全部条件培养液并加入新鲜培养液，24 h 后在条件培养液中分别加入 0.75 µg/ml 印楝素，混匀后处理 2 h、24 h、36 h、48 h、54 h，分别在倒置显微镜下观察细胞的形态变化，并拍片记录。

（3）细胞染色

吸出培养液，加入 30 µl 质量分数 0.2%胰蛋白酶在 37℃消化 2 min，待细胞变圆并即将脱壁时加入 30 µl 台盼蓝染液，充分混匀并染色 10～15 min。用移液器取少量混合液按一定比例稀释后，在倒置显微镜下用血球计数板统计活细胞数。

6. 结果调查与统计分析

观察比较有药剂处理和无药剂处理的斜纹夜蛾中肠细胞的形态变化、存活情况，计算细胞死亡率和校正防效。

$$校正防效 = \frac{处理组平均死亡率 - 对照组平均死亡率}{1 - 对照组平均死亡率} \times 100\%$$

10.1.1.3　药剂对中肠酶活性的影响（一）

1. 实验目的

学习并掌握中肠酶活性测定的基本要求和方法。

2. 实验原理

蛋白酶、脂肪酶和淀粉酶等是昆虫中肠重要的消化酶，测定中肠酶活性及药剂对中肠酶活性的影响有助于了解胃毒剂对昆虫消化能力的影响，了解胃毒剂是否作用于昆虫的消化酶，影响昆虫对食物的消化和吸收。采用的方法有考马斯亮蓝法、3,5-二硝基水杨酸法和福林-酚试剂法。

3. 实验材料

（1）供试昆虫

生长至 5 龄的鳞翅目幼虫。

（2）供试药剂

农药原药（注明百分含量、有效成分通用名称、厂家）。

（3）药品与试剂

考马斯亮蓝、NaCl、酪蛋白、酪氨酸、乙醇、磷酸、甘油、淀粉。

4. 仪器设备

高速离心机、紫外分光光度计、具塞试管、容量瓶、移液枪、恒温水浴锅、试管架、电刺激器、解剖用具、匀浆器等。

5. 实验步骤

（1）试剂配制

①生理盐水：0.15 mol/L NaCl 溶液或 20%甘油溶液。

②0.1%淀粉溶液：取 0.18 g 淀粉于研钵中，加少许水研磨，再用烧杯煮沸 100 ml 蒸馏水，将研钵中的淀粉糊倒入沸水中，边倒边搅拌，全部倒入后煮沸即成。此液不可久贮。

③0.04 mol/L（pH 7.0）磷酸缓冲液。

（2）标准曲线制作

蛋白质含量测定采用考马斯亮蓝法，标准蛋白为牛血清蛋白（BSA）。中肠淀粉酶活力测定采用 3,5-二硝基水杨酸法，用麦芽糖制作标准曲线，淀粉酶活性用 U 表示。中肠蛋白酶活力测定采用福林-酚试剂法，用酪氨酸制作标准曲线，以反应生成的酪氨酸量作为蛋白酶活性单位 U。

（3）药剂处理

将鳞翅目幼虫寄主叶片在浓度为 0.4 mg/ml 的测试液中浸渍 3 s，取出自然晾干，饲喂已饥饿 3 h 的 4 龄菜粉蝶，分别将饲喂 12 h，24 h，36 h 和 48 h 仍存活的试虫用超纯水冲洗，在滤纸上吸干体表水分，备用。

（4）中肠液的提取

取供试幼虫在冰上解剖，用预冷的 0.15 mol/L NaCl 溶液冲去体液，截取中肠及内含物，每头虫定容至 1 ml。测试前用 0.15 mol/L NaCl 溶液冰浴中匀浆，匀浆液在 4℃、15 000 r/min 下离心 15 min，取上清液作为测试用的中肠酶液。每处理 5 头幼虫，重复 3 次。以牛血清蛋白（BSA）为标准蛋白，采用考马斯亮蓝 G-250 法测定中肠酶液中总蛋白含量。

（5）蛋白酶活性的测定

蛋白酶活性单位定义为：在一定条件下，每分钟内中肠酶液水解酪蛋白释放出 1 mg 酪氨酸的酶量为 1 单位（U）。以磷酸盐缓冲液配置的酪蛋白溶液为代谢分解底物。处理组与对照组样品反应体系为肠酶液与一定浓度、pH 的酪蛋白磷酸盐缓冲液混合，在一定温度下水浴保温一定时间，用三氯乙酸（TCA）终止反应。对照体系是先在酶液中加入 TCA，使酶失活，再加底物。反应终止后继续保温一段时间，过滤，取滤液 1 ml，加入 0.4 mol/L 的 Na_2CO_3 5 ml，福林-酚试剂 0.5 ml，在紫外光栅分光光度计 680 nm 处测定 OD 值。根据光密度值在酪氨酸标准曲线上找出酪氨酸质量，计算蛋白酶活性值。

（6）α-淀粉酶活性测定

淀粉酶活性单位定义为：在一定条件下，每分钟内中肠酶液水解可溶性淀粉产生 1 μg 分子数的麦芽糖的酶量为 1 单位（U）。

以可溶性淀粉为底物，0.1% NaCl 溶液为激活剂。以麦芽糖溶液（1 μg 分子数麦芽糖/ml）为标准体系，以一定浓度和 pH 的可溶性淀粉加入处理组试虫与对照组试虫的肠酶液为样品体系，以蒸馏水代替中肠酶液为空白体系，以既不含酶液也不含底物的蒸馏水为标准空白体系。四种体系同时在一定温度的水浴中准确保温一定时间，加入 3,5-二硝基水杨酸显色，沸水浴 5 min 后冷却，加蒸馏水，在紫外光栅分光光度计 540 nm 处测 OD 值。

$$酶活性抑制率 = \frac{对照组酶比活力 - 处理组酶比活力}{对照组酶比活力} \times 100\%$$

6. 数据统计与分析

实验数据采用 SPSS19.0 统计软件单因素方差邓肯（One-Way ANOVA Duncan）氏检验进行处理内差异显著性分析，再采用邓肯（Duncan）氏多重比较法对各处理组间进行差异分析。

10.1.1.4　药剂对中肠酶活性的影响（二）

1. 实验目的

学习并掌握中肠酶活性测定的基本要求和方法。

2. 实验原理

多功能氧化酶 O-脱甲基活力的测定原理为：以对硝基苯甲醚为底物，在 MFOs 的作用下，生成对硝基苯酚钠，测定对硝基苯酚钠的吸光度值。酯酶的测定原理为：以乙酸萘酯为底物，与酯酶发生反应，以固蓝 B 盐作为显色剂，测定酯酶的吸光度。

3. 实验材料

（1）药品与试剂

NaH_2PO_4、Na_2HPO_4、乙二胺四乙酸钠（EDTA）、二硫代苏糖醇（DTT）、苯甲基磺酰氟（PMSF）、苯基硫脲（PTU）、对硝基苯甲醚、还原型辅酶Ⅱ（NADPH）、考马斯亮蓝 G-250 和牛血清白蛋白（BSA）。

0.1 mol/L 磷酸缓冲液Ⅰ（PH7.8）（含 1 mmol/L EDTA，1 mmol/L DTT，1 mmol/L PTU，0.4 mmol/L PMSF 和质量分数为 20% 的甘油）。0.04 mol/L 磷酸缓冲液Ⅱ（pH 7.0）。0.01 mol/L α-萘酚丙酮溶液，再用缓冲液稀释 100 倍，0.03 mol/L α-乙酸萘酯丙酮溶液（含 0.000 1 mol/L 的毒扁豆碱），再用缓冲液稀释 100 倍。1% 的固蓝 B 盐和 5% 的十二烷基硫酸钠溶液以体积比 2：5 的比例混合而成显色液。

（2）供试昆虫

棉铃虫 6 龄幼虫。

（3）供试药剂

农药原药（注明百分含量、有效成分通用名称、厂家）。

4. 仪器设备

匀浆器、超低温高速离心机、酶标仪。

5. 实验步骤

（1）酶液制备

取 2 日龄的 6 龄棉铃虫 15 头，在第一对足和第二对足之间剪去头部，在倒数第二对足后剪去腹部末端。在冰盘上纵向解剖棉铃虫 6 龄幼虫，取出中肠，挤掉内容物后于冰浴烧杯中用磷酸缓冲液清洗，然后置于聚四氟乙烯匀浆器或玻璃匀浆器中，加入 1 ml 磷酸缓冲液匀浆（冰水浴条件下）。

匀浆液于 10 000 r/min 在 4℃ 条件下离心 20 min，上清液经 4 层纱布过滤后作为酶液。重复3次，保存于 −80℃冰箱，备用。

（2）多功能氧化酶 O-脱甲基活力测定

在 90 µl 的酶液中加入 100 µl 的 2 µmol/L 对硝基苯甲醚，于 37℃保温 5 min，加入 10 µl 9.6 mmol/L 的 NADPH，迅速置于酶标仪中，于 405 nm 波长下测定 20 min 内吸光值的变化，得到酶的比活力。以对照组的酶液作对比，计算二者的酶活力倍数。

（3）酯酶活性测定

①标准曲线制作：取 7 支试管，分别编号 0～6。在各试管中依次加入 0.1 mmol/L α-萘酚的体积为 0 ml、0.2 ml、0.4 ml、0.8 ml、1.2 ml、1.6 ml、2.0 ml，各试管再分别加入磷酸缓冲液补足到 6 ml，然后各试管再分别加入 1 ml 显色液。摇匀 0.5 h 后，待颜色稳定，用酶标仪分别于 600 nm 波长下测定吸光度值，并做出标准曲线。

②活性测定：在试管中加入 0.000 3 mol/L 的 α-乙酸萘酯（含 0.000 1 mol/L 的毒扁豆碱）5 ml，加入 1 ml 酶液，置于 25℃恒温水浴中振摇 30 min 后，立即加入 1 ml 显色液。稳定 30 min 后，测定 600 nm 波长下的吸光度。对照以缓冲液代替酶液，并以对照组的酶液做对照，其余处理相同。根据测定结果计算酶的比活力。

6. 数据统计与分析

实验数据采用 SPSS19. 0 统计软件 One-Way ANOVA Duncan 氏检验进行处理内差异显著性分析，再采用 Duncan 氏多重比较法对各处理组间进行差异分析。

10.1.2　杀虫剂对神经元毒性测定

10.1.2.1　实验目的

学习并掌握杀虫剂对神经细胞毒性测定的基本要求和方法。

10.1.2.2　实验原理

直接培养神经细胞进行毒性实验可以直接观察到药剂对细胞的毒力作用。神经细胞线粒体中的琥珀酸脱氢酶能使外源性的 MTT 还原为难溶性的蓝紫色结晶物甲䐶并沉积在细胞中，而已凋亡细胞却无此功能。用裂解液溶解细胞中的甲䐶，在波长 570 nm 处测定其光吸收值，可间接反映活细胞数量。

10.1.2.3　实验材料

1. 供试药剂

农药原药（注明百分含量、有效成分通用名称、厂家）。

2. MTT 溶液

噻唑蓝（MTT）37℃温浴中溶解于 0.01 mol/L、pH 7.4 PBS，浓度为 5 mg/ml，过滤除菌，置棕色小瓶中，4℃冰箱保存。

3. 供试靶标

神经细胞。

10.1.2.4　供试仪器设备

酶标仪、CO_2 培养箱、培养皿、Olympus 倒置显微镜、超净台、高压灭菌器、电热干燥箱、移液枪、电子天平等。

10.1.2.5　实验步骤

1. 神经细胞株培养

于 DMEM 培养液（含 10％灭活小牛血清，青霉素 10^5 U/L，链霉素 10^5 U/L，L-谷氨酰胺 0.12 g/L，$NaHCO_3$ 3 g/L）中置于 37℃、5％ CO_2 的恒温培养箱中培养。3～4 d 更换培养液，培养至单层细胞汇合后，传代培养。

2. 诱导分化

在细胞株培养液中加入 100 μg/L 神经生长因子进行诱导分化，隔天更换培养液，诱导分化 8 d。

3. MTT 法检测细胞活力

经诱导后的经胞株以 2×10^4 个/ml 细胞接种于 96 孔板中，待细胞贴壁生长 24 h 后，加入不同浓度的杀虫剂溶液（10 nmol/L、25 nmol/L、50 nmol/L、75 nmol/L 和 100 nmol/L），空白对照组不加药剂。每一浓度设 6 个复孔。置于 37℃、5% CO_2 恒温培养箱，分别培养 24 h、48 h 和 72 h，每孔加入 10 μl MTT，37℃、5%CO_2 孵育 4 h，吸去培养液，加 100 μl DMSO，振荡 10 min，酶标仪 570 nm 处测定 OD 值。

10.1.2.6　数据统计与分析

观察比较药剂处理的神经细胞与对照细胞的吸光度差异。实验数据采用 SPSS19.0 统计软件 One-Way ANOVA Duncan 氏检验进行处理内差异显著性分析，再采用 Duncan 氏多重比较法对各处理组间进行差异分析。

10.1.3　杀虫剂对昆虫乙酰胆碱酯酶活性抑制测定

10.1.3.1　实验目的

学习并掌握杀虫剂对昆虫乙酰胆碱酯酶活性抑制测定的基本要求和方法。

10.1.3.2　实验原理

神经冲动在突触部位传导过程中，乙酰胆碱酯酶分解乙酰胆碱成乙酸和胆碱，但有机磷或氨基甲酸酯类农药作用于昆虫体后，昆虫体内乙酰胆碱酯酶受到抑制，不能继续水解乙酰胆碱，造成昆虫突触部位乙酰脂碱大量积累，阻碍昆虫正常神经活动，造成昆虫死亡。

该方法应用碘化硫代乙酰胆碱（ATChI）为底物，在胆碱酯酶作用下水解为碘化硫代胆碱及乙酸，然后以二硫双对硝基苯甲酸（DTNB）为显色剂，形成黄色产物，在 412 nm 处有最大吸收峰。生成物浓度和光密度在一定范围内密切相关，故用分光光度计可以进行定量测定，以此代表 AChE 的活性。

10.1.3.3　实验材料

1. 供试昆虫

鳞翅目幼虫。室内饲养[温度（25±1）℃；相对湿度 70%～80%；光周期 12 h：12 h（L∶D）]，4 龄时选择个体大小一致、健康的幼虫供试。

2. 供试药剂

有机磷或氨基甲酸酯类农药原药（注明百分含量、有效成分通用名称、厂家）。

3. 药品与试剂

磷酸缓冲液、碘化硫代乙酰胆碱（ATCHI）、L-半胱氨酸、丙酮。

10.1.3.4　仪器设备

微量点滴仪、解剖剪、紫外分光光度计、具塞试管、容量瓶、移液枪、恒温水浴锅、试管架、解剖用具、匀浆器等。

10.1.3.5　实验步骤

1. 药剂配制

①1.5 mmol/L ATChI：称取 0.021 6 g ATChI，用蒸馏水定容至 50 ml，4℃保

存于棕色瓶中。

②1.0 mmol/L DTNB：称取 0.039 6 g DTNB，用 0.1mol/L pH 7.5 磷酸缓冲液定容至 100 ml，4℃保存于棕色瓶中。

2. 试虫处理

采用点滴法。将药剂用丙酮稀释，用微量点滴仪将稀释药液点滴于试虫的前胸背板，对照组点滴丙酮，每头点滴 3 μl 药液。每个处理重复 3 次，每重复 20 头试虫。处理后的试虫用新鲜寄主叶片饲喂，试虫开始出现痉挛、昏迷症状后 6 h，迅速解剖。

3. 乙酰胆碱酯酶提取

取处理组和对照组的试虫各 20 头，剪取头壳，加入 3 ml 0.2 mol/L pH 7.6 的磷酸缓冲液（含 0.1% Triton X-100）于冰浴中匀浆，匀浆液定容至 4 ml，在 0～4℃下 4 000 r/min 离心 15 min，上清液即为粗酶液，用 0.45 μm 微孔滤膜过滤，储存于 −70℃冰箱中备用。

4. 酶活力测定

取 0.5 ml 磷酸缓冲液（0.1 mol/L，pH 7.5）与 0.5 ml 粗酶液（0.05 g/ml）加入干净试管中，35℃水浴 10 min，然后加入 1 ml 碘化硫代乙酰胆碱（1 mmol/L）混匀，反应 15 min 加入 DTNB-磷酸盐-乙醇溶液显色并终止反应，以磷酸缓冲液代替底物作为空白对照，以未处理试虫提取的酶液测定酶活力作为试虫对照。于 412 nm 波长下测定 OD 值，每个处理重复 3 次。以 L-半胱氨酸的物质的量为横坐标，以 OD_{412} 为纵坐标，制作标准曲线，根据标准曲线计算酶的活性。

10.1.3.6　数据统计与分析

AChE 的比活力按下式计算：

$$AChE的比活力（\mu mol）=\frac{\Delta OD \times R \times 1000}{e \times S \times W \times P}$$

式中，ΔOD——10 min 内平均吸光度，单位为 min^{-1}；

　　　　R——反应体系的总体积；

　　　　e——摩尔消光系数，值为 13 600 $mol^{-1} \cdot cm^{-1}$；

　　　　S——待测纯化酶液体积；

　　　　W——待测酶液蛋白质质量，单位为 μg；

　　　　P——光程，值为 0.6 cm。

处理组试虫与对照组试虫的酶活力比较用下述公式计算：

$$酶活力倍数 = \frac{处理组试虫的AChE比活力}{对照组试虫的AChE比活力}$$

10.1.4 杀虫剂对昆虫呼吸毒力等作用机制测定

10.1.4.1 实验目的

学习并掌握杀虫剂对昆虫呼吸毒力等机制测定的基本要求和方法。

10.1.4.2 实验原理

琥珀酸脱氢酶属于细胞色素氧化酶，在真核生物中结合于线粒体内膜，是连接氧化磷酸化与电子传递的枢纽之一，可为真核细胞线粒体与多种原核细胞需氧和产能的呼吸链提供电子，为线粒体的一种标志酶；Na^+-K^+-ATP 酶是镶嵌在细胞膜磷脂双分子层之间的一种控制 Na^+ 和 K^+ 跨膜运输的载体蛋白。对这两种酶进行测定，有助于了解药剂对昆虫的作用位点。

10.1.4.3 实验材料

1. 供试昆虫

鳞翅目幼虫。室内饲养[温度（25±1）℃；相对湿度 70%～80%；光周期 12 h：12 h（L：D）]，4 龄时选择个体大小一致、健康的幼虫供试。

2. 供试药剂

农药原药（注明百分含量、有效成分通用名称、厂家）。

3. 药品与试剂

丙酮、0.1 mol/L Tris-HCl 缓冲液、Na^+-K^+-ATP 酶试剂盒、蔗糖、EDTA、磷酸钾、牛血清蛋白、琥珀酸钠、2,6-二氯酚靛酚钠。

10.1.4.4 仪器设备

微量点滴仪、解剖剪、紫外分光光度计、冷冻离心机、具塞试管、容量瓶、移液枪、恒温水浴锅、试管架、解剖用具、匀浆器等。

10.1.4.5 实验步骤

1. 试虫处理

采用点滴法。将药剂用丙酮稀释，用微量点滴仪将稀释药液点滴于试虫的前胸背板，对照组点滴丙酮，每头点滴 3 μl 药液。每个处理重复 3 次，每重复 10 头试虫。处理后的试虫用新鲜寄主叶片饲喂，试虫开始出现痉挛、昏迷症状后 6 h，迅速解剖。

2. Na$^+$-K$^+$-ATP 酶活力性测定

取处理后 50 头试虫的头部及 20 头试虫的中肠，加入冰冷的 0.1mol/L Tris-HCl 缓冲液，冰浴匀浆，4 000 r/min 离心 10 min，上清液即为粗酶液，于 37℃水浴中保温 20 min，再于 100℃加热 5 min 使酶失活，然后 4 000 r/min 离心 10 min，除去蛋白质沉淀。在分光光度计 625 nm 处测 OD 值，计算 ATP 酶活力。每组重复 3 次。

3. 琥珀酸脱氢酶活力测定

取处理后试虫 20 头，解剖中肠并清除肠内食物，加 5 ml 研磨介质（0.25 mol/L 蔗糖，0.005 mol/L EDTA，0.05 mol/L pH 6.8 磷酸钾缓冲液，1 mg/ml 牛血清蛋白）于玻璃研钵中匀浆，然后在 500 r/min 离心 15 min，弃去沉渣，将上清液于 16 000 r/min 离心 15 min，弃去上清液，沉淀悬浮在 5 ml pH 7.6 的 0.06 mol/L Tris-HCl 缓冲液中作为酶液。

取 0.1 ml 1.5 mol/L 磷酸钾（pH 7.4），0.1 ml 1.2 mol/L 琥珀酸钠（pH 7.4），0.1 ml 0.000 9 mol/L 2,6-二氯酚靛酚钠，2.5 ml 蒸馏水，0.5 ml 酶液组成反应混合液，置 30℃水浴中保温 30 min，测定时加 0.1 ml 9 mg/ml 硫酸甲基吩嗪摇动，立即于比色杯中开始反应，反应开始后 15～60 s 在 600 nm 测定 2,6-二氯酚靛酸钠的还原速度（光密度变化），以每毫克蛋白质每分钟光密度变化作为酶的比活力。

10.1.4.6　数据统计与分析

观察比较杀虫剂对昆虫呼吸毒力抑制程度。实验数据采用 SPSS19.0 统计软件 One-Way ANOVA Duncan 氏检验进行处理内差异显著性分析，再采用 Duncan 氏多重比较法对各处理组间进行差异分析。

10.1.5　昆虫表皮穿透研究

10.1.5.1　实验目的

学习并掌握杀虫剂对昆虫表皮穿透研究方法。

10.1.5.2　实验原理

利用昆虫表皮穿透研究方法研究药剂对表皮穿透能力，需要使用点滴法将药剂点滴于敏感昆虫与抗性昆虫体表，分别测定昆虫体表和体内各个器官的药量，从而得到药剂对抗性品系与敏感品系的昆虫表皮穿透动态。常用同位素示踪技术或气相色谱、高效液相色谱等分析技术来对穿透的药剂进行定量分析。

10.1.5.3　实验材料

1. 供试昆虫

鳞翅目抗性品系和敏感品系 3 龄幼虫，避免使用刚脱皮或在 12 h 内即将脱皮的幼虫。

2. 供试药剂

C-氰戊菊酯（放射性活度为 1.61×10^9 Bq/mmol）

3. 乳化闪烁液

2,5-二苯基噁唑（PPO）7.5 g，1,4-双（5-苯基噁唑基-2）苯 0.3 g，Triton X-100 500 ml，二甲苯 1 000 ml。

4. 消化液

高氯酸和过氧化氢以体积比 2∶1 混合。

10.1.5.4　实验步骤

1. 处理试虫

按抗性品系和敏感品系的 LD_{50} 或 LC_{50} 值来确定处理试虫剂量，并以丙酮为溶剂配制 ^{14}C-氰戊菊酯药液。用微量毛细管点滴器将药液点滴于试虫的胸部背面，每个品系处理试虫 60 头以上。处理后置于正常饲养条件下单头饲养。

2. 取样方法

分别于处理后 0.5 h、1 h、2 h、4 h、6 h 和 8 h 取样，每次从两个品系中各取出 10 头，用正己烷淋洗试虫体表（每次 1 ml，共 5 次），将每头幼虫的淋洗液收集于闪烁瓶中，用氮气或自然阴干后，加入 5 ml 乳化闪烁液，待测。

将淋洗过的试虫直接放入闪烁瓶中，加入 0.5 ml 消化液，置于 80℃恒温培养箱中消化，直至无色透明为止。然后加入 5 ml 乳化闪烁液，待测。

10.1.5.5　结果调查与数据统计

1. 结果调查

用 LS-9800 型液闪仪测定每头试虫体表残留和进入体内的 ^{14}C-氰戊菊酯的放射性强度，并以未加药剂和原药剂药量作为对照，同样测定放射性强度。

2. 数据统计

根据下列公式计算出不同时间 ^{14}C-氰戊菊酯在试虫体中的表皮穿透百分率。

$$表皮穿透百分率 = \frac{体内的药剂放射性强度}{体表 + 体内药剂放射性强度} \times 100\%$$

以处理后时间为横轴，以体内相对百分含量为纵轴，绘制 ^{14}C-氰戊菊酯在试虫体内的含量动态图。

10.2　杀菌剂毒力作用机制测定

10.2.1　杀菌剂的作用方式测定

10.2.1.1　杀菌作用与抑菌作用测定

1. 实验目的

了解杀菌剂的杀菌作用与抑菌作用测定方式。

2. 实验原理

杀菌作用是一种永久的行为，即真菌的孢子或细菌经过药剂处理以后，再用清水将药剂洗去，放在适宜的条件下培养仍旧不能萌发或生长；抑菌作用就是当药剂与病菌接触时，病菌受到抑制而不能生长，当药剂用清水洗去以后病菌又能恢复生长。

3. 实验材料

（1）供试药剂

敌锈钠、石硫合剂。

（2）供试病原菌

落花生病锈菌（*Puccinia arachidis*）。

（3）仪器设备

离心机、培养皿、移液管、显微镜等。

4. 实验步骤

（1）药液配制

将供试药剂敌锈钠用无菌水稀释 200 倍，石硫合剂稀释至 0.2 波美度。

（2）花生锈病孢子准备

用灭菌刀片刮取花生锈病孢子备用。

（3）实验处理

在一组培养皿内放入 0.2 波美度的石硫合剂，另一组培养皿内放入稀释 200 倍的敌锈钠。然后在每一组培养皿内放入花生锈病孢子配成悬浮液，使花生锈病孢子与药剂接触 0.5 h，用灭菌水在离心机中清洗 4 次，再分别放入培养皿内保湿 24 h。

（4）结果调查

于显微镜下观察不同药剂处理的花生锈病孢子的萌发情况。

5. 数据统计与分析

将实验结果记入表 10-1 中，根据花生锈病孢子萌发情况判断杀菌剂的作用方式。

表 10-1　花生锈病孢子萌发结果

药剂处理	调查孢子总数/个	萌发孢子总数/个	作用方式
0.2 波美度石硫合剂			
200 倍液敌锈钠			

10.2.1.2　杀菌剂防治方式的测定

1. 实验目的

测试嘧菌酯和福美双对病害防治的作用方式，了解杀菌剂的保护作用和治疗作用，掌握其测定方法。

2. 实验原理

保护作用是在病原微生物未接触到植物之前，施用杀菌剂消灭病原；或者病原微生物虽已接触植物，但未侵入植物体内时，施用杀菌剂，消灭植物表面上的病原微生物，使植物得到保护。治疗作用是当病原微生物已经侵入植物体内，但还处于潜伏期；或者植物已感病出现病状时进行施药，使病原微生物死亡或受到抑制，减轻或消除病害。

3. 实验材料

（1）供试药剂

嘧菌酯（azoxystrobin）、福美双。

（2）供试病原菌

辣椒疫霉病菌（*Phytophthora capsici*），培养于 CMA 培养基（玉米粉 30 g，琼脂 20 g，加去离子水定容至 1 L）；

（3）供试植株

叶期辣椒苗（感疫霉品种）

（4）实验仪器及用品

培养皿、三角瓶、量筒、显微镜、人工气候箱等。

4. 实验步骤

（1）保护作用测定

①病原菌孢子悬浮液的培养：将辣椒疫霉菌在 CMA 培养基上培养一周，将产生大量孢子囊的菌丝块挑入盛有 60 ml 灭菌自来水的三角瓶中，用手振荡三角瓶，挑出菌丝块，配制成孢子囊悬浮液（1×10^5 个/ml）。

②辣椒苗的准备：将辣椒种子人工催芽后，在周转箱内育苗。将出苗 3 周的辣椒移植至塑料杯内，每杯 1 株，放入人工气候箱中[25℃，相对湿度95%，光周期 12 h：12 h（L：D）]生长至 4 叶期。

③杀菌剂保护作用：测定用浓度为 20 μg/ml 的嘧菌酯药液 20 ml 对辣椒植株进行灌根处理，设清水为对照。分别处理 10 株。药剂处理后间隔 24 h 将制备好的辣椒疫霉孢子囊悬浮液 3 ml 接种于辣椒根部土壤。待对照组发病后，量取茎基部病斑长度，计算防治效果。

（2）治疗作用测定

将制备好的致病疫霉孢子囊悬浮液 3 ml 接种于 4 叶期的辣椒根部，接种后间隔 24 h 用浓度为 20 μg/ml 的嘧菌酯药液 20 ml 对辣椒植株进行灌根处理，设清水对照。将喷药后的辣椒植株放入人工气候箱中保湿培养，分别处理 10 株。待对照组充分发病后调查发病情况，计算嘧菌酯对辣椒疫霉病的防治效果。

福美双的处理方法与嘧菌酯相同。

5. 数据统计与分析

嘧菌酯与福美双对试虫的防治效果按如下公式计算，将实验结果记入表 10-2。

$$防治效果 = \frac{对照组病斑长度 - 处理组病斑长度}{对照组病斑长度} \times 100\%$$

表 10-2　杀菌剂对植物病害防治方式的测定

药剂处理	保护作用		治疗作用	
	接孢子悬浮液前 24 h 施药		接孢子悬浮液后 24 h 施药	
	病斑长度/cm	防治效果	病斑长度/cm	防治效果
福美双				
嘧菌酯				
对照				

10.2.1.3 杀菌剂内吸传导性测定方法

1. 实验目的

了解杀菌剂的内吸传导活性，明确其作用特性，为杀菌剂的正确合理开发提供科学依据。

2. 实验原理

施用于作物体的某一部位后能被作物吸收，并在体内运输到作物体的其他部位发生作用，具有这种性能的杀菌剂称为内吸性杀菌剂。内吸性杀菌剂有两种传导方式，一种是向顶性传导，即药剂被吸收到植物体内后，随蒸腾流向植物顶部传导至顶叶、顶芽及叶类、叶缘，目前的内吸性杀菌剂多属此类；另一种是向基性传导，即药剂被植物体吸收后，于韧皮部内沿光合作用产物的运输向下传导。内吸性杀菌剂中向基性传导的种类较少。还有些杀菌剂，如乙膦铝等可向上、下两个方向传导。

3. 实验材料

（1）供试药剂

药剂是水溶性的或加工成制剂的可直接用水稀释配制，原药用适合的溶剂溶解后加入含 0.05% 吐温 80 水稀释至实验浓度。

（2）供试病原菌

禾本科布氏白粉菌小麦专化型（*Blumeria graminis*）等。

（3）实验作物

小麦的易感品种，培养至 2 叶期。

4. 仪器设备

电子天平、移液器、培养箱等。

5. 实验步骤

（1）施药方式——根部内吸传导性

采用浸根法。将培养至 2 叶期的小麦苗洗去根部泥沙，每 3 株放入同 1 支试管中，然后将 10 ml 药液注入其中，并以清水作为空白对照。24 h 后，倒去试管中药液，添加完全培养液，同时接种小麦白粉病菌，7 d 后调查防治效果。

（2）施药方式——叶片内吸传导性

采用点滴法。在距离小麦叶片叶尖 5 cm 处画线滴药，并以溶剂或清水作为空白对照。24 h 后接种小麦白粉病，7 d 后调查防治效果。

（3）接种

将成熟的小麦白粉病菌孢子轻轻抖落，接种于麦苗上。

（4）培养

将接种后的麦苗置于人工气候箱中正常培养。

6. 结果调查与统计分析

（1）分级标准

0 级：无病；

1 级：病斑面积占整个叶片面积的 5%以下；

3 级：病斑面积占整个叶片面积的 6%～15%；

5 级：病斑面积占整个叶片面积的 16%～25%；

7 级：病斑面积占整个叶片面积的 26%～50%；

9 级：病斑面积占整个叶片面积的 50%以上。

（2）药效计算

$$病情指数 = \frac{\sum（各级发病数 \times 该级代表值）}{调查总叶数 \times 最高级数值} \times 100\%$$

$$防治效果 = \frac{对照组病情指数 - 处理组病情指数}{对照组病情指数} \times 100\%$$

（3）统计分析

根据药剂处理浓度和防治效果，评价药剂的有无内吸性及其大小，特殊情况用相应的生物统计学方法。

10.2.2　杀菌剂的作用机制测定

10.2.2.1　杀菌剂对菌体物质合成的影响测定

1. 实验目的

了解杀菌剂作用机制及其对菌体物质合成的影响，掌握其测定方法。

2. 实验原理

多抗霉素（polyoxin）是金色链霉菌所产生的代谢产物，属于广谱性抗生素类杀菌剂。具有较好的内吸传导作用。其作用机制是干扰病菌细胞壁几丁质的生物合成，使菌体细胞壁不能进行生物合成导致病菌死亡。芽管和菌丝接触药剂后，局部膨大、破裂、溢出细胞内含物，而不能正常发育，导致死亡。因此还具有抑制病菌产孢和病斑扩大的作用。

3. 实验材料

（1）供试药剂

多抗霉素。

（2）供试病原菌

菊池链格孢（*Alternaria kikuchiana*）。

（3）供试培养基

干杏培养基（商品干杏 20 g 用 1 L 蒸馏水热提取 1 h，将提取液 pH 调整至 5.5，内含琼脂 3%）。

（4）实验用品

接种环、纱布、显微镜、移液器、载玻片、培养皿、计数器、滤纸、玻璃管等。

4. 实验步骤

（1）病原菌的培养

将菊池链格孢放在干杏琼脂培养基平面上，于 27℃培养一周。将培养基表面的孢子用接种环使其悬浮于灭菌水中，然后用灭菌的双层纱布过滤。将悬浮液稀释到孢子数在显微镜下（40 倍）每视野中有 100～200 个。孢子数过多时，孢子聚集成块难以观察。

（2）药剂处理

将孢子悬浮液适当分取于试管中，加药剂溶液使多抗霉素溶液最终浓度为 2 µmol/L，以加蒸馏水作空白对照，立即分别取 0.2 ml 轻轻滴到载玻片上。在培养皿中铺上用水湿过的滤纸，排好玻璃管，上面放置载玻片。盖好盖，于 27℃在暗处培养 24 h。

5. 结果调查与统计分析

（1）结果调查

盖上盖玻片，在显微镜下用计数器分别计算并记录对照组和加有药剂的孢子、发芽管的形态，即正常的、异常膨肿的、没有发芽管的。发芽管正常和异常的两种孢子都作为"正常"的孢子。计算在对照中不发芽孢子的比例，减去药剂处理区不发芽孢子数的比例。

对多抗霉素敏感的梨黑斑病菌 90%以上的孢子会因上述浓度的多抗霉素引起发芽管的膨肿。这种膨肿的发芽管有时与孢子一样大，很容易观察。

（2）统计分析

将实验结果记录于表 10-3 中。

表 10-3　　杀菌剂对菌体物质合成的影响测定

药剂处理	调查孢子数/个	萌发孢子数/个	芽管异常孢子数/个
多抗霉素			
对照			

10.2.2.2　杀菌剂对菌体呼吸作用影响测定

1. 实验目的

了解杀菌剂对菌体呼吸作用的影响及其测定方法。

2. 实验原理

嘧菌酯是一种全新的 β-甲氧基丙烯酸酯类杀菌剂，抑制病真菌线粒体呼吸，破坏病菌的能量合成，具保护、治疗和铲除三重功效。

3. 实验材料

（1）供试药剂

93%嘧菌酯，用甲醇配成 1.0×10^4 μg/ml 母液。

（2）培养基

PSA 培养基（马铃薯 200 g，蔗糖 20 g，琼脂 20 g，加去离子水定容至 1 L）和 AEB 培养基（酵母 5 g，$NaNO_3$ 6 g，KH_2PO_4 1.5 g，KCl 0.5 g，$MgSO_4$ 0.25 g，甘油 20 ml，加入去离子水定容至 1 L）。

（3）供试病原菌

辣椒刺盘孢（*Colletotrichum capsica*）。

4. 实验仪器

摇床、SP-2 溶氧仪、烘箱、三角瓶、培养皿、移液器等。

5. 实验方法

（1）供试菌的准备

用灭菌打孔器在 PSA 培养基上培养的辣椒炭疽病菌菌落边缘打孔取菌片，将其移入盛有 100 ml AEB 液体培养基的三角瓶中，25℃、120 r/min 摇培，每瓶 10 个菌片。

（2）药剂抑剂菌体呼吸的测定

将摇培 5 d 的菌丝用 0 μg/ml、20 μg/ml、50 μg/ml 的嘧菌酯处理 1 h 后，将处理的菌丝体加入 SP-2 溶氧仪的反应杯中，测定菌丝耗氧率。收集测定后的菌丝，在 80℃烘箱中烘 10 h 至恒重并称重。

6. 结果调查与统计分析

实验仪记录的数据中，溶氧仪的反应杯体积为 X ml，某温度下所跑基线横向格数为 Y 格，某温度下水溶解氧浓度 Z μmol/ml（可从表中查得）。所以每格代表溶解氧量为 $(Z \times X)/Y$。

$$菌丝耗氧量 = 横向格数（处理） \times \frac{(Z \times X)}{Y} \times 100\%$$

根据记录仪记录的斜率，计算单位时间内单位菌丝干重的呼吸速率，公式如下：

$$呼吸速率 = \frac{菌丝耗氧量}{测定时间 \times 菌丝干重} \times 100\%$$

10.3 除草剂毒力作用机制测定

10.3.1 除草剂作用症状的观察

10.3.1.1 实验目的

通过本实验来观察和比较不同类型除草剂在靶标植物上的作用症状，并结合各自的作用机制进行分析。

10.3.1.2 实验原理

不同的除草剂类型，其作用机制存在较大的差异，而其作用最终以症状的形式在受害植物上表现出来，如白化、失绿、萎蔫、干枯、斑点、变褐等，同时，不同除草剂的作用时间也存在较大的差异。对除草剂作用机制的研究往往开始于对作用症状的观察。

10.3.1.3 试剂和仪器设备

1. 供试药剂及实验靶标

（1）茎叶处理剂：20%百草枯水剂（180 倍液，小麦，油菜）、72% 2,4-D丁酯乳油（400 倍液，油菜）、5%精喹禾灵乳油（600 倍液，小麦）、50%吡氟酰草胺可湿性粉剂（900 倍液，玉米）、10%苯磺隆可湿性粉剂（1500 倍液，大豆、油菜、小麦等）、25%氟磺胺草醚水剂（300 倍液，玉米、油菜、小麦等）。

（2）土壤处理剂：33%二甲戊乐灵乳油（990 g a.i./hm²，油菜）、90%乙草胺乳油（375 倍液，小麦）。

2. 仪器设备

花盆、烧杯、移液器、喷雾器。

10.3.1.4 实验步骤

1. 茎叶处理剂

将受试植物播种于花盆中，培养至 2～4 叶期，用上述茎叶处理剂溶液喷洒，经时观察植株受害情况，记录叶色、苗高、各种症状等。具体处理方法参照除草剂的茎叶喷雾法。

2. 土壤处理剂

将受试植物播种于花盆后，覆土 0.5～1.0 cm，然后用上述土壤处理剂进行喷雾，并经常调查出苗率、各种症状等。具体处理方法参照除草剂的土壤处理法。

10.3.1.5 结果调查与统计分析

对苗高、出苗率等可量化的指标，用 Excel、SPSS 等软件进行分析；对各种症状进行记载，分析其成因，并分析各种药剂所产生的症状与作用机制之间的关系，以及除草剂作用的时间性。

10.3.2 除草剂诱导电解质漏出的测定

10.3.2.1 实验目的

测定药剂处理后受体植物电解质的漏出是除草剂作用机制研究中常用的方法，通过本实验了解除草剂诱导电解质漏出的原理，掌握其测定方法。

10.3.2.2 实验原理

一些除草剂在作用于受体植物后，会通过某种方式，如诱导活性氧的形成来破坏细胞膜及细胞的结构导致细胞内的电解质外漏。因此，测定电解质的漏出被列为药剂是否破坏膜结构的判定指标之一。

10.3.2.3 实验材料

1. 供试药剂

20%百草枯水剂（180 倍液）、25%氟磺胺草醚水剂（300 倍液）、40%莠去津悬浮剂（150 倍液）。

2. 实验靶标

小麦、油菜等。

3. 仪器设备

烧杯（25 ml、50 ml）、移液器、喷雾器、花盆、蛭石（或土壤）、剪刀、电子天平、水浴恒温振荡器、电导仪。

10.3.2.4　实验步骤

①盆栽各种受体植物，每盆 10 株，培养至 2～4 叶期。

②配制各种除草剂溶液，用喷雾器均匀喷雾。以不施药处理为空白对照。

③培养至作用症状明显时，随机取 5 株，剪取植株地上部分，用电子天平称重并记载重量。

④将植物样品放入 25 ml 烧杯中，添加等量蒸馏水，使样品完全浸泡。

⑤将烧杯放于水浴恒温振荡器中，于 25℃下振荡培养 3 h。

⑥用电导仪测定溶液中的电导率。

10.3.2.5　结果调查与统计分析

根据测得的电导率及样品重量计算各药剂处理植株单位重量的电导率，单位为 $\mu s/(cm \cdot g\ f.w)$。其中 f.w 为鲜重。

10.3.3　除草剂对杂草光合作用影响的测定

10.3.3.1　实验目的

了解除草剂抑制作物光合作用的测定方法。

10.3.3.2　实验原理

测定除草剂抑制作物光合作用的方法有藻类实验法、浮萍法和圆叶片漂浮法等。其中，藻类实验法和浮萍法分别利用除草剂处理小球藻和浮萍来测定药剂对植物光合作用的影响。圆叶片漂浮法由 Truelove 等于 1974 年提出，后经多种改进，方法更加完善，是测定光合作用抑制剂快速、灵敏、精确的方法。其原理是植物在进行光合作用时，叶片组织内产生较高浓度的氧气，使叶片容易漂浮，而若光合作用受抑制，不能产生氧气，则叶片难以漂浮。

10.3.3.3　实验材料

1. 供试试剂

0.01 mol/L 磷酸钾缓冲液（pH 7.5）、碳酸氢钠（分析纯）。

2. 供试药剂

莠去津除草剂，用 0.01 mol/L 磷酸钾缓冲液配制系列浓度的含药溶液。

3. 供试植物叶片

摘取生长 6 周的黄瓜叶或生长 3 周的蚕豆幼叶（已充分展开），也有用展开 10 d 的南瓜子叶叶片供实验用。其他植物敏感度低，不宜采用。

4. 实验用具

打孔器、三角瓶、真空泵、烧杯、250 W 荧光灯、秒表。

10.3.3.4　实验步骤

①在 250 ml 的三角瓶中，加入 50 ml 用 0.01 mol/L 磷酸钾缓冲溶液（pH 7.5）配制的不同浓度的除草剂，并加入适量的碳酸氢钠（提供光合作用需要的 CO_2）。

②用打孔器打取 9 mm 直径的圆叶片，立即转入上述溶液中。每个三角瓶中加入 20 片圆叶片，再抽真空，使全部叶片沉底。

③将三角瓶内的溶液连同叶片一起转入一个 100 ml 的烧杯中，在黑暗下保持 5 min，然后在 250 W 荧光灯下曝光，并开动秒表计时，最后记录全部叶片漂浮所需要的时间。计算阻碍指数（retardation index，RI），阻碍指数越大，抑制光合作用越强，药剂的生物活性越高。

10.3.3.5　结果调查与统计分析

实验结果记录至表 10-4 中，分析除草剂对光合作用的抑制。

表 10-4　除草剂对光合作用的抑制作用

药剂处理	漂浮所需时间/s	阻碍指数（RI）
莠去津浓度 1		
莠去津浓度 2		
莠去津浓度 3		
对照		

$$阻碍指数 = \frac{处理组圆叶片漂浮所用的时间}{对照组圆叶片所用的时间} \times 100\%$$

10.3.4　除草剂对植株体内乙酰乳酸合成酶活性的影响

10.3.4.1　实验目的

了解除草剂抑制乙酰乳酸合成酶（ALS）活性的测定方法。

10.3.4.2　实验原理

植株体内乙酰乳酸合成酶是除草剂的重要靶标，磺酰脲类、咪唑啉酮类、磺酰胺类、嘧啶水杨酸类等除草剂都作用于此靶标。靶标 ALS 抑制剂是目前开发最活跃的领域之一。

乙酰乳酸合成酶催化 2 个丙酮酸（或 1 个丙酮酸与 1 个 α-丁酮酸）形成乙酰乳酸（或乙酰羟丁酸），利用间接比色法测定该酶活性，即将产物乙酰乳酸脱羧形成 3-羟基丁酮，再与肌酸及甲萘酚形成粉红色复合物，该复合物在 530 nm 处有最大光吸收值。

10.3.4.3　实验材料

1. 实验试剂

黄素腺嘌呤二核苷酸（FAD）、焦磷酸硫胺素（TPP）、肌酸、二硫代苏糖醇、丙酮酸钠、α-萘酚、$MgCl_2 \cdot H_2O$、石英砂、K_2HPO_4、KH_2PO_4、H_2SO_4、$(NH_4)_2SO_4$、NaOH 等。

除草剂：氯磺隆，配成 10 nmol/L 的溶液。

2. 供试植物

稗草植株：待稗草长至 3～4 叶期，剪取植株地上部分。

10.3.4.4　实验仪器

光照培养箱、紫外可见分光光度计、水浴恒温振荡器、超速冷冻离心机。

10.3.4.5　实验步骤

1. 试剂配制

ALS 提取液配制：0.1 mol/L 磷酸钾缓冲液，pH 7.5，其中含 1 mmol/L 丙酮酸钠、0.5 mmol/LTPP、10 μmol/L FAD 和 0.5 mmol/L $MgCI_2$。

ALS 酶溶解液配制：0.1 mol/L 磷酸钾缓冲液，pH 7.5，其中含 20 mmol/L 丙酮酸钠、0.5 mmol/L$MgCI_2$。

酶促反应液配制：0.1 mol/L 磷酸钾缓冲液，pH 7.0，其中含 0.5 mmol/L $MgCI_2$、20 mmol/L 丙酮酸钠、0.5 mmol/L TPP 和 10 μmol/L FAD。

2. ALS 的提取

取 5 g 样本加 10 ml 提取液，在冰浴中用少许石英砂研磨，用多层纱布过滤，定容至 10 ml，于 25 000 r/min，4℃离心 20 min，上清液用$(NH_4)_2SO_4$ 粉末调至约 50%饱和度，0℃沉降 2 h，于 25 000 r/min，4℃离心 30 min，上清液弃去，沉淀即为所需的 ALS 酶。该酶溶于 5～10 ml 酶溶解液中，得粗酶液。

3．ALS 活性测定

在试管中分别加入 0.1 ml 含 0.10 nmol/L 氯磺隆溶液，再加入 0.5 ml 酶促反应液和 0.4 ml 粗酶液，置于 37℃水浴中暗反应 1 h 后，加入 3 mol/L H_2SO_4 0.2 ml 终止反应（对照管于水浴前加入 3 mol/L H_2SO_4 0.2 ml，阻止反应发生）。然后将反应产物在 60℃脱羧 15 min，再依次加入 0.5%肌酸（溶于去离子水）0.5 ml 和 5%甲萘酚（溶于 2.5 mol/L NaOH）0.5 ml，于 60℃反应 15 min。取出充分摇匀反应液使其显色，4 000 r/min 离心 3 min 去除沉淀，用紫外分光光度计在 525 nm 处比色，ALS 活性用光吸收值 A_{530} 表示。

10.3.4.6 结果调查与统计分析

实验结果记录至表 10-5 中，分析氯磺隆对 ALS 酶活性的抑制。

表 10-5 氯磺隆对 ALS 酶活性的抑制作用

药剂处理	OD（A_{530}）	抑制率/%
氯磺隆		
CK		

11 田间药效试验方法

11.1 杀虫剂防治柑橘树蚜虫田间药效试验

11.1.1 试验目的

了解杀虫剂田间药效小区试验的方法和基本要求。

11.1.2 试验条件

11.1.2.1 试验对象

柑橘树蚜虫。记录试验地柑橘树蚜虫的种类及主要发育阶段。

11.1.2.2 试验作物

柑橘树。宜选择当地主栽的对蚜虫较敏感的品种，记录品种名称、树龄、生育期、种植密度。

11.1.2.3 环境条件

试验地应选择有代表性的，蚜虫发生为害程度中等或偏重的果园进行，试验地的栽培条件（如土壤类型、肥料、耕作、株行距等）应一致，并且符合当地良好农业规范。

11.1.3 试验设计和安排

11.1.3.1 供试药剂

药剂处理不少于 3 个剂量，记录药剂通用名称、剂型、含量、生产企业等，注明稀释倍数。

11.1.3.2 对照药剂

对照药剂须是已登记注册且在实践中有较好安全性和效果的产品。对照药剂的类型和作用方式应同试验药剂相近，并使用当地常用剂量和使用方法，特殊情况可视试验目的而定。设无药剂处理小区作为空白对照。

11.1.3.3　小区安排

试验药剂、对照药剂和空白对照的小区处理采用随机区组排列，记录小区排列图。小区面积：每小区至少 3 株树。

小区间设置保护行或隔离带，保护行或隔离带的 1/2 面积按相邻小区做同样处理。记录小区面积及小区间隔离行或保护带的宽度。重复次数不少于 4 次。

11.1.3.4　施药方法

按照标签上已注明的方法或按协议要求进行，通常为喷雾使用。

选择常用的施药器械，施药应保证药量准确，分布均匀。各小区用药量偏差不超过±10%。

施药时间一般在抽梢时无翅蚜为害期（若虫盛发期）施药一次。施药后 48 h，如果遇到中雨或大雨，应重做试验。记录施药日期。

施药剂量按标签注明的使用浓度进行施药或按协议要求施药。通常药剂中的有效成分浓度的单位表示为 mg/kg 或 mg/L。用于喷雾时，记录用药倍数和单株果树平均施用的药量。

11.1.4　结果调查与统计分析

11.1.4.1　结果调查

每小区至少调查 3 株果树，每株按东、南、西、北、中 5 个方位各固定 1 个被害嫩梢，调查固定嫩梢上的活蚜虫数。施药前调查虫口基数，每处理的总蚜虫量不少于 500 头。

施药后 1 d、3 d、7 d 各调查一次虫口数量，进一步调查可到施药后 10～14 d。根据试验协议要求和试验药剂特点，可增加调查次数或延长调查时间。

11.1.4.2　药效计算

防治效果按下式计算：

$$虫口减退率 = \frac{施药前活虫数 - 施药后活虫数}{施药前活虫数} \times 100\%$$

$$防治效果 = \left(1 - \frac{处理区虫口减退率 - 对照区虫口减退率}{1 - 对照区虫口减退率}\right) \times 100\%$$

也可按下式计算：

$$防治效果 = \left(1 - \frac{对照区药前活虫数 \times 处理区药后活虫数}{对照区药后活虫数 \times 处理区药前活虫数}\right) \times 100\%$$

11.1.4.3 统计分析

计算结果保留小数点后两位，结果应用邓肯氏新复极差（DMRT）法进行统计分析。

11.2 杀菌剂防治莴苣霜霉病田间药效试验

11.2.1 试验目的

了解杀菌剂防治莴苣霜霉病田间药效小区试验的方法和基本要求。

11.2.2 试验条件

11.2.2.1 试验对象

莴苣霜霉病。

11.2.2.2 试验作物

莴苣。选用感病品种，记录品种名称。

11.2.2.3 环境条件

田间试验应选择在霜霉病历年发生严重的莴苣田进行，所有试验小区的栽培条件（如品种、土壤类型、肥料、播种期、生育阶段及株行距等）应一致，并且符合当地良好农业规范。

如果在棚室进行熏蒸剂、烟雾剂试验，每个处理应使用单个棚室或将严密隔成若干个小区。

11.2.3 试验设计和安排

11.2.3.1 试验药剂

注明试验药剂的商品名/代号、中文名、通用名、剂型、含量和生产厂家。试验药剂处理设高、中、低及中量的倍量四个剂量或依据协议（试验委托方与试验承担方签订的试验协议）规定的用药剂量。

11.2.3.2 对照药剂

对照药剂必须是已登记注册且在实践中有较好安全性和效果的产品。对照药剂的类型和作用方式应同试验药剂相近，并使用当地常用剂量，特殊情况可视试验目的而定。还应设不施药剂的空白对照处理。

11.2.3.3 小区安排

试验药剂、对照药剂和空白对照的小区处理采用随机区组排列，特殊情况应加以说明。小区面积为 $15\sim50\ m^2$（棚室不少于 $8\ m^2$）。重复次数最少 4 次。

11.2.3.4 施药方式

按协议要求和标签说明进行，一般常用喷雾法施药。

施药器械选用生产中常用器械，用压力一定并带有扇形喷头的喷雾器施药。记录使用器械的类型和操作条件（如药械的工作压力、喷头类型、混土深度、施药均匀程度等）。施药量要保证准确，分布均匀。不同小区施药量偏差不应超过 $\pm10\%$。

11.2.3.5 施药时间和次数

按协议要求和标签说明进行。通常在病害发生前或初发生时第一次施药，进一步施药视病害发展情况和药剂的持效期决定，记录施药次数和每次施药日期及作用生育期。

11.2.3.6 使用剂量和容量

按协议要求及标签注明的剂量使用，通常药剂以每公顷有效成分用量（g/hm^2）或有效成分浓度（mg/kg）表示，同时记录用药倍数及每公顷药液用量（L/hm^2）。

11.2.4 调查、记录和测量方法

11.2.4.1 气象和土壤资料

①气象资料：试验当天及整个试验期间的气象资料都应记录。也可从试验地或最近的气象站获得降雨（降雨类型和降雨量，降雨量以 mm 表示）、温度（日平均、最高和最低温度，以 ℃ 表示）、风力、阴晴、光照和相对湿度等资料，特别是施药当日及前后 10 d 的气象资料。

整个试验时期影响试验结果的恶劣气候因素，如严重或长期干旱、大雨、冰雹等均须记录。

②土壤资料：记录试验小区土壤类型、pH、有机质含量、土壤湿度及施肥种类、数量和施肥方法，土壤覆盖物（如作物前茬、塑料薄膜、杂草）等资料。

11.2.4.2　调查方法、时间和次数

①调查方法：每小区随机 5 点取样，每点至少调查 5 株。每株调查全部展开叶片，根据叶片上病斑面积占整叶面积的百分率分级，记录调查总叶片数，各级病叶数。叶片分级方法如下。

0 级：无症状；

1 级：病斑面积占叶片面积的 5%以下；

3 级：病斑面积占叶片面积的 6%～10%；

5 级：病斑面积占叶片面积的 11%～25%；

7 级：病斑面积占叶片面积的 26%～50%；

9 级：病斑面积占叶片面积的 51%以上。

②调查时间和次数：按协议要求进行。通常施药前调查病情基数，下次施药前及末次施药后 7～14 d 调查防治效果。

11.2.5　防治效果计算方法

病情指数按下式计算：

$$病情指数 = \frac{\sum（各级病叶数 \times 相对级数值）}{调查总叶数 \times 9} \times 100\%$$

若施药前调查了病情基数，防治效果按下式计算：

$$防治效果 = \left(1 - \frac{处理区施药后病情指数 \times 对照区施药前病情指数}{对照区施药后病情指数 \times 处理区施药前病情指数}\right) \times 100\%$$

若施药前无病情基数，防治效果按下式计算：

$$防治效果 = \frac{对照区施药后病情指数 - 处理区施药后病情指数}{对照区施药后病情指数} \times 100\%$$

11.2.6　统计分析

用邓肯氏新复极差（DMRT）法对试验数据进行统计分析，特殊情况用相应的生物统计学方法。撰写正式试验报告，并对试验结果加以分析、评价。

11.3　除草剂防治花生田杂草田间药效

11.3.1　试验目的

了解除草剂防治花生田杂草田间药效小区试验的方法和基本要求。

11.3.2　试验条件

11.3.2.1　作物和栽培品种选择

记录花生种类和栽培类型，选择广泛种植的常规品种，记录品种名称。

11.3.2.2　试验对象杂草的选择

试验小区的杂草种群分布要均匀一致，主要杂草密度应符合试验要求，并有代表性。杂草种群与试验除草剂的杀草谱要基本一致（如单子叶和/或双子叶、一年生和/或多年生杂草）。例如，某种除草剂特性是防除单子叶杂草，则选择试验田应以单子叶为主的地块，少量阔叶杂草可用人工拔除。记录各种杂草的中文名及拉丁文学名。

11.3.2.3　栽培条件

试验田所有小区的栽培条件，如土壤类型、肥力、耕作方式等应均匀一致，符合当地生产实际情况，特别是对于以一次性使用底肥为主的花生作物。具体操作时，各小区应做到定量均匀撒施，尽量减少误差。应选择没有使用过长残效除草剂的地块做小区试验。应记录前茬作物种类，前后曾用过何种除草剂，供试作物施肥种类、数量、施肥次数及灌溉情况等。

11.3.3　试验设计和安排

11.3.3.1　药剂

①试验药剂：注明试验药剂的商品名/代号、中文名、通用名、剂型、含量和生产厂家。试验药剂处理设高、中、低及中量的倍量四个剂量（设倍量是为了评价试验药剂对花生的安全性）或依据协议（试验委托方与试验承担方签订的试验协议）规定的用药剂量。

②对照药剂：对照药剂须是已登记注册且在实践中有较好安全性和效果的产

品。对照药剂的类型和作用方式应同试验药剂相近，并使用当地常用剂量和使用方法，特殊情况可视试验目的而定。设人工除草和空白对照处理。试验药剂为混剂时，还应设混剂中的各单剂作对照。

11.3.3.2 小区安排

1. 小区排列

试验不同处理小区采用随机排列。特殊情况，如防除多年生杂草的试验，为了避免多年生杂草分布不均匀的干扰，小区可根据实际情况采用不规则排列，并加以说明。

2. 小区面积和重复

小区面积为 20～30 m²，小区应为长方形。每小区内种 4～6 行花生。小区收获测产中间 2～3 行（1/2 小区面积）。重复次数最少 4 次。

11.3.3.3 施药方法

1. 使用方法

施药应同当地农业实践常规施药方法。一般常用喷雾法施药，颗粒剂可直接撒施。可根据标签说明或协议要求进行。

2. 使用器械

用压力一定并带有扇形喷头的喷雾器施药。应使药液均匀分布到整个小区或指定位置。影响药效和安全性的因素（如药械的工作压力、喷头类型、混土深度、施药均匀程度等）都应记录，施药量偏差不应超过±10%。

3. 施药时间和次数

施药时间和杂草萌发与作物出苗时间关系密切，须按标签或协议进行。若标签上没有说明时，可根据试验目的和试验药剂的特性进行试验。

依照杂草和作物的萌芽时间，施药时间可分为：

①花生播种前施药（混土或不混土）；

②花生播后苗前施药（混土或不混土）；

③花生出苗后施药。

无论何种施药方法，施药时都应记录花生和杂草的生长期（萌芽但尚未出土，出苗后花生和杂草的生育期）。

常规试验药剂一般为一次施药或分次施药。

4. 药剂使用剂量和用水量

试验产品使用剂量可依据标签或试验方案中推荐剂量进行。用水量可根据施药器械类型、供试产品作用方式、作物种类等，或者参照当地常规用水量，以施药均匀为准。药剂用量一般以有效成分 g/hm² 表示，用水量一般以 L/hm² 表示。

5. 防治病虫和非靶标杂草所用农药资料要求

花生发生病虫害需要使用其他农药时，应与试验药剂和对照药剂分开使用，并对所有试验小区均匀施药，尽量减少对试验的干扰。记录使用药剂的准确数据（如药剂名称、时期、用药量等）。

11.3.4　调查、记录和测量方法

11.3.4.1　气象和土壤资料

1. 气象资料

试验当天及整个试验期间的气象资料都应记录。也可从试验地或最近的气象站获得降雨（降雨类型和降雨量，降雨量以 mm 表示）、温度（日平均、最高和最低温度，以℃表示）、风力、阴晴、光照和相对湿度等资料，特别是施药当日及前后 10 d 的气象资料。

整个试验时期影响试验结果的恶劣气候因素，如严重或长期干旱、大雨、冰雹等均须记录。

2. 土壤资料

记录试验田土壤类型、pH、有机质含量、土壤湿度及施肥种类、数量和施肥方法，在施农家肥和化肥时，尽量做到定量均匀撒施，以减少测产误差。

11.3.4.2　田间管理资料

记录整地、浇水、施肥等资料。

11.3.4.3　调查方法、时间和次数

1. 杂草调查

详细描述杂草的受害症状（如生长抑制、失绿、畸形等）。记载各小区的杂草种类、株数、重量或杂草覆盖度，可用绝对数或估计值表示。

（1）绝对值（数测）调查法

每小区随机取 3~4 点，每点 0.25 (0.5 m×0.5 m)~1 m² 调查杂草种类、株数、

重量等。

(2) 估计值 (目测) 调查法

这种调查方法包括估计杂草群落总体和单株杂草种类，可用杂草数量、覆盖度、高度和长势等指标。

调查处理小区同邻近的空白对照 (空白对照带) 进行比较。这种调查方法快速、简单。估计值调查法结果可用简单的百分比表示 (如 0 为杂草无防治效果，100% 为杂草全部防治)，但还应该提供对照小区或对照带的杂草株数、覆盖度的绝对值。为了克服准确估计百分比及使用方差的困难，可以采用下列统一级别进行调查。

1 级: 无草;

2 级: 相当于空白对照区杂草的 0～2.5%;

3 级: 相当于空白对照区杂草的 2.6%～5%;

4 级: 相当于空白对照区杂草的 5.1%～10%;

5 级: 相当于空白对照区杂草的 10.1%～15%;

6 级: 相当于空白对照区杂草的 15.1%～25%;

7 级: 相当于空白对照区杂草的 25.1%～35%;

8 级: 相当于空白对照区杂草的 35.1%～67.5%;

9 级: 相当于空白对照区杂草的 67.6%～100%。

分级范围可在试验田直接应用，不需要再转换成估算的百分数平均值，但为了提高估计值的准确性，调查人员须进行训练，计算百分数的平均值。

以上两种调查方法，无论采用哪一种，均要详细描述杂草受害的症状，如施药后杂草生长受到抑制、失绿、畸形等。

2. 调查时间和次数

若无特别说明，杂草防效和作物安全性调查时间要尽量协调。

(1) 播前和芽前施药

露地栽培花生药效试验一般调查 3 次。

第一次在施药后 15 d，进行除草效果及作物安全性调查。

第二次在施药后 30 d 或药效发挥最好时进行调查。

第三次在施药后 45 d，进行株数及鲜重防效调查。

(2) 苗后施药

苗后施药一般调查 5 次。

第一次调查施药前各试验小区杂草基数 (密度、种类、每种杂草所占百分比)。

第二次调查在施药后 7～10 d 进行。用估计值调查法，调查靶标杂草的防治效果及对作物的安全性观察 (株高、叶色、叶斑、株形)。

第三次调查在施药处理后 15 d 进行。用绝对值调查法，调查试验区各种主要杂草的株数，计算株数防治效果及花生是否有畸形株。

第四次调查在施药后 45 d。用绝对值调查法，调查各种主要杂草的株数、鲜重。计算株数和鲜重防效。

第五次调查在收获前。用估计值调查法，调查各处理小区的药效、作物安全性（调查处理区和对照区花生的成熟程度，是否有倒秧现象）等。

11.3.4.4　作物调查

作物的药害评价主要在选择性试验小区进行收获测产。但药效试验小区的作物受害类型和受害程度应详细记录，为作物受害评价提供有益的补充资料。作物药害可按下列要求记录。

①若受害症状可以计数测量时，应用绝对值表示，如花生作物的株高、分枝数等。

②在有些情况下，估算损害程度和频率，可用下述两种方法之一进行：

a. 参照一个标准级别，给每个小区比较打分；

b. 每个处理小区与人工除草处理或不处理空白对照区作物比较，进行药害相对百分率（%）估算。

对作物受药害后的症状，如抑制生长、褪绿、斑点、矮化、畸形等应准确描述，可供药害程度评价参考。

调查评价作物药害工作也应考虑供试药剂与其他因素的相互作用，如春播花生遇寒流冻害，夏播花生遇高温、干旱或降雨量过大造成叶片黄化，以及栽培因素、病虫害影响。因此作物药害应全面综合评价。

11.3.4.5　副作用观察

主要记录对非靶标生物的影响。

11.3.4.6　作物产量

作物产量的收获考种是对作物安全性和除草效果评价的重要指标。各试验小区 $10\sim15$ m^2 收获测产，折换成亩产量和公顷产量（kg/hm^2）。各试验小区取代表性植株 20 株进行主茎高、分枝数、结荚数、百粒重考种。

11.3.5　数据统计与分析

试验数据整理后要用统计法进行分析，列出原始数据，撰写正式试验报告。对结果应进行分析说明，对除草效果、作物安全性（产品特点、关键应用技术、药效、药害）和经济效益（增产、增效、品质、药剂成本）等进行评价。

12 农药环境毒理测定

12.1 农药对蜜蜂毒性测定

12.1.1 实验目的

了解农药对蜜蜂毒性测定方法和基本要求。通过测定杀虫剂对蜜蜂的 LC_{50} 或 LD_{50}，评价杀虫剂对蜜蜂的急性毒性。

12.1.2 实验原理

农药可以通过多种方式危害蜜蜂，如直接喷洒到蜜蜂虫体上，或者蜜蜂接触喷洒农药的花朵，或者花粉与花蜜中有农药残留使蜜蜂取食致死。目前多采用意大利成年工蜂作为实验蜂种，实验方法多为接触毒性和摄入毒性。

12.1.3 实验材料

12.1.3.1 供试生物

意大利成年工蜂（*Apis mellifera ligustica*），要求供试蜜蜂健康、大小一致。

12.1.3.2 供试药剂

农药原药（注明百分含量、有效成分通用名称、厂家）。

12.1.3.3 实验条件

实验在温度 25～30℃，相对湿度 70%～80%，微光条件下进行。

12.1.4 实验仪器及用具

实验蜂笼、生化培养箱、微量注射器、烧杯等。

12.1.5　实验步骤

12.1.5.1　药剂配制

将药剂用蒸馏水配制成母液，再依次稀释成 5～7 个浓度。易溶于水的药剂直接用蒸馏水配制，难溶于水或不溶于水的药剂可用少量毒性小的有机溶剂助溶，再用蒸馏水稀释，并在实验时设置溶剂对照。

12.1.5.2　胃毒毒性

将贮蜂笼内的蜜蜂引入实验笼中，每笼 20 只。不同浓度药液与蜂蜜以 2：1 混匀，制成蜜药，装入 10 ml 小烧杯中，杯内浸渍 0.3 g 脱脂棉，杯口向下倒置于实验笼纱网上，通过网眼供蜜蜂取食。设空白对照，使用有机溶剂助溶的还需设置溶剂对照，并设 3 个重复。饲喂 24 h、48 h 后记录不同处理及对照笼蜜蜂的死亡数，计算死亡率。

12.1.5.3　触杀毒性

将蜜蜂移入塑料网袋中，轻轻拉紧固定于点滴框上，蜜蜂被夹在两层纱网中。通过网孔对准蜜蜂前胸背板处，用微量注射器分别点滴规定浓度供试药液 1.0～1.5 μl，待蜂身晾干后转入实验笼中，用脱脂棉浸泡适量蜜和水饲喂。每浓度处理 20 只蜜蜂。同时设立空白对照及溶剂对照，处理蜜蜂数相同，对照及每一浓度处理均设 3 个重复，饲喂 24 h、48 h 后记录不同处理组及对照组蜜蜂有无中毒症状及死亡现象，记录死亡数。

12.1.6　结果调查与统计分析

根据毒性测定结果将杀虫剂对蜜蜂的毒性分为四个等级（表 12-1）。

表 12-1　杀虫剂对蜜蜂的毒性等级划分

毒性等级	触杀法/(μg/蜂)	摄入法/(mg/L)
剧毒	$LD_{50} \leqslant 0.001$	$LC_{50} \leqslant 0.5$
高毒	$0.001 < LD_{50} \leqslant 2.0$	$0.5 < LC_{50} \leqslant 20$
中毒	$2.0 < LD_{50} \leqslant 11.0$	$20 < LC_{50} \leqslant 200$
低毒	$LD_{50} > 11.0$	$LC_{50} > 200$

对数据进行统计分析，计算 LD_{50}、标准误及其 95% 置信区间，评价供试药剂对蜜蜂的毒性等级。

12.2 农药对鱼类毒性测定

12.2.1 实验目的

通过测定杀虫剂对鱼类的 LC_{50}，评价杀虫剂对鱼类的急性毒性，提供杀虫剂对生态环境影响的资料。

12.2.2 实验原理

鱼类是终生生活在水体中的动物，对鱼类的毒性实验可以作为检测水体污染的一种方式。国际上采用的实验鱼种有斑马鱼、鲤鱼、虹鳟等，我国主要采用鲤鱼作为实验鱼种。

12.2.3 实验材料

12.2.3.1 供试生物

选用健壮无病，大小一致的斑马鱼、鲤鱼的幼鱼（体长 3～4 cm）等作供试鱼种。实验前在与实验时相同的环境条件下驯养 7～14 d，驯养期间每天喂食 1～2 次，曝气充氧，每日光照 12～16 h，及时清除粪便及食物残渣。实验前 24 h 停止喂食。

12.2.3.2 供试用水

供试用水为经活性炭处理并曝气处理 24 h 以上的自来水。水质硬度在 150～300 mg/L（以 $CaCO_3$ 计），pH 为 6～8.5，溶解氧保持在 5.8 mg/L 以上。

12.2.3.3 供试药剂

农药原药（注明百分含量、有效成分通用名称、厂家）。

12.2.3.4 实验条件

室温保持在 20～25℃，光照采用自然光照。

12.2.4 实验仪器及用具

溶解氧测定仪、温度计、15 L 玻璃缸、量筒等玻璃器皿及尼龙纱网等。

12.2.5　实验步骤

12.2.5.1　药液的配制

易溶于水的杀虫剂用蒸馏水配制成母液,再逐级稀释成 5～7 个不同浓度的药液。难溶于水的用超声波粉碎法制备,也可加入低毒的有机溶剂或乳化剂(如丙酮或吐温 80)助溶,有机溶剂或乳化剂用量小于 0.1 ml/L。

12.2.5.2　药剂处理

每个鱼缸为一个浓度组,每缸放入 10 尾鱼,共设置 5～7 个浓度组,并设一个稀释水对照组,使用有机溶剂助溶的增设溶剂对照组,每个浓度组重复 3 次。

实验开始后 6 h 内随时观察并记录受试鱼的中毒症状及死亡率,其后于 24 h、48 h、72 h、96 h 观察并记录受试鱼的中毒症状及死亡率,及时清除死鱼。在相同的实验条件下,以重铬酸钾为参比毒物,斑马鱼作实验材料,其 24 h 的 LC_{50} 必须为 200～400 mg/L。

12.2.6　结果调查与统计分析

杀虫剂对鱼类毒性等级划分标准分为四级(表 12-2)。

表 12-2　杀虫剂对鱼类的毒性等级划分标准

毒性等级	96h-LC_{50}/(mg/L)
剧毒	$LC_{50} \leqslant 0.1$
高毒	$0.1 < LC_{50} \leqslant 1.0$
中毒	$1.0 < LC_{50} \leqslant 10$
低毒	$LC_{50} > 10$

对数据进行统计分析,计算 LC_{50}、标准误及其 95%置信区间,评价供试药剂对鱼的毒性等级。

12.3　农药对家蚕毒性测定

12.3.1　实验目的

通过测定杀虫剂对家蚕的 LC_{50},评价杀虫剂对家蚕的急性毒性,提供杀虫剂对生态环境影响的资料。

12.3.2 实验原理

家蚕是重要的绢丝昆虫，蚕丝是重要的纺织原料。家蚕一般室内养殖，对环境要求严格，对农药比较敏感，有时其虽然中毒却不死亡，但会影响其体质和茧质。对家蚕的测定方法一般有食毒叶法、口器注射法、熏蒸法、药膜法等。

12.3.3 实验材料

12.3.3.1 供试生物

2龄家蚕。

12.3.3.2 供试药剂

用制剂或纯品。易溶于水的杀虫剂用蒸馏水配制成母液，再逐级稀释成5～7个不同浓度的药液。难溶于水的用超声波粉碎法制备，也可加入低毒的有机溶剂或乳化剂（如丙酮或吐温80）助溶，有机溶剂或乳化剂用量应小于0.1 ml/L。

12.3.3.3 实验条件

饲养温度为（25±1）℃，相对湿度为80%～85%。

12.3.3.4 实验仪器及用具

恒温培养箱、直径9 cm玻璃培养皿及烧杯等。

12.3.4 实验步骤

12.3.4.1 食毒叶法

在直径9 cm的玻璃皿内饲养2龄起蚕，用不同浓度的药液定量浸渍桑叶，以5 ml药液浸渍5 g桑叶，晾干供蚕食用。每个浓度组20头蚕，并设空白对照，加溶剂助溶的还需设溶剂对照。对照组和每一浓度组均设3个重复。整个实验期间饲喂处理桑叶，观察24 h、48 h、96 h至3龄起蚕受试家蚕的中毒症状及死亡情况。

12.3.4.2 熏蒸法

在熏蒸箱内进行实验，熏蒸箱由燃烧室和熏蒸室两部分组成。实验蚕置于熏蒸室内，供试蚊香定量地在燃烧室内燃烧（或电热片加热），燃烧烟气通过循环泵送入熏蒸室内。从熏蒸开始，按 0.5 h、2 h、4 h、6 h、8 h 观察记录熏蒸实验装置内家蚕的毒性反应症状，8 h 后，将熏蒸实验装置内放置的培养皿取出，放置于家蚕常规饲养室作进一步观察，继续观察记录 24 h 及 48 h 的家蚕死亡率。每个实验箱内设置 9 个重复，同时设置空白对照，设 3 个重复。

实验观察要求：观察记录项目主要包括取食情况（减少或拒食）、不适症状（逃避、昂头、晃头、甩头、扭曲挣扎、吐水等）及死亡率。

12.3.5 数据统计与分析

杀虫剂对家蚕的毒性等级划分标准分为四级，并可根据田间施药浓度/ LC_{50} 值，进行风险性分析（表 12-3）。

表 12-3　杀虫剂对家蚕的毒性与风险性等级划分

毒性等级	LC_{50}/(mg/kg 桑叶)	风险性等级	田间施药浓度/ LC_{50}
剧毒	$LC_{50} \leqslant 0.5$	极高风险性	>10
高毒	$0.5 < LC_{50} \leqslant 20$	高风险性	$1.0 \sim 10$
中毒	$20 < LC_{50} \leqslant 200$	中等风险性	$0.1 \sim 1.0$
低毒	$LC_{50} > 200$	低风险性	<0.1

对数据进行统计分析，计算 LC_{50}、标准误及其 95%置信区间，评价供试药剂对蚕的毒性等级。

熏蒸实验是针对卫生用药模拟室内灭蚊条件下进行的实验，如果家蚕的死亡率大于 10%时，即可视对家蚕有危害风险性，应在蚕室内及附近禁止使用。

12.4　农药对赤眼蜂毒性测定

12.4.1 实验目的

通过测定杀虫剂对赤眼蜂的 LC_{50}，评价杀虫剂对赤眼蜂的急性毒性，提供杀虫剂对寄生性天敌影响的资料。

12.4.2 实验原理

赤眼蜂的发育期分为卵、幼虫、预蛹、蛹及成蜂 5 个阶段。田间施用农药时，各个发育期均有可能遭受危害。实验均以米蛾卵为寄主，对稻螟赤眼蜂接种后 24 h

内为卵期,至 96 h 内为预蛹期,至 168 h 内为蛹期;将接种好的卵置于培养皿内,按上述时间范围内,分别于各发育期内定量喷洒药液,晾干后装于指形管中培养,观察记录其羽化率。

12.4.3 实验材料

12.4.3.1 供试生物

稻螟赤眼蜂与欧洲玉米螟赤眼蜂。

12.4.3.2 供试寄主

米蛾卵。

12.4.3.3 实验条件

实验温度(25±2)℃、相对湿度 70%～80%。

12.4.3.4 供试药剂

用制剂或纯品。易溶于水的杀虫剂用蒸馏水配制成母液,再逐级稀释成 5～7 个不同浓度的药液。难溶于水的用超声波粉碎法制备,也可加入低毒的有机溶剂或乳化剂(如丙酮或吐温 80)助溶,有机溶剂或乳化剂用量小于 0.1 ml/L。

12.4.3.5 实验仪器及用具

恒温培养箱、直径 9 cm 玻璃培养皿、指形管及烧杯等。

12.4.4 实验步骤

供试寄生蜂每组用 100～200 粒寄生卵作实验,将接种好的卵置于培养皿内,对于卵期、幼虫期、蛹期的毒性实验,分别于赤眼蜂接种后 24 h 内、96 h 内、168 h 内定量喷洒药液,晾干后装于指形管中培养,观察记录寄生蜂羽化率。对于成蜂的毒性实验,先将农药溶于丙酮中,定量的加入指形管中滚动成药膜管,然后将蜂放入药膜管中爬行 1h 后转入无药指形管,封紧管口,并饲喂蜂蜜,24 h 检查统计管中死亡蜂数和存活蜂数。

12.4.5 数据统计与分析

目前,国内外对于农药对赤眼蜂的毒性评价尚无统一的标准,可用安全系数评价农药使用对赤眼蜂的安全性，安全系数为赤眼蜂的半致死浓度LC_{50}与该药的田间推荐施用浓度的比值，或者农药对赤眼蜂的半致死量LD_{50}与该药的田间推荐施用浓度和虫体接触液量（接触量以室内点滴实验时用 0.5 μl/头量计）之积的比值，可用如下公式来表示：

$$安全系数 = \frac{赤眼蜂的半致死浓度LC_{50}（mg/L）}{田间推荐施用浓度（mg/L）}$$

将农药对赤眼蜂的危害影响风险性等级划分为四级（表 12-4）。

表 12-4　农药对赤眼蜂的风险性等级划分标准

风险性等级	安全系数
极高风险性	安全系数≤0.05
高风险性	0.05＜安全系数≤0.5
中风险性	5＜安全系数≤0.5
低风险性	安全系数＞5

对数据进行统计分析，计算LC_{50}、标准误及其95%置信区间，计算安全系数，评价供试药剂对赤眼蜂的毒性等级。

12.5　农药对蚯蚓毒性测定

12.5.1　实验目的

通过测定杀虫剂对蚯蚓的LC_{50}，评价杀虫剂对蚯蚓的急性毒性，提供杀虫剂对环境有意生物影响的资料。

12.5.2　实验原理

蚯蚓终生栖息在土壤中，评价农药对蚯蚓的毒性是评价农药对土壤生态环境安全性的一个重要指标，其结果可为整个土壤动物区系提供一个安全阈值。其毒性安全评价的方法有滤纸法、溶液法、人工土壤法、自然土壤法等，最常用的为人工土壤法。

12.5.3　实验材料

12.5.3.1　供试生物

蚯蚓每条体重 200～300 mg，环带明显、大小基本一致的健康成蚓，实验前清肠 24 h。

12.5.3.2　供试药剂

用制剂或纯品。易溶于水的杀虫剂用蒸馏水配制成母液，再逐级稀释成 5～7 个不同浓度的药液。难溶于水的用超声波粉碎法制备，也可加入低毒的有机溶剂或乳化剂（如丙酮或吐温 80）助溶，有机溶剂或乳化剂用量小于 0.1 ml/L。

12.5.3.3　供试土壤

由 10%泥炭藓、20%高岭土、68%石英砂和 2%碳酸钙组成，充分混匀后待用。

12.5.4　仪器设备

光学显微镜、光照培养箱。

12.5.5　实验步骤

每个浓度组 10 条蚯蚓，设立溶剂对照和空白对照，每个浓度组及对照组 3 次重复，先将丙酮配制的系列浓度的化合物与 10 g 人工土壤混匀，待丙酮充分挥发后，再与 490 g 人工土壤充分混匀，调节水分，使其含水量约为 30%，然后放入蚯蚓，置于 2 L 烧杯中，用塑料薄膜封口，并用解剖针在薄膜上扎孔，置（20±1）℃、湿度 80%～85%的恒温培养箱中，400～800 lx 光强连续光照，于第 7 d、14 d 倒出瓶内土壤，记录蚯蚓死亡数（用针轻触蚯蚓尾部，蚯蚓无反应则为死亡），及时清除死蚯蚓，记录死亡数。

12.5.6　数据统计与分析

根据蚯蚓的死亡数，对数据进行统计分析，计算药剂对蚯蚓的半致死浓度 LC_{50} 值及 95%置信区间。

上述方法得到的实验结果，建议按照 LC_{50} 值的大小将农药对蚯蚓的毒性划分为三个等级（表 12-5）：小于 1 mg/kg 的为高毒农药，1～10 mg/kg 的为中毒农药，大于 10 mg/kg 的为低毒农药。

表 12-5　杀虫剂对蚯蚓的毒性等级划分标准

毒性等级	LC_{50}/(mg/kg)
高毒	$LC_{50} < 1$
中毒	$1 < LC_{50} \leq 10$
低毒	$LC_{50} > 10$

12.6 农药在土壤中淋溶及持效性测定

12.6.1 实验目的

通过测定农药在土壤中淋溶性能，评价农药在土壤中存留特性。

12.6.2 实验材料

12.6.2.1 供试药剂

用制剂或纯品。易溶于水的农药用蒸馏水配制成母液，再逐级稀释成 5～7 个不同浓度的药液。难溶于水的用超声波粉碎法制备，也可加入低毒的有机溶剂 或乳化剂（如丙酮或吐温 80）助溶，有机溶剂或乳化剂用量小于 0.1 ml/L。

12.6.2.2 供试土壤

壤土、砂土或黏土。

12.6.3 仪器设备

高效液相色谱仪、食品捣碎浆机、氮吹仪、固相萃取仪、高速离心机、涡旋 混合器、普通摇床、电子天平、超声波清洗器、0.2 μm 滤膜。

12.6.4 实验步骤

12.6.4.1 药剂处理与样品采集

1. 农药在土壤中淋溶的测定

将供试植物种子播种在狭长的装有土壤的淋溶槽中，在槽的左端施加农药，自左部加水展开，展开时间和距离可因药剂及目的而定，完毕后，将槽移入培养箱或温室给以适宜的条件。一定时间后，可在不同位置采集土样约 2 kg，深度 0～15 cm，过 2 mm 筛，四分法留样 500 g 于 −20℃冰箱中保存，待进行农药在土壤中淋溶状况检测。

2. 农药持效性测定

将农药施于田间小区，以商品制剂推荐用药量的最高剂量的 1.5 倍作为施用剂量，小区设 3 个重复，并设不施药对照。经不同时间（如 2 h，1 d，3 d，5 d，7 d，10 d，14 d，21 d，30 d，45 d，60 d）后，随机多点采集土样约 2 kg，深度 0～15 cm，过 2 mm 筛，四分法留样 500 g 于 −20℃冰箱中保存，待进行农药在土壤中持效性检测。

12.6.4.2　土壤样品的前处理

冷冻保存的待测样品取出解冻后，准确称取 10.0 g 试样（精确至 0.01 g），置于 250 ml 具塞三角瓶中，加入 30 ml 乙腈浸泡，摇床振荡提取 2 h 后抽滤，将滤液转移至装有 2.0 g 无水硫酸钠的三角瓶中，剧烈振摇 1 min 后静置分层，取上清液 10 ml，氮吹浓缩至干。色谱甲醇定容至 1 ml，旋涡混合器混匀，供高效液相色谱仪测定。

12.6.4.3　检测

采用高效液相色谱法进行检测，色谱柱为 C_{18} 柱；流动相为甲醇（或乙腈）：水 = 不同配比，流速一般为 1.0 ml/min；检测波长根据检测农药成分而定；柱温一般为 20℃；进样量一般为 10 μl。

12.6.5　数据统计与分析

实验数据用 Excel 进行统计。建立测试药剂的标准曲线，检测药剂添加回收方法的准确性和精确度，计算药剂在土壤中不同位置、不同时期的残留量，判断农药的淋溶特性和持效性。

12.7　农药在土壤中对土壤微生物影响测定

12.7.1　实验目的

通过测定农药在土壤中对土壤微生物的影响，评价农药在土壤中的安全性。

12.7.2　实验原理

土壤微生物是土壤生态系统中的主要组成部分，也是土壤肥力的一个重要指标。农田施用农药，大部分掉落在土壤中，从而对土壤微生物产生影响。对于农药对土壤微生物活性影响一般采取测定土壤微生物呼吸强度的方法，即用过量的标准 NaOH 溶液吸收土壤微生物在呼吸过程中释放的 CO_2，用盐酸反滴定，计

算 CO_2 的释放量。

12.7.3　实验材料

12.7.3.1　供试土壤

0～20 cm 耕作层土壤，实验时过 2 mm 筛，在 25℃、18%含水量条件下预培养 7 d。

12.7.3.2　供试药剂

最好用制剂，也可用原药或纯品。

12.7.4　实验步骤

称取 50 g 土壤，将能溶于水的农药定量加入使 50 g 土壤达到最大持水量 60% 的水中，然后与土壤充分混匀，装于 100 ml 高型烧杯中；难溶于水的农药要先溶于丙酮，与 10 g 供试土壤混匀，待丙酮全部挥发后，再与其余的 40 g 土壤混合，并加水至最大持水量的 60%，装于 l00 ml 的高型烧杯中。把盛土烧杯分别移入容积为 2 L 的可密闭的标本瓶中，瓶内再置一个盛有标准碱液的小烧杯，用来吸收培养过程中微生物在呼吸活动中释放的 CO_2；将标本瓶密闭并置于（25±1）℃ 的恒温培养箱内培养，实验开始后的第 1 d、2 d、4 d、7 d、12 d 定期更换密闭瓶内的碱液，用 1 mol/L HCl 溶液滴定，计算土壤微生物呼吸作用的 CO_2 释放量。当打开密闭瓶更换碱液时，同时更换瓶内的空气，这样可使瓶内氧压维持在一定水平。

供试土壤中，农药的添加量分别为 0 mg/kg、1.0 mg/kg、10.0 mg/kg、100.0 mg/kg，各处理重复 3 次。

12.7.5　数据统计与分析

12.7.5.1　CO_2 释放量的计算

用土壤中 CO_2 释放量的变化反映土壤微生物受农药抑制的程度。CO_2 释放量的计算公式为

$$W_i = (V_{空白} - V_{处理}) \times N \times 44$$

式中，W——50 g 土于第 i 天时 CO_2 的释放量，单位为 mg；

$V_{空白}$——滴定空白碱液所需 HCl 的体积，单位为 ml；

$V_{处理}$——滴定吸收 CO_2 后的碱液所需 HCl 的体积，单位为 ml；

　　N——HCl 溶液的摩尔浓度，单位为 mol/L。

12.7.5.2 呼吸作用抑制率的计算

　　分别计算不同药剂浓度对土壤微生物呼吸作用的抑制率，计算公式为：

$$呼吸抑制率 = \frac{空白处理CO_2释放量 - 药剂处理CO_2释放量}{空白处理CO_2释放量} \times 100\%$$

　　以此为依据，建议将农药对土壤微生物的毒性划分成以下三个等级：用 1 mg/kg 处理土壤，在 15 d 内抑制值＞50%的为高毒农药；用 10 mg/kg 处理的土壤，抑制值＞50%的为中毒的农药，抑制值＜50%的为低毒农药。

参 考 文 献

陈年春，1991. 农药生物测定技术[M]. 北京：北京农业大学出版社.

陈万义，等，1996. 新农药研究与开发[M]. 北京：化学工业出版社.

韩熹莱，1995. 农药概论[M]. 北京：北京农业大学出版社.

胡凤祖，等，2006. 青海植物源农药资源研究[M]. 西宁：青海人民出版社.

刘惠霞，等，1998. 昆虫生物化学[M]. 西安：陕西科学技术出版社.

刘庆昌，2010. 植物细胞组织培养[M]. 北京：中国农业大学出版社.

罗万春，2002. 世界新农药与环境 发展中的新型杀虫剂[M]. 北京：世界知识出版社.

骆焱平，郑服丛，2008. 农药学科群实验指导[M]. 海口：海南出版社.

农业部农药检定所，2008. 农药标准应用指南[M]. 北京：中国农业出版社.

农业部农药检定所生测室，1994. 农药田间药效试验准则1[M]. 北京：中国标准出版社.

农业部农药检定所生测室，2000. 农药田间药效试验准则2[M]. 北京：中国标准出版社.

司徒镇强，吴军正，1996. 细胞培养[M]. 西安：世界图书出版公司西安公司.

孙家隆，慕卫，2009. 农药学实验技术与指导[M]. 北京：化学工业出版社.

汪谦，2009. 现代医学实验方法[M]. 北京：人民卫生出版社.

王穿才，2009. 农药概论[M]. 北京：中国农业大学出版社.

吴长兴，等，2000. 几种除草剂的生物测定及复配效应研究[J]. 浙江农业学报，12(6)：374-377.

吴声敢，等，2006. 稗草对8种除草剂的生物测定方法和敏感性研究[J]. 浙江农业科学，1(4)：437-440.

夏世钧，2008. 农药毒理学[M]. 北京：化学工业出版社.

徐汉虹，2007. 植物化学保护学[M]. 第四版. 北京：中国农业出版社.

张文吉，1998. 农药加工及使用技术[M]. 北京：中国农业大学出版社.

张卓然，2004. 培养细胞学与细胞培养技术[M]. 上海：上海科学技术出版社.

Kao K N，1977. Chromosomal behaviour in somatic hybrids of soybean Nicotiana glauca[J]. Molecular and General Genetics MGG，150(3)：225-230.

Letouze A，Gasquez J，Vaccara D，1997. Development of new reliable quick tests and state of grassweed herbicide resistance in France[C]. Brighton：1997 Brighton Crop Protection Conference.

Moss S R，Clarke J H，Blair A M，1999. The occurrence of herbicide-resistant grass-weeds in the United Kingdom and a new system for designating resistance in screening assays[C]. Brighton：1999 Brighton Crop Protection Conference.

附录1 生物统计机率值换算表

机率值	0.0	0.1	0.2	0.3	0.4	0.5	0.6	0.7	0.8	0.9
0		1.909 8	2.121 8	2.252 2	2.347 5	2.424 2	2.487 9	2.542 7	2.591 1	2.634 4
1	2.673 7	2.709 6	2.742 9	2.773 8	2.802 7	2.829 9	2.855 6	2.879 9	2.903 1	2.925 1
2	2.946 3	2.966 5	2.985 9	3.004 6	3.022 6	3.040 0	3.056 9	3.073 2	3.089 0	3.104 3
3	3.119 2	3.133 7	3.147 8	3.161 6	3.175 0	3.188 1	3.200 9	3.213 4	3.225 6	3.236 7
4	3.249 3	3.260 8	3.272 1	3.283 1	3.294 0	3.304 6	3.315 1	3.325 3	3.335 4	3.345 4
5	3.355 1	3.364 8	3.374 2	3.383 6	3.392 8	3.401 8	3.410 7	3.419 5	3.428 2	3.436 8
6	3.445 2	3.453 6	3.461 8	3.469 9	3.478 0	3.485 9	3.493 7	3.501 5	3.509 1	3.516 7
7	3.524 2	3.531 6	3.538 9	3.546 2	3.553 4	3.560 5	3.567 5	3.574 5	3.581 3	3.588 2
8	3.594 9	3.601 6	3.608 3	3.614 8	3.621 3	3.627 8	3.634 2	3.640 5	3.646 8	3.653 1
9	3.659 2	3.665 4	3.671 5	3.677 5	3.683 5	3.689 4	3.695 3	3.701 2	3.707 0	3.712 7
10	3.718 4	3.724 1	3.729 8	3.735 4	3.740 9	3.746 4	3.751 9	3.757 4	3.762 8	3.768 1
11	3.773 5	3.778 8	3.784 0	3.789 3	3.794 5	3.799 6	3.804 8	3.809 9	3.815 0	3.820 0
12	3.825 0	3.830 0	3.835 0	3.839 9	3.844 8	3.849 7	3.854 5	3.859 3	3.864 1	3.868 9
13	3.873 6	3.878 3	3.883 0	3.887 7	3.892 3	3.896 9	3.901 5	3.906 1	3.910 7	3.915 2
14	3.919 7	3.924 2	3.928 6	3.933 1	3.937 5	3.941 9	3.946 3	3.950 6	3.955 0	3.959 3
15	3.963 6	3.967 8	3.972 1	3.976 3	3.980 6	3.984 8	3.989 0	3.993 1	3.997 3	4.001 4
16	4.005 3	4.009 6	4.013 7	4.017 8	4.021 8	4.025 9	4.029 9	4.033 9	4.037 9	4.041 9
17	4.045 8	4.049 8	4.053 7	4.057 6	4.061 5	4.065 4	4.069 3	4.073 1	4.077 0	4.080 8
18	4.084 6	4.088 4	4.092 2	4.096 0	4.099 8	4.103 5	4.107 3	4.111 0	4.114 7	4.118 4
19	4.122 1	4.125 8	4.129 5	4.133 1	4.136 7	4.140 4	4.144 0	4.147 6	4.151 2	4.154 8
20	4.158 4	4.161 9	4.165 5	4.169 0	4.172 6	4.176 1	4.179 6	4.183 1	4.186 6	4.190 1
21	4.193 6	4.197 0	4.200 5	4.203 9	4.207 4	4.210 8	4.214 2	4.217 6	4.221 0	4.224 4
22	4.227 8	4.231 2	4.234 5	4.237 9	4.241 2	4.244 6	4.247 9	4.251 2	4.254 6	4.257 9
23	4.261 2	4.264 4	4.267 7	4.261 0	4.274 3	4.277 5	4.280 8	4.284 0	4.287 2	4.290 5
24	4.293 7	4.296 9	4.300 1	4.303 3	4.306 5	4.309 7	4.312 9	4.316 0	4.319 2	4.322 4
25	4.325 5	4.328 7	4.331 8	4.334 9	4.338 9	4.341 2	4.344 3	4.347 4	4.350 5	4.353 6
26	4.356 7	.3597	4.362 8	4.365 9	4.368 9	4.372 0	4.375 0	4.378 1	4.381 1	4.384 2
27	4.387 2	4.390 2	4.393 2	4.396 2	4.399 2	.4022	4.405 2	4.408 2	4.411 2	4.414 0
28	4.417 2	4.420 1	4.423 1	4.426 0	4.429 0	4.431 9	4.434 9	4.437 8	4.440 8	4.443 7
29	4.446 6	4.449 5	4.452 4	4.455 4	4.458 3	4.461 2	4.464 1	4.467 0	4.469 8	4.472 7
30	4.475 6	4.478 5	4.481 3	4.484 2	4.487 1	4.489 9	4.492 8	4.495 6	4.498 5	4.501 3

机率值	0.0	0.1	0.2	0.3	0.4	0.5	0.6	0.7	0.8	0.9
31	4.504 1	4.507 0	4.509 8	4.512 6	4.515 5	4.518 3	4.521 1	4.523 9	4.526 7	4.529 5
32	4.532 3	4.535 1	4.537 9	4.540 7	4.543 5	4.546 2	4.549 0	4.551 8	4.554 6	4.557 3
33	4.560 1	4.562 8	4.565 6	4.568 4	4.571 1	4.573 9	4.576 6	4.579 3	4.582 1	4.584 8
34	4.587 5	4.590 3	4.593 0	4.595 7	4.598 4	4.601 1	4.603 9	4.606 6	4.609 3	4.612 0
35	4.614 7	4.617 4	4.620 1	4.622 8	4.625 5	4.628 1	4.630 8	4.633 5	4.636 2	4.638 9
36	4.641 5	4.644 2	4.646 9	4.649 5	4.652 2	4.654 9	4.657 5	4.660 2	4.662 8	4.665 5
37	4.668 1	4.670 8	4.673 4	4.676 1	4.678 7	4.681 4	4.684 0	4.686 6	4.689 3	4.691 9
38	4.694 5	4.697 1	4.699 8	4.702 4	4.705 0	4.707 6	4.710 2	4.712 9	4.715 5	4.718 1
39	4.720 7	4.723 3	4.725 9	4.728 5	4.731 1	4.733 7	4.736 3	4.738 9	4.741 5	4.744 1
40	4.746 7	4.749 2	4.751 8	4.754 4	4.757 0	4.759 6	4.762 2	4.764 7	4.767 3	4.769 9
41	4.772 5	4.775 0	4.777 6	4.780 2	4.782 7	4.785 3	4.787 9	4.790 4	4.793 0	4.795 5
42	4.798 1	4.800 7	4.803 2	4.805 8	4.808 3	4.810 9	4.813 4	4.816 0	4.818 5	4.821 1
43	4.823 6	4.826 2	4.828 7	4.831 3	4.833 8	4.836 3	4.838 9	4.841 4	4.844 0	4.846 5
44	4.849 0	4.851 6	4.854 1	4.856 6	4.859 2	4.861 7	4.864 2	4.866 8	4.869 3	4.871 8
45	4.874 3	4.876 9	4.879 4	4.881 9	4.884 4	4.887 0	4.889 5	4.892 0	4.894 5	4.897 0
46	4.899 6	4.902 1	4.904 6	4.907 1	4.909 6	4.912 2	4.914 7	4.917 2	4.919 7	4.922 2
47	4.924 7	4.927 2	4.929 8	4.932 3	4.934 8	4.937 3	4.939 8	4.942 3	4.944 8	4.947 3
48	4.949 8	4.952 4	4.954 9	4.957 4	4.959 9	4.962 4	4.964 9	4.967 4	4.969 9	4.972 4
49	4.974 9	4.974 4	4.979 9	4.982 5	4.985 0	4.987 5	4.990 0	4.992 5	4.995 0	4.997 5
50	5.000 0	5.002 5	5.005 0	5.007 5	5.010 0	5.012 5	5.015 0	5.017 5	5.020 1	5.022 6
51	5.025 1	5.027 6	5.030 1	5.032 6	5.035 1	5.037 6	5.040 1	5.042 6	5.045 1	5.047 6
52	5.050 2	5.052 7	5.055 2	5.057 7	5.060 2	5.062 7	5.065 2	5.067 7	5.070 2	5.072 8
53	5.075 3	5.077 8	5.080 3	5.082 8	5.085 3	5.087 8	5.090 4	5.092 9	5.095 4	5.097 9
54	5.100 4	5.103 0	5.105 5	5.108 0	5.110 5	5.113 0	5.115 6	5.118 1	5.120 6	5.123 1
55	5.125 7	5.128 2	5.130 7	5.133 2	5.135 8	5.138 3	5.140 8	5.143 4	5.145 9	5.148 4
56	5.151 0	5.153 5	5.156 0	5.158 6	5.161 1	5.163 7	5.166 2	.168 7	5.171 3	5.173 8
57	5.176 4	5.178 9	5.181 5	5.184 0	5.186 6	5.189 1	5.191 7	5.194 2	5.196 8	5.199 3
58	5.201 9	5.204 5	5.207 0	5.209 6	5.212 1	5.214 7	5.217 3	5.219 8	5.222 4	5.225 0
59	5.227 5	5.230 1	5.232 7	5.235 3	5.237 8	5.240 4	5.243 0	5.245 6	5.248 2	5.250 8
60	5.253 3	5.255 9	5.258 5	5.261 1	5.263 7	5.266 3	5.268 9	5.271 5	5.274 1	5.276 7
61	5.279 3	5.281 9	5.284 5	5.287 1	5.289 8	5.292 4	5.295 0	5.297 6	5.300 2	5.302 9
62	5.305 5	5.308 1	5.310 7	5.313 4	5.316 0	5.318 6	5.321 3	5.323 9	5.326 6	5.329 2
63	5.331 9	5.334 5	5.337 2	5.339 8	5.342 5	5.345 1	5.347 8	5.350 5	5.353 1	5.355 8
64	5.358 5	5.361 1	5.363 8	5.366 5	5.369 2	5.371 9	5.374 5	5.377 2	5.379 9	5.382 6
65	5.385 3	5.388 0	5.390 7	5.393 4	5.396 1	5.398 9	5.401 6	5.404 3	5.407 0	5.409 7
66	5.412 5	5.415 2	5.417 9	5.420 7	5.423 4	5.426 1	5.428 9	5.431 6	5.434 4	5.437 2
67	5.439 9	5.442 7	5.445 4	5.448 2	5.451 0	5.453 8	5.456 5	5.459 3	5.462 1	5.464 9

续表

机率值	0.0	0.1	0.2	0.3	0.4	0.5	0.6	0.7	0.8	0.9
68	5.467 7	5.470 5	5.473 3	5.476 1	5.478 9	5.481 7	5.484 5	5.487 4	5.490 2	5.493 0
69	5.495 9	5.498 7	5.501 5	5.504 4	5.507 2	5.510 1	5.512 9	5.515 8	5.518 7	5.521 5
70	5.524 4	5.527 3	5.530 2	5.533 0	5.535 9	5.538 8	5.541 7	5.544 6	5.547 6	5.550 5
71	5.553 4	5.556 3	5.559 2	5.562 2	5.565 1	5.568 1	5.571 0	5.574 0	5.576 9	5.579 9
72	5.582 8	5.585 8	5.588 8	5.591 8	5.594 8	5.597 8	5.600 8	5.603 8	5.606 8	5.609 8
73	5.612 8	5.615 8	5.618 9	5.621 9	5.625 0	5.628 0	5.631 1	5.634 1	5.637 2	5.640 3
74	5.643 3	5.646 4	5.649 5	5.652 6	5.655 7	5.658 8	5.662 0	5.665 1	5.668 2	5.671 3
75	5.674 5	5.677 6	5.680 8	5.684 0	5.687 1	5.690 3	5.693 5	5.696 7	5.699 9	5.703 1
76	5.706 3	5.709 5	5.712 8	5.716 0	5.719 2	5.722 5	5.725 7	5.729 0	5.732 3	5.735 6
77	5.738 8	5.742 1	5.745 4	5.748 8	5.752 1	5.755 4	5.758 8	5.762 1	5.765 5	5.768 8
78	5.772 2	5.775 6	5.779 0	5.782 4	5.785 8	5.789 2	5.792 6	5.796 1	5.799 5	5.803 0
79	5.806 4	5.809 9	5.813 4	5.816 9	5.820 4	5.823 9	5.827 4	5.831 0	5.834 5	5.838 1
80	5.841 6	5.845 2	5.848 8	5.852 4	5.856 0	5.859 6	5.863 3	5.866 9	5.870 5	5.874 2
81	5.877 9	5.881 6	5.885 3	5.889 0	5.892 7	5.896 5	5.900 2	5.904 0	5.907 8	5.911 6
82	5.915 4	5.919 2	5.923 0	5.926 9	5.930 7	.9346	5.938 5	5.942 4	5.946 3	5.950 2
83	5.954 2	5.958 1	5.962 1	5.966 1	5.970 1	5.974 1	5.978 2	5.982 2	5.986 3	5.990 4
84	5.994 5	5.998 6	6.002 7	6.006 9	6.011 0	6.015 2	6.019 4	6.023 7	6.027 9	6.032 2
85	6.036 4	6.040 7	6.045 0	6.049 4	6.053 7	6.058 1	6.062 5	6.066 9	6.071 4	6.075 8
86	6.080 3	6.084 8	6.089 3	6.093 9	6.098 5	6.103 1	6.107 7	6.112 3	6.117 0	6.121 7
87	6.126 4	6.131 1	6.135 9	6.140 7	6.145 5	6.150 3	6.155 2	6.160 1	6.165 0	6.170 0
88	6.175 0	6.180 0	6.185 0	6.190 1	6.195 2	6.200 4	6.205 5	6.210 7	6.216 0	6.221 2
89	6.226 5	6.231 9	6.237 2	6.242 6	6.248 1	6.253 6	6.259 1	6.264 6	6.270 2	6.275 9
90	6.281 6	6.287 3	6.393 0	6.298 8	6.304 7	6.310 6	6.316 5	6.322 5	6.328 5	6.334 6
91	6.340 8	6.346 9	6.353 2	6.359 5	6.365 8	6.372 2	6.378 7	6.385 2	6.391 7	6.398 4
92	6.405 1	6.411 8	6.418 7	6.425 5	6.432 5	6.439 6	6.446 6	6.453 8	6.461 1	6.468 4
93	6.475 8	6.483 3	6.490 9	6.498 5	6.506 3	6.514 1	6.522 0	6.530 1	6.538 2	6.546 4
94	6.554 8	6.564 2	6.571 8	6.580 5	6.589 3	6.598 2	6.607 2	6.616 4	6.625 8	6.635 2
95	6.644 9	6.654 6	6.664 6	6.674 7	6.684 9	6.695 4	6.706 0	6.716 9	6.727 9	6.739 2
96	6.750 7	6.762 4	6.774 4	6.786 6	6.799 1	6.811 9	6.825 0	6.838 4	6.852 2	6.866 3
97	6.880 8	6.895 7	6.911 0	6.956 8	6.943 1	6.960 0	6.977 4	6.995 4	7.014 1	7.033 5
98.0	7.053 7	7.055 8	7.057 9	7.060 0	7.062 1	7.064 2	7.066 3	7.068 4	7.070 6	7.072 7
98.1	7.074 9	7.077 0	7.079 2	7.081 4	7.083 6	7.085 8	7.088 0	7.090 2	7.092 4	7.094 7
98.2	7.096 9	7.099 2	7.101 5	7.103 8	7.160 1	7.108 4	7.110 7	7.113 0	7.115 4	7.117 7
98.3	7.120 1	7.122 4	7.124 8	7.127 2	7.129 7	7.132 1	7.134 5	7.137 0	7.139 4	7.141 9
98.4	7.144 4	7.146 9	7.149 4	7.152 0	7.154 5	7.157 1	7.159 6	7.162 2	7.164 8	7.167 5
98.5	7.170 1	7.172 7	7.175 4	7.178 1	7.180 8	7.183 5	7.186 2	7.189 0	7.191 7	7.194 5
98.6	7.197 3	7.200 1	7.202 9	7.205 8	7.208 6	7.211 5	7.214 4	7.217 3	7.220 3	7.223 2
98.7	7.226 2	7.229 2	7.232 2	7.235 3	7.238 3	7.241 4	7.244 5	7.247 6	7.250 8	7.253 9

机率值	0.0	0.1	0.2	0.3	0.4	0.5	0.6	0.7	0.8	0.9
98.8	7.257 1	7.260 3	7.263 6	7.266 8	7.270 1	7.273 4	7.276 8	7.280 1	7.283 5	7.286 9
98.9	7.290 4	7.293 8	7.297 3	7.300 9	7.304 4	7.308 0	7.311 6	7.315 2	7.318 9	7.322 6
99.0	7.326 3	7.330 1	7.333 9	7.337 8	7.341 6	7.345 5	7.349 5	7.353 5	7.357 5	7.361 5
99.1	7.365 6	7.369 8	7.373 9	7.378 1	7.382 4	7.386 7	7.391 1	7.395 4	7.399 9	7.404 4
99.2	7.408 9	7.413 5	7.418 1	7.422 8	7.427 6	7.432 4	7.437 2	7.442 2	7.447 1	7.452 2
99.3	7.457 3	7.462 4	7.467 7	7.473 0	7.478 3	7.483 8	7.489 3	7.494 9	7.500 6	7.506 3
99.4	7.512 1	7.518 1	7.524 1	7.530 2	7.536 4	7.542 7	7.549 1	7.555 6	7.562 2	7.569 0
99.5	7.575 8	7.582 8	7.589 9	7.597 2	7.604 5	7.612 1	7.619 7	7.627 6	7.635 6	7.643 7
99.6	7.652 1	7.660 6	7.669 3	7.678 3	7.687 4	7.696 8	7.706 5	7.716 4	7.726 6	7.737 0
99.7	7.747 8	7.758 9	7.770 3	7.782 2	7.794 4	7.807 0	7.820 2	7.833 8	7.848 0	7.862 7
99.8	7.878 2	7.894 3	7.911 2	7.929 0	7.947 8	7.967 7	7.988 9	8.011 5	8.035 7	8.061 8
99.9	8.090 2	8.121 4	8.159 5	8.194 7	8.238 9	8.290 5	8.352 8	8.431 6	8.540 1	8.719 0

附录 2   机率值与权重系数关系表

理论机率值 y	0.0	0.1	0.2	0.3	0.4	0.5	0.6	0.7	0.8	0.9
1	0.001	0.001	0.001	0.002	0.002	0.003	0.005	0.006	0.008	0.011
2	0.015	0.019	0.025	0.031	0.040	0.050	0.062	0.076	0.092	0.110
3	0.131	0.154	0.180	0.208	0.238	0.269	0.302	0.336	0.370	0.405
4	0.439	0.471	0.503	0.532	0.558	0.581	0.601	0.616	0.627	0.634
5	0.637	0.634	0.627	0.616	0.601	0.581	0.558.	0.532	0.503	0.471
6	0.439	0.405	0.370	0.336	0.302	0.269	0.238	0.208	0.180	0.154
7	0.131	0.110	0.092	0.076	0.062	0.050	0.040	0.031	0.025	0.019
8	0.015	0.011	0.008	0.006	0.005	0.003	0.002	0.002	0.001	0.001